工業過程執行狀態智慧監控

資料驅動方法

趙春暉，王福利 著

前言

隨著工業生產技術的不斷發展，對產品品質、規格等要求的不斷提高，現代工業生產過程無論是在生產工藝、生產流程，還是在生產技術等方面，都日趨複雜化、自動化。 工業過程運行監控方法是當前智慧工廠研究領域的前沿和焦點，其涵蓋了運行狀態評價、異常檢測與診斷等幾個方面的內容。

鑒於工業生產過程本身反應的複雜性、產品生命週期的有限性以及成本投入的經濟效益，過程工程師難以在很短的產品研發週期內，依靠有限的資金投入，建立精確可靠的機理模型或基於知識推理的專家模型。 因此，基於機理模型或知識模型的狀態監控方法難以在工業生產中廣泛地推廣應用。 另一方面，隨著電子技術和電腦應用技術的飛速發展，現代工業過程大都具有完備甚至冗餘的傳感測量裝置，可以在線獲得大量的過程數據，譬如壓力、溫度、流量等測量值。 顯然，這些過程數據中蘊含了有關過程生產狀況的豐富資訊。 基於實際限制、成本優化、技術商機等因素的考量，如何利用這些大量數據來滿足日益提高的系統可靠性要求已成為亟待解決的問題，其中基於數據驅動的多元統計分析與過程監控技術是一個重要的方面。

如何從浩瀚的數據海洋中提取出高品質資訊並加以充分分析利用進而指導生產，吸引了科研人員的注意與興趣。 以主元分析（PCA)、偏最小二乘迴歸（PLS）等為核心的多元統計分析技術，因其只需要正常工況下的過程數據來建立模型，同時它們在處理高維、高度耦合數據時具有獨特的優勢，越來越受到研究人員和現場工程師的青睞。 一系列完善可行的過程建模、監測和診斷演算法必將推動整個工業過程的長足進步和繁榮發展，為社會提供高品質產品的同時，還可排除安全隱患、保障生命和財產安全、節約資源、保護環境，提供這些更加重要的無形的社會財富。

本書作者長期從事面向工業過程狀態監控的理論方法的研究工作，陸續提出並發展了一系列狀態評價、異常檢測與診斷策略，有力促進了該領域的進一步發展。近年來，本書作者針對工業過程運行狀態的在線監控，不僅僅簡單區分工業過程運行狀況的正常與異常，更針對正常工況，精細表徵其正常運行狀態的優劣等級；此外，作者深入分析了工業過程的潛在過程相關特性，揭示變量間線性與非線性混合的內在關係以及對異常檢測的影響；對於故障工況，揭示了故障工況的非平穩特性、故障影響的傳遞性以及緩變性等。 本書將從分析工業過程的具體特性出發，基於多元統計分析技術，介紹基本的過程監控技術以及作者在這些領域的最新研究成果。

本書内容圍繞工業過程智慧監控的若干核心問題展開論述。第1章首先介紹了工業過程運行狀態評價、異常檢測與診斷的重要性與前人工作。第2章綜述了工業過程運行狀態監控的理論基礎，重點闡述以主元分析、偏最小二乘、費雪判別分析等為核心的多元統計分析方法。第3~5章主要介紹了針對工業過程正常運行狀態優劣的進一步分析，即狀態評價方法，具體包括基於綜合經濟指標的運行狀態評價方法、分析狀態間的優性相關資訊的評價方法以及針對非高斯多模態過程的運行狀態評價。第6~9章主要介紹了異常檢測與診斷方法，具體涉及針對具有線性與非線性混合特徵的過程進行監測、對非平穩過程特性的分析與故障診斷、對故障變量的隔離與機率診斷策略以及基於關鍵退化資訊提取的在線故障預測等，書中主要基於多元統計分析方法對這些問題進行了研究。這一部分包含了筆者近幾年的一系列研究成果，即對工業過程監控中的實際具體問題的分析與解決辦法。

本書由趙春暉教授和王福利教授共同編寫，研究生胡贇昀、孫鶴、秦岩、李文卿、余萬科、高潔、王晶、王玥、柴錚、張淑美、趙宏、鄭嘉樂、翁冰雅、劉炎等做了文獻整理、格式校對等方面的工作，也向他們表示衷心的感謝。

由於理論水準有限，以及所做研究工作的局限性，書中難免存在不妥之處，懇請廣大讀者批評指正。

著　者

目錄

第 9 章　基於關鍵退化變量分析與方向提取的在線故障預測

第1章

緒論

隨著生產水準的不斷提高以及自動控制技術的不斷發展，為了保證生產的安全、穩定以及更高的企業綜合經濟效益，生產過程運行狀態監控作為一個新興的研究問題，在近些年來逐漸受到學術界和工業界的關注。其中涵蓋了狀態評價、異常檢測與診斷幾方面的研究內容。不同於以區分過程運行正常或故障為目的故障診斷問題，過程運行狀態評價是指在過程運行正常的基礎上，進一步判斷過程運行狀態的優劣等級。換句話說，透過對過程的運行狀態進行評價，企業生產管理者和現場生產操作人員能夠即時掌握生產過程運行狀態優劣資訊，及時發現非優的生產運行狀態，並根據非優原因分析結果對後續的生產進行及時的調整和改進。異常檢測與診斷則將過程運行狀態分為「正常」和「故障」兩大類，既要快速準確地檢測到生產過程中出現的異常工況，即過程偏離正常工作狀態時的工況，並在監測程序發現過程異常狀態時，根據過程測量值偏離正常狀態的變化幅值和變化了的變量相關性，給出導致這一異常工況的主導過程變量，診斷出故障原因。對生產過程的在線監控不僅可以為過程工程師提供有關過程運行狀態的即時資訊、排除安全隱患、保證產品品質，而且可以為生產過程的優化和產品品質的改進提供必要的指導和輔助。

1.1 概述

工業是國家綜合實力的重要體現，也是決定國民生活水準的重要因素。近年，為了提高工業水準，各國提出了一系列的戰略措施。如德國提出「工業 4.0 戰略」，美國提出「國家製造創新網路計劃」以及日本的「工業價值鏈計劃」。為了迎接新的挑戰，中國也相應提出了「中國製造 2025」等措施，旨在為中國工業尤其是製造業夯實基礎，推進變革。不難發現，上述的國家戰略措施的背後都有一個基本點，即大力發展工業大數據分析技術，以實現工業過程的零故障、零隱患的高效運行。隨著現代科技的迅猛發展和市場競爭的愈演愈烈，工業規模不斷擴大，產業結構逐漸優化，人們對產品品質、生產安全、經濟效益以及過程能耗的要求也越來越高。為了保證生產的安全運行，確保運行狀態滿足給定的性能指標，迫切需要實施對工業過程的在線監控。工業過程的運行監控能夠有效應對生產狀態的頻繁切換，應能對當前正常運行狀態的優劣水準有進一步的分析，及時發現生產異常，診斷故障原因以及克服故障對品質影響。因此，有效的狀態監控是保證生產安全、提高產品品質和增加經濟效益的關鍵[1]。工業過程的運行狀態監控技術已經成為近年來工業自動化領域內的研究焦點。實施工業過程運行狀態監控是實現工業過程高效運行的重要手段，在現代工業中發揮著舉足輕重的作用，具有重要的理論意義和實際應用價值。

由於工業系統故障導致的重大事故不勝枚舉。這些事故無一不在警醒著人們，採取切實有效的措施保證工業過程的安全可靠運行至關重要。同時，及時處理異常情況可以減少停機檢修所帶來的經濟損失，降低企業的運行成本。在中國，僅冶金部的設備維修費用每年就達 250 億人民幣，如果將故障診斷技術推廣，每年事故可以減少 50％～70％，維修費用也可以節省 10％～30％，效益相當可觀[2]。因此，為了降低事故發生的風險，保證工業過程安全平穩運行，有必要對過程實施切實有效的異常檢測與故障診斷。異常檢測與故障診斷的任務就是及時檢測系統異常，並在檢測到系統發生異常情況之後及時地判斷出故障的類型以及發生的位置，為消除故障影響提供可靠的依據，避免重大事故的發生。對工業過程進行安全管理並建立可靠的故障診斷系統也一直是專家們關注的主要問題之一[3-18]。

此外，在市場競爭日趨激烈、生產技術不斷革新、原材料資源日趨緊缺的現代經濟社會中，大部分生產企業都是以追求經濟效益的最大化為其生存和發展的目標。在工業生產中，企業在正式投入生產之前，每一條生產線都會由專業生產設計人員，根據實際生產規模、產品精度要求、自然環境條件限制等情況，從工藝設計的角度盡可能地確保生產過程透過科學合理的工藝流程而獲得令人滿意的產品，並獲得較高的綜合經濟效益；另外，在投入生產初期，為了彌補工藝設計過程中存在的缺陷和不足，可以透過進一步調整和優化生產操作方式，確保生產過程在一個較為理想的狀態下運行，以提高企業的綜合經濟效益。然而，隨著時間的推移，由於受到外部環境干擾、人工操作失誤或過程參數漂移等因素的影響，即便是在工藝條件和相關配套設備相對穩定的條件下，生產過程的實際運行狀態仍然可能逐漸偏離最初優化設計的最優運行軌跡，無法達到最優的運行狀態，這必然影響到企業的綜合經濟效益。因此，及時、準確、全面地掌握工業生產過程的運行情況，對於提高企業生產效率和經濟效益、便於生產管理與過程改進具有至關重要的實際意義。工業生產過程運行狀態評價[19-22]是指在生產過程運行正常的基礎上，透過一定的方法與手段，對一段時間內的實際生產運行狀態的優劣情況作進一步的區分與識別，並且在運行狀態非優的情況下，追溯出其主導原因，最終將評價結果和非優原因及時反饋給現場操作及管理人員，以便對生產操作及時調整，使得生產過程盡可能地在較好的生產條件下運行。

1.2 工業過程運行狀態監控的研究現狀

目前，針對工業生產過程運行狀態監控問題，相關學者已經做了大量的研究工作[3-23]。其中，以數據驅動的多元統計過程監測方法最為常見且已經被廣泛應用。針對前人工作，下面分別就狀態評價與故障診斷的研究現狀作簡單的梳理和概括介紹。

1.2.1 狀態評價和非優原因追溯的研究現狀

衆所周知，過程監測的目的是監測生產過程運行狀態「正常」或「故障」。大多數情況下，過程的故障數據與正常數據之間存在著較大的差異度，從分類的角度理解，可以認為過程監測是將過程運行狀態粗略地分為「正常」和「故障」兩大類。然而，為了獲得優質產品以及更高的綜合經濟效益，僅僅對過程運行狀態作出「正常」和「故障」這種粗略的劃分是遠遠不夠的，還需要在過程運行狀態正常的情況下，盡可能地確保工業生產過程的運行狀態處於最優水準，這就涉及工業生產過程的運行狀態評價問題。運行狀態評價本質上是將正常的生產過程進一步劃分為多個等級，如優、良、一般、差等，即在「正常」這個大類中根據過程運行狀態的優劣將其進一步分為多個更加精細的小類（即狀態等級），使得企業生產管理者和實際生產操作人員能夠更加深入和全面地掌握過程的運行情況，並根據運行狀態即時評價結果為生產過程的優化調整提供合理的參考依據。之所以認為過程運行狀態評價是對過程運行狀態的一種更加精細的劃分，是因為實際生產中「正常」狀態下不同狀態等級之間的差異度要遠遠小於「正常」與「故障」之間的差異度，這就使得一些傳統的、能夠有效區分「正常」與「故障」數據的過程監測方法在面對過程運行狀態評價問題時顯得捉襟見肘，從而要求研究學者們提出具有更高靈敏性和區分度的分析方法，精確提取不同狀態等級中與運行狀態密切相關的過程變異資訊，以適應工業生產過程運行狀態評價問題的需求。針對不同種類的實際工業生產過程，在深入分析運行狀態評價特點的基礎上，如何有效提取過程數據中與綜合經濟指標或運行狀態密切相關的過程變異資訊，建立準確可靠的運行狀態評價模型，以及如何針對非優運行狀態，追溯其主要原因，為生產過程調整提供合理的參考依據，成為確保實際工業生產過程在較好的狀態下運行的關鍵問題。

狀態評價是指人們確定評價目的後，根據影響評價對象的因素或者指標的個性數據，選擇恰當的評價方法，提取影響評價指標的共同資訊，綜合反映評價對象的總體特徵的過程[20]。狀態評價的覆蓋面非常廣泛，涉及環境、能源、交通、電力等諸多領域[24-27]；同時，狀態評價也已經深入到社會的各個方面，小到企業競争力、人員素養的評價，大到綜合國力及經濟發展水準的評價等[28-31]。可見，狀態評價與人們的日常生活息息相關，並且在實際生產中發揮著越來越重要的作用。

20 世紀 50 年代中期，R. D. Luce 提出了對有限方案進行排序的字典方法，其間專家評分法開始應用於評價問題，它是在定量和定性分析的基礎上，以打分的形式給出定量的規範化評價，其結果具有很強的數據統計特徵。

20 世紀 70～80 年代，是現代科學評價蓬勃興起的年代，產生了多種應用廣泛的評價方法。特別是美國著名運籌學家、匹茲堡大學教授 T. L. Satty 教授提出了具有劃時代意義的層次分析法[32]。此外，多維偏好分析的線性規劃法、數據包絡分析法、逼近理想解的排序方法等也獲得了廣泛的應用。

20 世紀 80～90 年代，是現代科學評價在中國向縱深發展的年代，人們對評價理論、方法和應用開展了廣泛而深入的研究。從廣義上講，出現了許多藉助於其他領域知識的新評價方法，如專家系統法、人工神經網路方法、物元分析法等。從深度上看，實現了理論上的突破和技術上的改進。

近些年來，隨著研究學者對研究問題的認識不斷加深以及所掌握解決問題的技術不斷豐富和完善，評價方法從單一屬性、單一指標評價逐步發展到多屬性、多指標的綜合性評價，從定性的判定與評價發展到定量的、模型化的評價。目前，傳統的狀態評價方法大體上可分為專家評價法[33]、技術經濟分析方法[21]、運籌學與多目標決策方法[34]、數理統計方法[35]、模糊綜合評價[36]、灰色綜合評價[37] 以及智慧化評價方法[38] 等幾類。另一方面，隨著科學的發展，不同知識領域出現相互交叉和融合的趨勢，許多新興的軟科學計算方法在狀態評價中得到應用，為狀態評價方法的發展注入了新的活力。這些方法包括：資訊論方法[39]、動態綜合評價方法[40]、交互式多目標的綜合評價方法[41]、交合分析法[42] 以及基於粗糙集理論的評價方法[43] 等。

不論是傳統評價方法還是新興評價方法，它們都廣泛地應用於生產和生活中，如針對控制器性能[44,45]、產品品質[46] 以及設備運行狀態[47,48] 等進行評價。

控制器性能評價是對控制迴路的運行數據進行分析，得到控制迴路的某種性能度量，從而對控制器的控制效果進行評價。控制器性能評價方法一般包括隨機性方法、確定性方法和魯棒性方法。控制器性能評價工作可回溯到 Åström、Harris 和 Jenkins 的工作[49-51]。在隨機性性能評價方面，Harris[50] 提出了用最小方差作為單迴路控制器性能評價基準的思想。Qin[52] 探討了隨機最優性能（即最小方差性能）、確定性性能和系統魯棒性相結合的可能性。在確定性方法方面，Åström 等[53] 利用帶寬和標稱化峰值誤差與正規化上升時間等標量數據來描述閉環性能。李大字等[54] 研究了具有線性時變擾動的多變量控制系統性能評價問題。

產品品質評價是透過採集產品相關品質參數，對產品的功能、結構、工藝等方面進行綜合檢驗和評估的過程。品質是效益的基礎，品質水準的高低成為企業占領市場、提高資本增值盈利的重要因素，這也促使大量國際學者投身到對產品品質評價方法及推進理論方法在實際過程中的應用研究。羅佑新[55] 以 QVY50 型履帶式起重機為例，將等斜率灰色聚類法的原理應用到工程機械產品品質評價中。Kimura[56] 提出了快速產品生命週期概念，並建立了基於廢舊產品行為仿真的產品品質評價方法。隨後，Hudson[57] 利用貝氏判決規則對反映產品品質的價格、商標名稱、商店名稱、產品原產地、廣告和包裝等隨機信號進行評判，透過設定不同的權值，最後完成對產品品質的評價。師春香等[58] 提出了對國外部分衛星產品的品質評價方法，對不同來源的樣本進行比較，選擇有代表性的樣本數據來確定產品的品質。

對於設備運行狀態的評價，最初是直接由有經驗的專家利用設備運行中表現出的一系列諸如雜訊、振動等外部特徵加以判斷，或使用少量狀態監測特徵參數透過簡單的趨勢分析確定設備的狀態。狀態監測技術的迅猛發展促進了狀態評價方法的研究，使得研究學者提出了多種針對設備運行狀態的評價方法。Saha 等[59] 將專家系統應用於變壓器絕緣的狀態評價。Pan 等[60] 首次提出了基於數據驅動模型的冷卻塔性能評價策略。王闖等[61] 在分析了設備系統功能層次結構特點的基礎上，運用模糊綜合評價和層次分析法，提出了一種系統量化評價設備狀態的方法，並應用於回轉窯設備的狀態評價。肖運啓等[62] 提出一種基於狀態參數趨勢預測的大型風電機組運行狀態模糊綜合評價策略。由於設備的安全運行是維持企業正常生產的基礎，使得對於設備運行狀態評價的已有結果幾乎都是從設備運行安全性的角度來考慮的，而以提高企業綜合經濟效益的設備運行狀態最優性評價的成果鮮有報導。

對於以追求利潤最大化的實際工業生產過程來講，其運行狀態的優劣直接影響著企業的綜合經濟效益，因此面向工業生產過程的運行狀態評價開始受到研究學者的關注。2009 年，Ye 等[19] 針對多模態工業生產過程，提出了一種機率框架下的運行狀態安全性和最優性評價方法。該方法利用高斯混合模型（Gaussian Mixture Model，GMM）描述多個穩定模態的數據分布特徵，並在每個穩定模態內構建安全性和最優性評價指標以描述當前過程運行水準；在線評價時，以在線數據相對於不同穩定模態的後驗機率為權重對各個模態內的安全性和最優性評價指標進行加權綜合，並在性能等級子空間內作裕度分析，從而實現對過程運行狀態安全性和最優性的在線評價。該方法實現了工業生產過程運行狀態評價的初步探索。然而，不同種類的工業生產過程具有不同的特點，針對某種類型工業生產過程的評價方法並不能完全適用於其他類型工業生產過程的狀態評價，從而迫切地需要研究學者們提出更多更有針對性的評價方法以滿足不同種類工業生產過程的需求。

另一個值得注意的問題是，正如故障檢測中，當生產過程出現異常時，需要進一步診斷導致過程異常的原因一樣，如果所獲得的狀態評價結果非優時，例如「一般」「良」等，同樣需要進一步分析和追溯導致狀態非優的主要原因，從而為後續的生產調整和過程改進提供必要的科學依據。然而，在現有的狀態評價體系中，研究人員往往將更多的精力投身到評價指標的選取、指標權重的確定、隸屬關係的建立以及評價結果的比較等問題中，即更關心如何獲取準確的狀態評價結果，而針對非優狀態的系統的、客觀的原因追溯方法的研究較少。大多數情況下，評價人員會根據對評價對象的了解並結合自身的經驗以及相關知識，對非優狀態原因進行定性的分析，並給出一種直觀明確且易於被人理解和接受的追溯結果。但存在的缺點是，由於評價人員主觀意識的影響和經驗、知識的局限，原因追溯結果易帶有個人偏見和片面性。

目前，面向工業生產過程運行狀態評價及非優原因追溯的研究還處於起步階段。不同於控制系統、產品品質或設備運行狀態等評價對象，工業生產過程是一個錯綜複雜的大型系統，其中包含著多個生產環節和操作單位，每個單位內部又由多種設備以及相應的控制系統所構成。單位與單位之間、設備與設備之間以及單位與設備之間存在著相互制約、協調、匹配的協同作用與相互影響，並非獨立工作；與此同時，多參數、多迴路、非線性、大滯後、強耦合、非高斯、多模態等特點又時常伴隨在工業生產過程中，使得現存的狀態評價方法無法被直接利用，限制了這些研究成果在實際工業生產過程中的應用。

隨著一系列傳感器和數據收集設備的不斷湧現，絕大多數的實際工業生產過程能夠以更高的頻率採集大量的生產數據，豐富的數據資源中蘊藏著大量的過程運行狀態資訊，其中就包含著能夠反映過程運行狀態優劣的變異資訊。面對豐富大量的生產數據，如何針對過程數據的非線性、非高斯、多模態、強耦合等特點，從中準確提取能夠反映過程運行狀態優劣的變異資訊，並對之加以有效利用，服務於工業生產過程的運行狀態評價，成為解決工業生產過程運行狀態評價問題重要基礎和突破口；另外，如何針對非優的過程運行狀態，開發出一種自動的、定量的非優原因追溯策略，對於準確掌握工業生產過程的運行情況，提高企業生產效率和綜合經濟效益、便於生產管理與過程改進具有重要的理論價值和實際意義。

1.2.2 狀態監測與故障診斷的研究現狀

狀態監測是對工業過程運行狀態異常的判別，是故障診斷的起點和基礎。狀態監測是了解和掌握設備的運行狀態，包括採用各種檢測、測量、監視、分析和判別方法，結合系統的歷史和現狀，考慮環境因素，對機組運行狀態進行檢測，判斷其是否處於正常，並為機組的故障分析、合理使用和安全工作提供資訊和準備數據。故障診斷是根據狀態監測所獲得的資訊，結合已知的結構特性和參數以及環境條件、該設備的運行歷史（包括運行記錄和曾發生過的故障及維修記錄等），對設備可能要發生的或已經發生的故障進行預報、分析和判斷，確定故障的性質、類別、程度、原因和部位，指出故障發生和發展的趨勢及其後果。

工業過程的故障診斷是以檢測到的工業過程運行狀態資訊為前提的。因此，一般所講的工業過程故障診斷技術，往往將狀態監測和故障診斷放到一起。國際學者對工業過程故障診斷理論與方法進行了廣泛的研究[3-18]。早期，根據德國故障診斷權威 P. M. Frank 教授[63] 的觀點，故障診斷方法可以劃分為基於知識、基於解析模型和基於信號處理三種。而後隨著科學技術的不斷更新發展，各種新的故障診斷方法層出不窮，於是有學者將前人工作進行歸納總結，形成了目前常用的分類方式：基於解析模型的方法、基於知識的方法和數據驅動的方法。

1.2.2.1 基於解析模型的方法

基於解析模型的方法發展最早，其主要依據數學模型。解析模型方法需要深層次地認識過程內部機理和知識，硬體冗餘被替換為解析冗餘，從而建立精確的輸入輸出模型。利用過程對象的實際測量值與解析模型獲得的系統知識之間的殘差，描述過程實際運行與系統表達的差異性，從而進行過程的故障檢測與診斷[63-65]。1971 年麻省理工學院 Beard 的博士論文[66] 以及 Mehra 和 Peschon 發表在 Automatica 上的論文[67] 開啓了基於解析模型的故障診斷技術的研究。幾年之後，第一篇有關解析冗餘故障診斷技術的綜述[68] 於 1976 年發表，第一本故障診斷方面的學術專著[69] 於 1978 年出版。隨後，基於解析模型的故障診斷方法開始受到廣泛關注和研究，湧現出大批重要著作和綜述文章[10,70-76]。

從數學處理方式或殘差產生方式的角度，基於解析模型的故障診斷方法可進一步劃分為狀態估計方法[77,78]、等價空間方法[79-81] 和參數估計方法[82-85]。狀態估計方法[77,78] 是將系統中可觀測變量重構當前運行的過程狀態，獲得估計值與實際過程輸出值之間的殘差，分析殘差序列，以達到檢測與診斷過程故障的目的。該方法適用於過程易建模、傳感器數足夠的資訊充分的線性系統。等價空間方法[79-81] 是建立過程系統輸入與輸出之間的等價數學關係，描述兩者之間的靜態冗餘與動態冗餘，然後判斷實際過程的輸入輸出設計值是否與當前對象的等價關係一致，以檢測與診斷故障。該方法的數學等價關係易建立和實現，但性能相對較差。參數估計方法[82-85] 假定過程參數變化會引起模型參數變化，因此統計模型參數變化特性以進行故障檢測與診斷。目前應用比較廣泛的參數估計方法有擴展卡爾曼濾波器方法、自適應卡爾曼濾波器、極大似然參數估計等。隨著工業過程越來越大型化、複雜化，可以對各個小型子系統建立精確模型，然後將這些子模型組合形成整個系統的近似模型，但由於忽視了子系統之間的關聯，會影響到整個系統模型的性能。

解析模型方法要求深度認識過程的機理結構，建立精確的定量數學分析模型，主要應用在航空業、精密加工業等具有標準執行器設備、易獲得豐富過程知識的工業領域。解析模型方法將過程物理知識與控制系統相結合，取得了一定的過程控制成果，但是，由於過程複雜、多變量、非線性和生產條件頻繁變化等因素，無法獲得具體而詳細的系統先驗知識。而且，建立強耦合變量的大規模系統模型也需要承擔較大成本。此外，由於實際過程系統受雜訊、外界擾動等不確定因素的影響使解析模型失效，限制了該方法的應用[86]。

1.2.2.2 基於知識的方法

基於知識（知識被定義為過程輸入輸出、不正常模式、故障特徵、操作約束、評價等）的診斷方法因能將過程知識尤其是故障知識與相關推論結合起來而適合於故障診斷。基於知識的方法則不需要系統的數學模型，過程中各個單位之間的連接關係由先驗知識進行定性描述，然後根據該構造關係實現故障的識別與診斷。由於該方法依賴於先驗知識，其只適用於有大量生產經驗和專家知識的場合，導致該類方法通用性較差。目前該類方法大多應用於輸入、輸出和狀態數相對較小的系統。東北大學柴天佑團隊[87] 將基於知識的診斷方法劃分為主要包括因果分析、專家系統、模式識別三類方法。

① 因果分析：基於故障症狀關係的因果模型，包括符號定向圖 SDG[88]、症狀樹 STM 方法等。

② 專家系統：用來模擬專家診斷故障時的推理，作為解釋器，有基於規則的[89]、基於案例的方法等。

③ 模式識別：利用數據模式和故障類之間的關係進行診斷，如貝氏分類器、神經網路分類，透過輸入故障症狀和輸出故障原因進行診斷。

以上各類基於知識的診斷方法都可歸結為透過歷史的操作及過程理解獲得的事實、規則、啓發資訊進行診斷[87]。從搜索方式角度，可分為與正常操作集不匹配以及與已知異常症狀匹配兩種[90]。該類方法的優勢在於無須過程的詳細數學模型，且使用過程中可方便加入過程知識及故障知識，擅長建立故障特徵空間及故障類空間的關係，更適於故障診斷且結論易於理解。但構造一個大系統的故障模型需要付出巨大的努力，因此，該類方法大多應用於輸入、輸出和狀態數相對較小的系統。由於該方法依賴於先驗知識，其只適用於有大量生產經驗和專家知識的場合，導致該類方法通用性較差。

1.2.2.3 數據驅動的方法

數據驅動的故障診斷方法是目前研究的一個焦點問題。這類方法其實也是一種基於知識的方法，因此它具有基於知識方法的優點。只是這裡的知識不同於專家經驗等定性的知識，它指的是工業過程中收集到的大量數據。數據驅動方法無須系統精確模型的先驗知識，透過分析處理過程數據，探勘出數據內部包含的資訊，以此獲得工業過程的運行狀態，實現故障診斷[91-93]。

隨著網際網路、物聯網技術的發展和工業智慧化水準的提高，大量過程數據、傳感器參數、工藝數據等的觀測、採集和儲存變得越來越便利快捷[94]。這些數據可以反映過程溫度、流速、組分、壓力等參數和過程運行狀態資訊，為過程建模提供數據支持。而且，模式識別、信號處理、機器學習、統計理論、數據探勘等技術為數據驅動方法的發展提供了理論指導。近年來，數據驅動方法日益成為過程控制領域的研究焦點，受到國際學者的關注。目前，基於數據驅動的故障檢測與診斷技術受到了高度重視，其系統理論和方法的研究正在向深層次發展[4-18,91-100]。

數據驅動的方法主要有：統計分析方法，如主成分分析方法(PCA)[101]、偏最小二乘法（PLS)[102,103]、費雪判別分析方法(FDA)[104] 等；信號處理方法[105,106]，如小波變換、譜分析等；還有基於定量的人工智慧方法[107-109]，如支持向量機、隱馬爾科夫模型等。隨著現代測量技術與數據儲存技術的飛速發展，各類工業過程中都積累了大量的數據，因此數據驅動的方法具有很強的通用性。

信號處理利用不同時刻的採樣信號中蘊含的過程資訊，透過信號分析與處理，提取與故障相關的信號時域或頻域特徵，例如利用幅值變化、相位漂移等方法確定過程的狀態，進行故障檢測與診斷。信號處理的方法主要包括小波分析、S變換、希爾伯特-黃變換等方法。

基於定量的人工智慧方法不需要定量數學模型，利用人工智慧技術，即透過教電腦如何學習、推理和決策等實現故障診斷。運用的知識包含系統結構知識、經驗規則知識、工作狀態知識、環境知識等。典型代表有基於人工神經網路的方法、基於支持向量機的方法和基於模糊邏輯的方法。

基於統計分析的方法可以分為單變量統計方法和多變量統計方法，其中後者是故障診斷主要的應用方法。隨著工業規模的壯大，測量變量不斷增多，且變量之間內在的耦合和關聯關係日漸複雜，多元統計方法應運而生。多元統計方法，也稱為多元統計過程控制（MSPC）方法，包括主成分分析方法（PCA)[101]、偏最小二乘法（PLS)[102,103]、費雪判別分析方法（FDA)[104]、獨立成分分析（ICA)[110-115] 等常用方法。這類方法針對高維冗餘的歷史數據，利用線性映射函數，將代表過程狀態的主要變量投影到低維空間，達到降維目的的同時，消除變量之間的共線性。多元統計方法主要藉助於統計理論，分析過程的歷史數據，探勘數據中隱含的過程資訊，提取樣本的控制統計量，並與正常訓練數據估算出的統計指標進行對比，從而檢測出當前系統運行的異常狀態。多元統計方法的思路是：假設數據呈獨立同分布，利用多元函數將正常操作的歷史數據張成的高維原始空間，分解成裝載矩陣張成的低維空間和殘差空間兩個子空間；在這兩個子空間計算統計量，反映過程數據的某些主要特徵；在即時監控時，利用多元統計模型分析即時數據，根據二維監控圖實現可視化過程監控。PCA 方法應用最為廣泛[101]，大多數監控策略都是在該方法的基礎上改進和擴展的。

此外還有一些常用的統計機器學習方法，如高斯混合模型（GMM）、支持向量機（SVM）、慢特徵分析方法、相對變化分析等[6,116-121]。利用過程系統中採集的正常及故障數據（包括歷史輸入輸出數據、過程採樣數據、執行器記錄數據等），訓練機器學習方法，實施故障檢測與診斷。這些學習方法所使用的樣本通常要求具有完備性與代表性，而大規模工業過程中難以完全獲取各種故障數據，導致其應用受到了局限。同時，傳統的 MSPC 方法在故障檢測與診斷時，往往對過程數據設置一些基本假設，如數據高斯分布假設、過程線性假設、過程運行單一模態假設等。然而，大部分複雜的工業過程難以滿足這些理想的假設條件，以致 MSPC 方法會產生較多的誤報或漏報。近年來，透過對這些假設條件進行深入研究，在傳統 MSPC 方法的基礎上提出了一系列方法[122-132]，極大地推動了 MSPC 方法的進步。

參考文獻

[1] CHIANG L H，RUSSELL E L，BRAATZ R D. Fault detection and diagnosis in industrial system[M]. London：Spring Verlag，2001.

[2] 莊進發. 基於模式識別的流程工業生產在線故障診斷及若干問題研究[D]. 厦門：厦門大學，2009.

[3] DU Y，BUSMAN H，DUEVER T A. Integration of fault diagnosis and control based on a trade-off between fault detectability and closed loop performance [J]. Journal of Process Control，2016，38：42-53.

[4] LI W Q，ZHAO C H，GAO F R. Linearity evaluation and variable subset partition based hierarchical process modeling and monitoring[J]. IEEE Transactions on Industrial Electronics，2018，65(3)：2683-2692.

[5] MAHADEVAN S，SHAH S L. Fault detection and diagnosis in process data using one-class support vector machines[J]. Journal of Process Control，2009，19(10)：1627-1639.

[6] ZHAO C H，GAO F R. Fault-relevant principal component analysis (FPCA) method for multivariate statistical modeling and process monitoring[J]. Chemo-

metrics & Intelligent Laboratory Systems, 2014, 133(1): 1-16.

[7] HSU C C, SU C T. An adaptive forecast-based chart for non-Gaussian processes monitoring: with application to equipment malfunctions detection in a thermal power plant[J]. IEEE Transactions on Control Systems Technology, 2011, 19(5): 1245-1250.

[8] ZHAO C H, GAO F R. Critical-to-fault-degradation variable analysis and direction extraction for online fault prognostic [J]. IEEE Transactions on Control Systems Technology, 2017, 25(3): 842-854.

[9] CHIANG L H, RUSSELL E L, BRAATZ R D. Fault diagnosis in chemical processes using fisher discriminant analysis, discriminant partial least squares, and principal component analysis[J]. Chemometrics & Intelligent Laboratory Systems, 2000, 50(2): 243-252.

[10] ZHAO C H, SUN Y X. Subspace decomposition approach of fault deviations and its application to fault reconstruction[J]. Control Engineering Practice, 2013, 21(10): 1396-1409.

[11] HSU C C, SU C T. An adaptive forecast-based chart for non-gaussian processes monitoring: with application to equipment malfunctions detection in a thermal power plant[J]. IEEE Transactions on Control Systems Technology, 2011, 19(5): 1245-1250.

[12] ZHAO C H, SUN Y X. Multispace total projection to latent structures and its application to online process monitoring [J]. IEEE Transactions on Control Systems Technology, 2014, 22(3): 868-883.

[13] CHEN Q, KRUGER U. Analysis of extended partial least squares for monitoring large-scale processes [J]. IEEE Transactions on Control Systems Technology, 2005, 13(5): 807-813.

[14] ZHAO C H, HUANG B. A full-condition monitoring method for nonstationary dynamic chemical processes with cointegration and slow feature analysis[J]. AIChE Journal, 2018, 64(5): 1662-1681.

[15] ALCALA C F, QIN S J. Reconstruction-based contribution for process monitoring with kernel principal component analysis[J]. Industrial & Engineering Chemistry Research, 2010, 49(17): 7849-7857.

[16] ZHAO C H, GAO F R. Fault subspace selection approach combined with analysis of relative changes for reconstruction modeling and multifault diagnosis[J]. IEEE Transactions on Control Systems Technology, 2016, 24(3): 928-939.

[17] KRUGER U, KUMAR S, LITTER T. Improved principal component monitoring using the local approach[J]. Automatica, 2007, 43(9): 1532-1542.

[18] CHOI S W, LEE I B. Multiblock PLS-based localized process diagnosis[J]. Journal of Process Control, 2005, 15(3): 295-306.

[19] YeI, LIU Y, FEI Z, LIANG J. Online probabilistic assessment of operating performance based on safety and optimality indices for multimode industrial processes[J]. Industrial & Engineering Chemistry Research, 2009, 48(24): 10912-10923.

[20] 李紅，朱建平. 綜合評價方法研究進展評述[J]. 統計與決策，2012，9: 7-11.

[21] 胡永宏，賀思輝. 綜合評價方法[M]. 北

京：科學出版社，2000.

[22] 劉炎. 工業過程運行狀態最優性評價及非優原因追溯方法的研究[D]. 瀋陽：東北大學，2016.

[23] 趙春暉. 多時段間歇過程統計建模、在線監測及品質預報[D]. 瀋陽：東北大學，2009.

[24] 李輝，胡姚剛，唐顯虎，劉志詳. 並網風電機組在線運行狀態評估方法[J]. 中國電機工程學報，2010，33：103-109.

[25] 董玉亮，顧煜炯，肖官和，薛淑香. 大型汽輪機組變權綜合狀態評價模型研究[J]. 華北電力大學學報，2005，32（2）：46-49.

[26] KHATIBISEPEHR S，HUANG B，KHARE S. A probabilistic framework for real-time performance assessment of inferential sensors [J]. Control Engineering Practice，2014，26：136-150.

[27] 柳益君，吳訪升，蔣紅芬，陳丹. 基於GA-BP 神經網路的環境品質評估方法[J]. 電腦仿真，2010，7：121-124.

[28] 鄧蓉暉，王要武. 基於神經網路的建築企業競爭力評估方法研究[J]. 哈爾濱工業大學學報，2006，38（3）：489-494.

[29] 葉立新. 模糊綜合評價在會計人員素養評價中的應用[J]. 遼寧工程技術大學學報，2007，8（5）：499-501.

[30] 張莉. 綜合國力評價初探[J]. 統計與決策，2002，5：9-10.

[31] LIU Y，WANG F L，CHANG Y Q. Operating optimality assessment and non-optimal cause identification for non-Gaussian multimode processes with transitions [J]. Chemical Engineering Science，2015，137(1)：106-118.

[32] SATTY T L. Axiomatic foundation of the analytic hierarchy process[J]. Management Science，1986，32(7)：841-855.

[33] 張晶晶，姚建，蘇維，李輝. 火電廠煙氣脫硫技術綜合評價專家系統權重的確定[J]. 資源開發與市場，2006，22（1）：15-16.

[34] HWANG C L，LIN M J. Group decision making under multiple criteria：methods and applications[M]. Berlin Heidelberg：Springer Science & Business Media，2012.

[35] SALAH B，ZOHEIR M，SLIMANE Z，JURGEN B. Inferential sensor-based adaptive principal components analysis of mould bath level for breakout defect detection and evaluation in continuous casting [J]. Applied Soft Computing，2015，34：120-128.

[36] RAO R V. Decision making in the manufacturing environment：using graph theory and fuzzy multiple attribute decision making methods[M]. Berlin Heidelberg：Springer Science & Business Media，2007.

[37] 薛敏，韓富春. 基於灰色理論的電力變壓器運行狀態評估[J]. 電氣技術，2010，6：21-23.

[38] 韓富春，董邦洲，賈雷亮，周國華，寇愛國. 基於貝氏網路的架空輸電線路運行狀態評估[J]. 電力系統及其自動化學報，2008，20（1）：101-104.

[39] MERUANE V，ORTIZ B A. Structural damage assessment using linear approximation with maximum entropy and transmissibility data [J]. Mechanical Systems and Signal Processing，2015，54：210-223.

[40] THUNIS P，CLAPPIER A. Indicators to support the dynamic evaluation of air quality models[J]. Atmospheric Environment，2014，98：402-409.

[41] VAN O J，HEEMSKERK C J M，KONING J F，RONDEN D M S，BAAR M. Interactive virtual mock-ups for remote handling compatibility assessment of

heavy components [J]. Fusion Engineering and Design, 2014, 89 (9): 2294-2298.

[42] 李春好, 劉成明. 基於模糊神經網路的交合分析改進方法 [J]. 中國管理科學, 2008, 16 (1): 117-124.

[43] GU X, LI Y, JIA J. Feature selection for transient stability assessment based on kernelized fuzzy rough sets and memetic algorithm [J]. International Journal of Electrical Power & Energy Systems, 2015, 64: 664-670.

[44] YU J, QIN S J. Statistical MIMO controller performance monitoring. Part I: Data-driven covariance benchmark [J]. Journal of Process Control, 2008, 18 (3): 277-296.

[45] YU J, QIN S J. Statistical MIMO controller performance monitoring. Part II: Performance diagnosis [J]. Journal of Process Control, 2008, 18 (3): 297-319.

[46] O'FARRELL M, LEWIS E, FLANAGAN C. Combining principal component analysis with an artificial neural network to perform online quality assessment of food as it cooks in a large-scale industrial oven [J]. Sensors and Actuators B: Chemical, 2005, 107 (1): 104-112.

[47] WEI B, WANG S L, LI L. Fuzzy comprehensive evaluation of district heating systems [J]. Energy Policy, 2010, 38 (10): 5947-5955.

[48] GUO L, GAO J, YANG J, KANG J. Criticality evaluation of petrochemical equipment based on fuzzy comprehensive evaluation and a BP neural network [J]. Journal of loss Prevention in the Process Industries, 2009, 22(4): 469-476.

[49] ÅSTRÖM K J. Introduction to Stochastic Control Theory[M]. New York: Academic Press, 1970.

[50] HARRIS T J. Assessment of control loop performance[J]. The Canadian Journal of Chemical Engineering, 1989, 67 (5): 856-861.

[51] BOX G E P, JENKINS G M. Time series analysis: forecasting and control, revised edition[M]. San Francisco CA: Holden-Day, 1976.

[52] QIN S J. Control performance monitoring: a review and assessment [J]. Computers & Chemical Engineering, 1998, 23(2): 173-186.

[53] ÅSTRÖM K J, HANG C C, PERSSON P, HO W K. Towards intelligent PID control[J]. Automatica, 1992, 28 (1): 1-9.

[54] 李大字, 焦軍勝, 靳其兵, 高彥臣. 基於輸出方差限制的廣義多變量控制系統性能評價[J]. 自動化學報, 2013, 39 (5): 654-658.

[55] 羅佑新. 等斜率灰色聚類法與工程機械產品的品質評價 [J]. 工程機械, 1994, 25 (7): 25-28.

[56] KIMURA F, HATA T, SUZUKI H. Product quality evaluation based on behavior simulation of used products [J]. CIRP Annals-Manufacturing Technology, 1998, 47(1): 119-122.

[57] HUDSON J. A Bayesian approach to the evaluation of stochastic signals of product quality [J]. Omega, 2000, 28 (5): 599-607.

[58] 師春香, 劉玉潔. 國外部分衛星產品品質評價和品質控制方法[J]. 應用氣象學報, 2005, 15 (12): 142-151.

[59] SAHA T K, PURKAIT P. Investigation of an expert system for the condition assessment of transformer insulation

based on dielectric response measurements[J]. IEEE Transactions on Power Delivery，2004，19(3)：1127-1134.

[60] PAN T H，SHIEH S S，JANG S S，TSENG W H，WU C W，OU J J. Statistical multi-model approach for performance assessment of cooling tower [J]. Energy Conversion and Management，2011，52(2)：1377-1385.

[61] 王闖，李淩均，陳宏，張恆. 基於頻譜頻段的旋轉機械運行狀態評價方法[J]. 機床與液壓，2011，39 (19)：137-140.

[62] 肖運啓，王昆朋，賀貫舉，孫燕平，楊錫. 基於趨勢預測的大型風電機組運行狀態模糊綜合評價[J]. 中國電機工程學報，2014，34 (13)：2132-2139.

[63] FRANK P M. Fault diagnosis in dynamics systems using analytical and knowledge-based redundancy： A survey and some new results[J]. Automatica，1990，26(3)：459-474.

[64] YOSHIMURA M，FRANK P M，DING X. Survey of robust residual generation and evaluation methods in observer-based fault detection systems[J]. Journal of Process Control，1997，7(6)：403-424.

[65] ISERMANN R，BALLI P. Trends in the application of model-based fault detection and diagnosis of technical processes[J]. Control Engineering Practice，1997，5(5)：709-719.

[66] BEARD R. Failure accommodation in linear systems through self-reorganization[D]. Cambridge：Massachusetts Institute of Technology，1971.

[67] MEHRA R K，PESCHON J. An innovations approach to fault detection and diagnosis in dynamic systems[J]. Automatica，1971，7(5)：637-640.

[68] WILLSKY A S. A survey of design methods for failure detection in dynamic systems [J]. Automatica，1975，12 (6)：601-611.

[69] HIMMELBLAU D M. Fault detection and diagnosis in chemical and petrochemical process [M]. Amsterdam：Elsevier Press，1978.

[70] PATTON R J，FRANK P M. Fault diagnosis in dynamic systems，theory and applications[M]. NJ：Englewood Cliffs：Prentice Hall，1989.

[71] BASSEVILLE M，NIKIFOROV I. Detection of abrupt changes-theory and application[M]. New York：Prentice-Hall，1993.

[72] GERTLER J. Fault detection and diagnosis in engineering systems[M]. New York：Marcel Dekker，1998.

[73] BLANKE M，KINNAERT M，LUNZE J，et al. Diagnosis and fault-tolerant Control [M]. Berlin：Springer. 2003.

[74] PATTON R J，FRANK P M，CLARK R N. Issues of fault diagnosis for dynamic systems[M]. London：Springer，2000.

[75] ISERMANN R. Fault diagnosis systems [M]. Berlin：Springer-Verlag，2006.

[76] DING S X. Model-based fault diagnosis techniques：Design schemes，algorithms and tools[M]. Berlin：Springer-Verlag，2008.

[77] FRANK P M. Fault diagnosis in dynamic systems via state estimation-a survey [M]. Dordrecht，Netherlands：Springer，1987：35-98.

[78] WANG W，LI L，ZHOU D，et al. Robust state estimation and fault diagnosis for uncertain hybrid nonlinear systems [J]. Nonlinear analysis：Hybrid systems，2007，1(1)：2-15.

[79] PATTON R J，CHEN J. A review of parity space approaches to fault diagnosis [C]. Baden-Baden，Germany：

Elsevier, 1991.

[80] ZHONG M, XUE T, DING S X, et al. A wavelet-based parity space approach to fault detection of linear discrete time-varying systems [J]. IFAC-Papers OnLine, 2017, 50 (1): 2836-2841.

[81] DING X, GUO L, JEINSCH T. A characterization of parity space and its application to robust faultdetection [J]. IEEE Transactions on Automatic Control, 1999, 44(2): 337-343.

[82] BAGHERI F, KHALOOZADED H, ABBASZADEH K. Stator fault detection in induction machines by parameter estimation, using adaptive Kalman filter [C]. Athens Greece: IEEE, 2007.

[83] ISERMANN R. Fault diagnosis of machines via parameter estimation and knowledge processing-tutorial paper[J]. Automatica, 1993, 29(4): 815-835.

[84] BACHIR S, TNANI S, TRIGEASSOU J C, et al. Diagnosis by parameter estimation of stator and rotor faults occurring in induction machines [J]. IEEE Transactions on Industrial Electronics, 2006, 53(3): 963-973.

[85] BLODT M, CHABERT M, REGNIER J, et al. Maximum-likelihood parameter estimation for current-based mechanical fault detection in induction motors [C]. Toulouse, France: IEEE, 2006.

[86] 李哈，蕭德雲. 基於數據驅動的故障診斷方法綜述 [J]. 控制與決策，2011，26 (1): 1-9.

[87] 劉強，柴天佑，秦泗釗等. 基於數據和知識的工業過程監視及故障診斷綜述[J]. 控制與決策，2010，6: 801-807.

[88] IRI M, AOKI K, SHIMA E O, et al. An algorithm for diagnosis of system failures in the chemical process[J]. Computers & Chemical Engineering, 1979, 3(1-4): 489-493.

[89] 柴天佑，丁進良，王宏等. 複雜工業過程運行的混合智慧優化控制方法[J]. 自動化學報，2008，34 (5): 505-515.

[90] VENKATASUBRAMANIAN V, RENGASWAMY R, KAVURI S N. A review of process fault detection and diagnosis, Part II: Qualitative models and search strategies [J]. Computers & Chemical Engineering, 2003, 27(3): 313-326.

[91] 盧春紅. 基於數據驅動的故障檢測與診斷技術及其應用研究[D]. 無錫：江南大學，2015。

[92] 胡靜. 基於多元統計分析的故障診斷與品質監測研究[D]. 杭州：浙江大學，2015.

[93] 趙春暉，王福利，姚遠，高福榮. 基於時段的間歇過程統計建模、在線監測及品質預報[J]. 自動化學報，2010，36 (3): 366-374.

[94] QIN S J. Process data analytics in the era of big data [J]. AIChE Journal, 2014, 60(9): 3092-3100.

[95] ZHAOC H, WANG F L, JIA M X. Dissimilarity analysis based batch process monitoring using moving windows [J]. AIChE Journal, 2007, 53 (5): 1267-1277.

[96] 魯帆. 基於協整理論的複雜動態工程系統狀態監測方法應用研究[D]，南京：南京航空航天大學，2010.

[97] ZHAO C H, WANG F L, MAO Z, LU N Y, JIA M X. Quality prediction based on phase-specific average trajectory for batch processes [J]. AIChE Journal, 2008, 54(3): 693-705.

[98] ZHAO C H, WANG F L, LU N Y, JIA M X. Stage-based soft-transition multiple PCA modeling and on-line monitoring strategy for batch processes [J].

Journal of Process Control，2007，17(9)：728-741.

[99] WANG Y，ZHAO C H. Probabilistic fault diagnosis method based on the combination of a nest-loop Fisher discriminant analysis algorithm and analysis of relative changes[J]. Control Engineering Practice，2017，68：32-45.

[100] SUN H，ZHANG S M，ZHAO C H，GAO F R. A sparse reconstruction strategy for online fault diagnosis in nonstationary processes with no priori fault information[J]. Industrial & Engineering Chemistry Research，2017，56(24)：6993-7008.

[101] WOLD S，ESBENSEN K，GELADI P. Principal component analysis[J]. Chemometrics and Intelligent Laboratory Systems，1987，2(1-3)：37-52.

[102] BURNHAM A J，VIVEROS R，MACGREGOR J F. Frameworks for latent variable multivariate regression [J]. Journal of Chemometrics，1996，10(1)：31-45.

[103] JONG S D. SIMPLS：an alternative approach to partial least squares regression[J]. Chemometrics and Intelligent Laboratory Systems，1993，18(3)：251-263.

[104] CHIANG L H，KOTANCHEK M E，KORDON A K. Fault diagnosis based on Fisher discriminant analysis and support vector machines[J]. Computers & Chemical Engineering，2004，28(8)：1389-1401.

[105] GRISWOLD J W. Incipient failure detection [C]. Mexico City，Mexico：NASA STI，1971.

[106] 譚陽紅，葉佳卓. 模擬電路故障診斷的小波方法[J]. 電子與資訊學報，2005，28(9)：1748-1751.

[107] CHOW M，MANGUM P，THOMAS R J. Incipient fault detection in DC machines using a neural network[C]. Pacific Grove，CA，USA：IEEE，1988.

[108] CHEN J Z B，SHEN J. A hybrid ANN-ES system for dynamic fault diagnosis of hydrocracking process[J]. Computers & Chemical Engineering，1997，21：S929-S933.

[109] QUTEISHAT A，LIM C P. A modified fuzzy min-max neural network with rule extraction and its application to fault detection and classification [J]. Applied Soft Computing，2008，8(2)：985-995.

[110] COMON P. Independent component analysis，a new concept [J]. Signal Processing，1994，36(3)：287-314.

[111] HYVÄRINEN A，OJA E. A fast fixed-point algorithm for independent component analysis [J]. Neural Computation，1997，9(7)：1483-1492.

[112] HYVÄRINEN A，OJA E. Independent component analysis：algorithms and applications [J]. Neural Networks，2000，13(4-5)：411-430.

[113] KANO M，TANAKA S，HASEBE S，HASHIMOTO I，OHNO H. Monitoring independent components for fault detection[J]. AIChE Journal，2003，49(4)：969-979.

[114] ZHAO C H，WANG F L，MAO Z，LU N Y，JIA M X. Adaptive monitoring based on independent component analysis for multiphase batch processes with limited modeling data[J]. Industrial & Engineering Chemistry Research，2008，47(9)：3104-3113.

[115] ZHAO C H，GAO F R，WANG F L. Nonlinear batch process monitoring using phase-based kernel independ-

ent component analysis-principal component analysis (KICA-PCA)[J]. Industrial & Engineering Chemistry Research, 2009, 48(20): 9163-9174.

[116] ZHAO H, ZHAO C H. Probabilistic alert of abnormal glycemic event by quantitative analysis of glucose prediction errors for type 1 diabetes [J]. Chemometrics and Intelligent Laboratory Systems, 2018, 174: 94-110.

[117] ZHANG S M, WANG F L, TAN S, WANG S, CHANG Y. Novel monitoring strategy combining the advantages of multiple modeling strategy and Gaussian mixture model for multimode processes[J]. Industrial & Engineering Chemistry Research, 2015, 54(47): 11866-11880.

[118] QIN Y, ZHAO C H, GAO F R. A self-recovery based quality control framework with enhanced learning for multiphase batch processes [J]. Chemometrics and Intelligent Laboratory Systems, 2018, 176: 89-100.

[119] YUW K, ZHAO C H. Online fault diagnosis in industrial processes using multi-model exponential discriminant analysis algorithm [J]. IEEE Transactions on Control Systems Technology, DOI: 10. 1109/TCST. 2017. 2789188.

[120] YU W K, ZHAO C H. Sparse exponential discriminant analysis and its application to fault diagnosis[J]. IEEE Transactions on Industrial Electronics, 2018, 65(7): 5931-5940.

[121] ZHAO C H, GAO F R. A sparse dissimilarity analysis algorithm for incipient fault isolation with no priori fault information [J]. Control Engineering Practice, 2017, 65: 70-82.

[122] ZHAO C H, HUANG B. Incipient fault detection for complex industrial processes with stationary and nonstationary hybrid characteristics[J]. Industrial & Engineering Chemistry Research, 2018, 57(14): 5045-5057.

[123] ZHANG S M, ZHAO C H, GAO F R. Two-directional concurrent strategy of mode identification and sequential phase division for multimode and multiphase batch process monitoring with uneven lengths [J]. Chemical Engineering Science, 2018, 178(16): 104-117.

[124] ZHAO C H, WANG W, GAO F R. Probabilistic fault diagnosis based on Monte Carlo and NeLFDA for industrial processes[J]. Industrial & Engineering Chemistry Research, 2016, 55: 12896-12908.

[125] ZHAO C H, WANG W. Efficient faulty variable selection and parsimonious reconstruction modelling for fault isolation[J]. Journal of Process Control, 2016, 38: 31-41.

[126] ZHAO C H, GAO F R. Fault subspace selection approach combined with analysis of relative changes for reconstruction modeling and multifault diagnosis[J]. IEEE Transactions on Control Systems Technology, 2016, 24(3): 928-939.

[127] ZHAO C H, FU Y J. Statistical Analysis based Online Sensor Failure Detection for Continuous Glucose Monitoring in Type I Diabetes[J]. Chemometrics and Intelligent Laboratory Systems, 2015, 144(15): 128-137.

[128] ZHAO C H, GAO F R. A nested-loop Fisher discriminant analysis algorithm [J]. Chemometrics and Intelligent Laboratory Systems, 2015, 146 (15): 396-406.

[129] ZHAO C H, GAO F R. Online fault prognosis with relative deviation analysis and vector autoregressive modeling [J]. Chemical Engineering Science, 2015, 138(22): 531-543.

[130] LI W Q, ZHAO C H, GAO F R. Sequential time slice alignment based unequal-length phase identification and modeling for fault detection of irregular batches [J]. Industrial & Engineering Chemistry Research, 2015, 54(41): 10020-10030.

[131] ZHAO C H. Quality-relevant fault diagnosis with concurrent phase partition and analysis of relative changes for multiphase batch processes[J]. AIChE Journal, 2014, 60(6): 2048-2062.

[132] ZHAO C H, SUN Y X. Step-wise sequential phase partition (SSPP) algorithm based statistical modeling and online process monitoring[J]. Chemometrics and Intelligent Laboratory Systems, 2013, 125: 109-120.

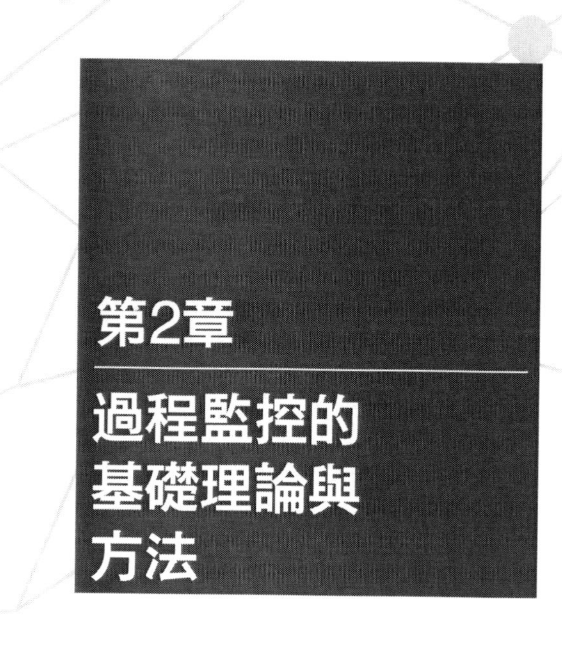

第2章

過程監控的基礎理論與方法

工業過程的狀態監控包括狀態評價、異常檢測與診斷幾方面的研究工作。對生產過程的在線監控不僅可以為過程工程師提供有關過程運行狀態的即時資訊、排除安全隱患、保證產品品質；而且可以為生產過程的優化和產品品質的改進提供必要的指導和輔助。狀態評估及故障診斷方法所依託的主要理論是以主成分分析方法（PCA）[1]，偏最小二乘法（PLS）[2,3]，費雪判別分析方法（FDA）[4]、相對變化分析（RC）[5-7]等為核心的多變量統計投影方法。本章將簡略介紹這些方法的主要原理以及基於相應的狀態評估與故障診斷方法中所涉及的若干問題。

2.1 概述

隨著電子技術和電腦應用技術的飛速發展，現代工業過程大都具有完備甚至冗餘的傳感測量裝置，可以在線獲得大量的過程數據，譬如濃度、壓力、流量等測量值。這些過程數據中蘊含著關於生產過程運行狀態及最終產品品質的有用資訊。由於基於數據的統計分析和建模方法不需要精確的過程數學模型，使得很多數據驅動的分析方法在實際工業生產中得到了廣泛的認可和推廣應用。但在分析工業生產過程數據的同時，必須充分地考慮其如下幾個主要特點[8,9]。

① 數據的高維度。現代工業過程一般擁有幾十至幾百個測量變量，而且數據採集系統的採樣速度以及工業電腦的運行速度也日新月異地增長。這就意味著在短時間內，生產過程將產生成千上萬的過程數據。這使得在提取有用資訊的同時盡可能地降低數據的維數成為現代工業過程基於數據的建模方法的一個迫切要求。

② 測量變量之間的相關性。過程變量的外部特徵決定於過程的內部運行機制。由於過程往往是由幾個主要的機理方程所驅動，過程變量之間並非獨立無關，而是遵從一定的運行機理體現出複雜的耦合關係，即變量之間存在相關性。這使得傳統的基於原始過程測量資訊的狀態評價和故障診斷方法難以奏效。

③ 數據的非線性。工業過程往往展現出非線性行為，變量之間的關係用線性函數去近似無法得到滿意的結果。因此，在針對工業生產過程的運行狀態評價和監測中還需要考慮過程變量之間的非線性關係。

④ 數據的非高斯性。工業過程中的測量變量往往會受到各種雜訊源的影響，使工業過程數據難以精確地服從高斯分布。由於非高斯分布數據的高階統計量中仍然可能蘊含著反映過程運行狀態的重要資訊，使得

針對高斯分布數據的分析方法無法完整地提取過程數據中與運行狀態密切相關的過程資訊，從而影響狀態監控的準確性和可靠性。

⑤ 非平穩特性。受設備老化、變工況、未知擾動和人為干擾等因素影響，實際工業過程中的變量往往呈現非平穩特性。對於非平穩過程，故障信號極易被非平穩信號的正常變化趨勢所掩蓋，無法滿足對故障檢測的靈敏性要求。針對非平穩過程的故障檢測及診斷極具挑戰性[10-12]。

⑥ 多模態特性。由於外界環境和條件的變化、生產方案變動，或是過程本身固有特性等因素，導致一些連續工業生產過程具有多個穩定工況，稱為多模態過程。相比於具有單一穩定工況的連續過程，多模態過程還具有一些特有的屬性[13-16]。

a. 多模態過程具有多個穩定工作點，不同的工作點對應著不同的穩定模態，且不同的穩定模態之間由不同的過渡模態連接。

b. 穩定模態是指在一段生產過程中運行狀態相對平穩且過程變量的相關關係並不隨著操作時間時刻變化的模態，是生產過程中的主要生產狀態，同時也是決定產品品質和企業綜合經濟效益的關鍵模態。

c. 過渡模態是生產過程中銜接一個穩定模態與另外一個穩定模態的暫態過程，是過程相關關係具有較複雜動態特性的模態，過渡模態對生產效率影響較大，且在該期間生產的產品通常為不合格品甚至是廢品，實際生產過程中希望盡可能縮短的模態。

上述問題困擾著基於測量數據的統計過程分析和建模方法，這種遲滯不前的狀況一直持續到 20 世紀 80 年代末，以主成分分析方法（Principal Component Analysis，PCA）[1]、偏最小二乘法（Partial Least Squares，PLS）[2,3] 和費雪判別分析方法（Fisher Discriminant Analysis，FDA）[4] 等為核心的多變量統計建模方法揭開了基於過程數據的統計過程監測與故障診斷的新篇章。因為 PCA 和 PLS 只需要歷史數據來建立模型而不需要過程的機理知識，同時 PCA 和 PLS 能夠有效地剔除過程數據中的冗餘資訊，極大地降低數據維數，甚至可以將過程運行狀態直接顯示於二維的主成分監視圖中，這類方法越來越受到研究人員和現場工程師的青睞。目前，基於這類多變量統計模型的過程監測、狀態評估與故障診斷等演算法層出不窮[17-75]，並且已成功地應用到多個工業生產過程中。

2.2 多變量統計過程監控

將過程監控技術應用到生產中，可以大大降低故障的發生率，減少不合格產品的出現，達到降低生產成本的目的。過程監控是以狀態評價、系統故障檢測與診斷技術為基礎發展起來的一個邊緣性學科，其目的是監督評價系統的運行狀態，不斷檢測生產過程的變化和故障資訊，並對故障系統的異變幅度作出定量分析，如故障類型、發生時間、幅度大小、具體表現形式、影響程度、作用方式等，使系統操作員和維護人員不斷了解過程的運行狀態，幫助這些人員作出適當的補救措施，以消除過程的不正常行為，防止災難性事故的發生，減少產品品質的波動等。

廣義的統計過程監控包括三個階段的工作[76]。第一階段的具體工作有數據採集、篩選、濾波、矩陣表示以及數據標準化等；第二階段要先確定建模數據，即選擇正常操作條件（NOC）下的過程數據，然後根據數據的特點進行統計建模並確定統計控制限；最後是統計模型的應用階段，比如在線運行狀態評價、異常檢測、故障診斷、過程改進等。

統計過程監控的主要目標是快速準確地檢測到生產過程中出現的異常工況，即過程偏離理想工作狀態時的工況，偏離的幅值以及這種異常狀態發生並延續的時間。基於統計方法的故障診斷則是在監測程序發現過程異常狀態時，根據過程測量值偏離正常狀態的變化幅值和變化了的變量相關性，給出導致這一異常工況的主導過程變量。對生產過程的在線監測和診斷不僅可以為過程工程師提供有關過程運行狀態的即時資訊、排除安全隱患、保證產品品質；而且可以為生產過程的優化和產品品質的改進提供必要的指導和輔助。統計過程監控方法所依託的主要理論是以主成分分析（PCA）、偏最小二乘（PLS）、費雪判別分析（FDA）等為核心的多變量統計投影方法。下面將簡略介紹 PCA、PLS、FDA 等的主要原理以及基於 PCA 的統計過程監測方法中所涉及的若干問題。

2.2.1 數據的標準化處理

數據標準化是基於過程數據建模方法的一個重要環節。一個好的標準化方法可以很大程度上突出過程變量之間的相關關係，去除過程中存在的一些非線性特性，剔除不同測量量綱對模型的影響，簡化數據模型的結構。數據標準化通常包含兩個步驟[10]：數據的中心化處理和無量綱化處理。

數據的中心化處理是指將數據進行平移變換，使得新座標系下的數據和樣本集合的重心重合。對於數據陣 $\boldsymbol{X}$（$n \times m$），數據中心化的數學表示式如下：

$$\widetilde{x}_{i,j} = x_{i,j} - \overline{x}_j \quad (i=1,\cdots,n;j=1,\cdots,m)$$

$$\bar{x}_j = \frac{1}{n}\sum_i x_{i,j} \tag{2-1}$$

其中，n 是樣本點個數，m 是變量個數，i 是樣本點索引，j 是變量索引。中心化處理既不會改變數據點之間的相互位置，也不會改變變量間的相關性。

過程變量測量值的量程差異很大，比如注塑過程中機桶溫度的測量值往往在幾百度左右，而螺桿位移的量程只有幾公分。若對這些未經過任何處理的測量數據進行主成分分析，很顯然在幾百度附近變化的溫度測量量左右著主成分的方向，而實際上這些溫度變化了 3～5℃相對於其量程來說並不是很大的變化。在工程上，這類問題稱為數據的假變異，並不能真正反映數據本身的方差結構。為了消除假變異現象，使每一個變量在數據模型中都具有同等的權重，數據預處理時常常將不同變量的方差歸一實現無量綱化，如下式：

$$\tilde{x}_{i,j} = x_{i,j}/s_j \quad (i=1,\cdots,I;j=1,\cdots,J)$$

$$s_j = \sqrt{\frac{1}{I-1}(x_{i,j}-\bar{x}_j)^2} \tag{2-2}$$

在數據建模方法中，最常用的數據標準化則是對數據同時作中心化和方差歸一化處理：

$$\tilde{x}_{i,j} = \frac{x_{i,j}-\bar{x}_j}{s_j} \quad (i=1,\cdots,I;j=1,\cdots,J) \tag{2-3}$$

本文中所有二維建模數據，在未有特殊說明時，均經過式（2-3）的標準化方法預處理。

2.2.2 主成分分析

主成分分析（PCA）是一種多變量統計分析方法，其主要思想是透過線性空間變換求取主成分變量，將高維數據空間投影到低維主成分空間。由於低維主成分空間可以保留原始數據空間的大部分方差資訊，並且主成分變量之間具有正交性，可以去除原數據空間的冗餘資訊，主成分分析逐漸成為一種有效的數據壓縮和資訊提取方法，已在數據處理、模式識別、過程監測等領域得到了越來越廣泛的應用。

主成分分析的工作對象是一個二維數據陣 $\boldsymbol{X}$（$n\times m$），n 為數據樣本的個數，m 為過程變量的個數。經過主成分分析，矩陣 $\boldsymbol{X}$ 被分解為 m 個子空間的外積和，即

$$\boldsymbol{X}=\boldsymbol{T}\boldsymbol{P}^{\mathrm{T}}=\sum_{j=1}^{m}\boldsymbol{t}_j\boldsymbol{p}_j^{\mathrm{T}}=\boldsymbol{t}_1\boldsymbol{p}_1^{\mathrm{T}}+\boldsymbol{t}_2\boldsymbol{p}_2^{\mathrm{T}}+\cdots+\boldsymbol{t}_m\boldsymbol{p}_m^{\mathrm{T}} \tag{2-4}$$

其中，$\boldsymbol{t}_j$ 是（$n\times1$）維得分（score）向量，也稱為主成分向量；$\boldsymbol{p}_j$ 為（$m\times1$）維負載（loading）向量，亦是主成分的投影方向；$\boldsymbol{T}$ 和 $\boldsymbol{P}$ 則分別是主成分得分矩陣和負載矩陣。主成分得分向量之間是正交的，即對任何 i 和 j，當 $i\neq j$ 時滿足$\boldsymbol{t}_i^{\mathrm{T}}\boldsymbol{t}_j=0$。負載向量之間也是正交的，並且為了保證計算出來的主成分向量具有唯一性，每個負載向量的長度都被歸一化，即 $i\neq j$ 時$\boldsymbol{p}_i^{\mathrm{T}}\boldsymbol{p}_j=0$，$i=j$ 時$\boldsymbol{p}_i^{\mathrm{T}}\boldsymbol{p}_j=1$。

公式(2-4）通常被稱為矩陣 $\boldsymbol{X}$ 的主成分分解，$\boldsymbol{t}_j\boldsymbol{p}_j^{\mathrm{T}}$（$j=1,\cdots,m$）實際上是 m 個直交的主成分子空間，這些子空間的直和構成了原來的數據空間 $\boldsymbol{X}$。若將式（2-4）等號兩側同時右乘$\boldsymbol{p}_j$，可以得到式(2-5)，稱之為主成分變換，也稱作主成分投影：

$$\begin{gathered}\boldsymbol{t}_j=\boldsymbol{X}\boldsymbol{p}_j\\ \boldsymbol{T}=\boldsymbol{X}\boldsymbol{P}\end{gathered}\tag{2-5}$$

即，每一個主成分得分向量$\boldsymbol{t}_j$ 實際上是矩陣 $\boldsymbol{X}$ 在負載向量$\boldsymbol{p}_j$ 方向上的投影。

在求取主成分的過程中，主成分得分向量$\boldsymbol{t}_j$ 的內積，$\|\boldsymbol{t}_j\|$，實際上對應著 $\boldsymbol{X}$ 的共變異數矩陣$\boldsymbol{\Sigma}=\boldsymbol{X}^{\mathrm{T}}\boldsymbol{X}$ 的特徵值λ_j；而負載向量$\boldsymbol{p}_j$ 是λ_j 對應的特徵向量。由於主成分得分需要滿足長度遞減約束，$\|\boldsymbol{t}_1\|>\cdots>\|\boldsymbol{t}_m\|$，即$\lambda_1>\cdots>\lambda_m$，這個約束使得每個主成分具有獨特的統計意義。第一主成分提取了 $\boldsymbol{X}$ 最多的方差資訊，第一負載向量$\boldsymbol{p}_1$ 則是矩陣 $\boldsymbol{X}$ 的最大方差變異方向；第二主成分提取了殘差空間 $\boldsymbol{E}$ 中最多的方差資訊，其中 $\boldsymbol{E}=\boldsymbol{X}-\boldsymbol{t}_1\boldsymbol{p}_1^{\mathrm{T}}$，第二負載向量$\boldsymbol{p}_2$ 則是 $\boldsymbol{X}$ 中方差變異第二大方向，依此類推。當矩陣 $\boldsymbol{X}$ 中的變量存在一定程度的線性相關時，$\boldsymbol{X}$ 的方差資訊實際上集中在前面幾個主成分中；而最後的幾個主成分的方差通常是由測量雜訊引起的，完全可以忽略不計。因此，主成分分析具有了保留最大方差資訊的同時顯著降低數據維數的功能。

廣泛應用於過程監測領域的主成分分析模型如下式所示：

$$\begin{gathered}\boldsymbol{T}=\boldsymbol{X}\boldsymbol{P}\\ \hat{\boldsymbol{X}}=\boldsymbol{T}\boldsymbol{P}^{\mathrm{T}}=\sum_{j=1}^{A}\boldsymbol{t}_j\boldsymbol{p}_j^{\mathrm{T}}\\ \boldsymbol{E}=\boldsymbol{X}-\hat{\boldsymbol{X}}\end{gathered}\tag{2-6}$$

其中，$\boldsymbol{T}$ 和 $\boldsymbol{P}$ 的維數分別為（$n\times A$）和（$m\times A$）；A 代表主成分模型中所保留的主成分個數；$\hat{\boldsymbol{X}}$ 由主成分得分和負載向量重構得到，可以說 $\hat{\boldsymbol{X}}$ 是由主成分模型反推得到的原始數據 $\boldsymbol{X}$ 的系統性資訊；$\boldsymbol{E}$ 則為主成分模型的殘差資訊。

有很多方法可以確定合適的主成分個數，其中主成分累積貢獻率法和交叉檢驗法最為常用，詳見相關參考文獻［77,78］。另外，求取主成分負載向量的兩種常見方法，一種是數值方法——奇異值分解（SVD）；另一種是迭代運算方法——NIPALS 演算法，受篇幅限制本文也不作介紹，可參閱相關文獻[77]。

2.2.3 偏最小二乘

偏最小二乘（PLS）的提出是為了解決傳統多變量迴歸方法在數據共線性和小樣本數據在迴歸建模方面的不足。除此之外，PLS 方法還可以實現迴歸建模、數據結構簡化和兩組變量間的相關分析，給多變量數據分析帶來極大的便利。

偏最小二乘的工作對象是兩個數據陣 $\boldsymbol{X}(n \times m_x)$ 和 $\boldsymbol{Y}(n \times m_y)$，譬如工業過程中的過程變量和品質變量測量值，其中 n 是樣本個數，m_x 是過程變量個數，m_y 是品質指標個數。與成分提取方法不同，PCA 是針對一個數據表進行分析提取出其中的主要成分資訊，而 PLS 所追溯的是兩張數據表相互之間的因果關係，從中揭示現象與結果之間的隱含規律。

偏最小二乘的出現是為了解決傳統的多變量迴歸方法在以下兩個方面的不足。

① 數據共線性問題。在第一節中曾提到，現代工業過程的測量變量之間存在一定程度的相關性，即變量和變量之間存在耦合關係。變量間的這種相關關係會導致預測矩陣的共變異數矩陣 $\boldsymbol{\Sigma} = \boldsymbol{X}^{\mathrm{T}}\boldsymbol{X}$ 是一個病態矩陣，這將降低最小二乘迴歸方法中迴歸參數 $\hat{\boldsymbol{\Theta}} = (\boldsymbol{X}^{\mathrm{T}}\boldsymbol{X})^{-1}\boldsymbol{X}^{\mathrm{T}}\boldsymbol{Y}$ 的估計精度，從而造成迴歸模型的不穩定[79-82]。

② 小樣本數據的迴歸建模，尤其是樣本個數少於變量個數的情況[81,82]。一般統計參考書上介紹，普通迴歸建模方法要求樣本點數目是變量個數的兩倍以上，而對於樣本點個數少於變量個數的情況則無能為力。

偏最小二乘相當於多變量迴歸、主成分分析和典型相關分析三者的有機結合，它能夠有效解決上面提到的兩個問題，同時可以實現迴歸建模、數據結構簡化和兩組變量間的相關分析，給多變量數據分析帶來極大的便利。

PLS 模型包括外部關係（類似於對矩陣 $\boldsymbol{X}$ 和 $\boldsymbol{Y}$ 分別進行主成分分解）和內部關係（類似於 $\boldsymbol{X}$ 和 $\boldsymbol{Y}$ 的潛變量之間實現最小二乘迴歸建模）。

外部關係：

$$\boldsymbol{X} = \boldsymbol{T}\boldsymbol{P}^{\mathrm{T}} + \boldsymbol{E} = \sum_{a=1}^{A} \boldsymbol{t}_a \boldsymbol{p}_a^{\mathrm{T}} + \boldsymbol{E}$$

$$\boldsymbol{Y}=\boldsymbol{U}\boldsymbol{Q}^{\mathrm{T}}+\boldsymbol{F}=\sum_{a=1}^{A}\boldsymbol{u}_a\boldsymbol{q}_a^{\mathrm{T}}+\boldsymbol{F} \tag{2-7}$$

内部關係：

$$\hat{\boldsymbol{u}}_a=b_a\boldsymbol{t}_a \tag{2-8}$$

其中，$b_a=\boldsymbol{t}_a^{\mathrm{T}}\boldsymbol{u}_a/(\boldsymbol{t}_a^{\mathrm{T}}\boldsymbol{t}_a)$，是 $\boldsymbol{X}$ 空間潛變量 $\boldsymbol{t}$ 和 $\boldsymbol{Y}$ 空間潛變量 $\boldsymbol{u}$ 的内部迴歸係數。

需要指出的是：在 PLS 演算法中，偏最小二乘並不等於「對 $\boldsymbol{X}$ 和 $\boldsymbol{Y}$ 分別進行主成分分析，然後建立 $\boldsymbol{t}$ 和 $\boldsymbol{u}$ 之間的最小方差迴歸關係」，為了迴歸分析的需要，它按照下列兩個要求進行：

① $\boldsymbol{t}$ 和 $\boldsymbol{u}$ 應盡可能大地攜帶它們各自數據表中的變異資訊；

② $\boldsymbol{t}$ 和 $\boldsymbol{u}$ 的相關程度應盡可能大。

這兩個要求表明，$\boldsymbol{t}$ 和 $\boldsymbol{u}$ 應盡可能充分地代表數據表 $\boldsymbol{X}$ 和 $\boldsymbol{Y}$，同時，自變量的成分 $\boldsymbol{t}$ 對因變量的成分 $\boldsymbol{u}$ 又有很強的解釋能力。因此，PLS 演算法中，向量 $\boldsymbol{t}$ 和 $\boldsymbol{u}$ 通常被稱為潛變量，而不是主成分。

在實際應用過程中，針對遇到的各種問題和情況，分別在原始的 PLS 演算法基礎上做了相應的發展改進。譬如針對樣本數遠大於過程變量數的情況及其相反情況，發展了 kernel PLS 演算法[83-86]，從而極大地提高了運算效率。PLS 的具體運算方法（奇異值分解、NIPALS 和 kernel PLS 演算法等）以及常用的確定潛變量個數的方法詳見相關文獻[36,80-86]。

2.2.4 全潛結構投影模型

標準 PLS 方法需要較多的潛變量來描述與品質變量相關的變異，其中包括一些與品質變量無關、對預測品質變量沒有幫助的變異；同時，殘差空間中仍然含有除雜訊之外較大的變異，有必要將其與雜訊區別開來。全潛結構投影模型（Total Projection to Latent Structure，T-PLS）[87] 透過對 PLS 的主成分空間和殘差空間進一步分解，將主成分空間中與品質變量正交的變異分離出來，將殘差空間中較大方差的變異與雜訊區分開，從而為只關注過程中某一部分特性的研究人員提供了更加準確的過程資訊。雖然 T-PLS 並沒有改變標準 PLS 的預測能力，但它卻實現了按品質變量對過程數據空間的全面分解。

在 PLS 分解式（2-8）的基礎上，T-PLS 將 PLS 主成分空間進一步分解為與品質 $\boldsymbol{Y}$ 直接相關的子空間 S_y 和與 $\boldsymbol{Y}$ 正交的子空間 S_o，將 PLS 的殘差空間分解成殘差中包含較大變化方差的子空間 S_{rp} 和僅包含雜訊的子空間 S_{rr}，如式(2-9) 所示：

$$\begin{cases}\boldsymbol{X}=\boldsymbol{T}_y\boldsymbol{P}_y^{\mathrm{T}}+\boldsymbol{T}_{\mathrm{o}}\boldsymbol{P}_{\mathrm{o}}^{\mathrm{T}}+\boldsymbol{T}_{\mathrm{r}}\boldsymbol{P}_{\mathrm{r}}^{\mathrm{T}}+\boldsymbol{E}_{\mathrm{r}}\\ \boldsymbol{Y}=\boldsymbol{T}_y\boldsymbol{Q}_y^{\mathrm{T}}+\boldsymbol{F}\end{cases} \tag{2-9}$$

其中，$\boldsymbol{T}_y\in R^{N\times A_y}$ 為 $\boldsymbol{T}$ 中與 $\boldsymbol{Y}$ 直接相關的部分，$\boldsymbol{T}_{\mathrm{o}}\in R^{N\times(A-A_y)}$ 是 $\boldsymbol{T}$ 中與 $\boldsymbol{Y}$ 正交的部分，$\boldsymbol{T}_{\mathrm{r}}\in R^{N\times A_{\mathrm{r}}}$ 是原始殘差 $\boldsymbol{E}$ 中含有較大變化方差的部分；$\boldsymbol{P}_y\in R^{J_x\times A_y}$，$\boldsymbol{P}_{\mathrm{o}}\in R^{J_x\times(A-A_y)}$ 和 $\boldsymbol{P}_{\mathrm{r}}\in R^{J_x\times A_{\mathrm{r}}}$ 分別為對應於 $\boldsymbol{T}_y$、$\boldsymbol{T}_{\mathrm{o}}$ 和 $\boldsymbol{T}_{\mathrm{r}}$ 的負載矩陣；$\boldsymbol{E}_{\mathrm{r}}\in R^{N\times J_x}$ 為 $\boldsymbol{X}$ 最終的殘差部分，代表了雜訊；A_y 和 A_{r} 分別為對 $\boldsymbol{TQ}^{\mathrm{T}}$ 和 $\boldsymbol{E}$ 進行主成分分解時保留的主成分個數。關於 T-PLS 的詳細推導和計算過程可參見文獻［66］。

對於新樣本 $\boldsymbol{x}_{\mathrm{new}}\in R^{J_x\times 1}$，其相應的得分和殘差可計算如下：

$$\begin{cases}\boldsymbol{t}_{y,\mathrm{new}}=\boldsymbol{Q}_y^{\mathrm{T}}\boldsymbol{QR}^{\mathrm{T}}\boldsymbol{x}_{\mathrm{new}}=\boldsymbol{G}_y\boldsymbol{x}_{\mathrm{new}}\in\boldsymbol{R}^{A_y\times 1}\\ \boldsymbol{t}_{\mathrm{o},\mathrm{new}}=\boldsymbol{P}_{\mathrm{o}}^{\mathrm{T}}(\boldsymbol{P}-\boldsymbol{P}_y\boldsymbol{Q}_y^{\mathrm{T}}\boldsymbol{Q})\boldsymbol{R}^{\mathrm{T}}\boldsymbol{x}_{\mathrm{new}}=\boldsymbol{G}_{\mathrm{o}}\boldsymbol{x}_{\mathrm{new}}\in\boldsymbol{R}^{(A-A_y)\times 1}\\ \boldsymbol{t}_{\mathrm{r},\mathrm{new}}=\boldsymbol{P}_{\mathrm{r}}^{\mathrm{T}}(\boldsymbol{I}-\boldsymbol{PR}^{\mathrm{T}})\boldsymbol{x}_{\mathrm{new}}=\boldsymbol{G}_{\mathrm{r}}\boldsymbol{x}_{\mathrm{new}}\in\boldsymbol{R}^{A_{\mathrm{r}}\times 1}\\ \tilde{\boldsymbol{x}}_{\mathrm{r},\mathrm{new}}=(\boldsymbol{I}-\boldsymbol{P}_{\mathrm{r}}\boldsymbol{P}_{\mathrm{r}}^{\mathrm{T}})(\boldsymbol{I}-\boldsymbol{PR}^{\mathrm{T}})\boldsymbol{x}_{\mathrm{new}}=\tilde{\boldsymbol{G}}\boldsymbol{x}_{\mathrm{new}}\in\boldsymbol{R}^{J_x\times 1}\end{cases} \tag{2-10}$$

其中，$\boldsymbol{R}=\boldsymbol{W}\ (\boldsymbol{P}^{\mathrm{T}}\boldsymbol{W})^{-1}\in R^{J_x\times A}$ 為直接的權重矩陣[3]。透過 $\boldsymbol{R}$ 可以直接建立過程數據 $\boldsymbol{X}$ 與得分矩陣 $\boldsymbol{T}$ 之間的關係，即 $\boldsymbol{T}=\boldsymbol{XR}$，而 $\boldsymbol{W}$ 為 PLS 分解中 $\boldsymbol{X}$ 的權重矩陣。

對於單輸出的情況，由於 T-PLS 演算法中令 $\boldsymbol{t}_y=\boldsymbol{Tq}$，因此新的樣本 $\boldsymbol{x}_{\mathrm{new}}$ 的得分和殘差可按下式計算：

$$\begin{cases}\boldsymbol{t}_{y,\mathrm{new}}=\boldsymbol{qR}^{\mathrm{T}}\boldsymbol{x}_{\mathrm{new}}=\boldsymbol{G}_y\boldsymbol{x}_{\mathrm{new}}\in\boldsymbol{R}\\ \boldsymbol{t}_{\mathrm{o},\mathrm{new}}=\boldsymbol{P}_{\mathrm{o}}^{\mathrm{T}}(\boldsymbol{P}-\boldsymbol{p}_y\boldsymbol{q}^{\mathrm{T}})\boldsymbol{R}^{\mathrm{T}}\boldsymbol{x}_{\mathrm{new}}=\boldsymbol{G}_{\mathrm{o}}\boldsymbol{x}_{\mathrm{new}}\in\boldsymbol{R}^{(A-1)\times 1}\\ \boldsymbol{t}_{\mathrm{r},\mathrm{new}}=\boldsymbol{P}_{\mathrm{r}}^{\mathrm{T}}(\boldsymbol{I}-\boldsymbol{PR}^{\mathrm{T}})\boldsymbol{x}_{\mathrm{new}}=\boldsymbol{G}_{\mathrm{r}}\boldsymbol{x}_{\mathrm{new}}\in\boldsymbol{R}^{A_{\mathrm{r}}\times 1}\\ \tilde{\boldsymbol{x}}_{\mathrm{r},\mathrm{new}}=(\boldsymbol{I}-\boldsymbol{P}_{\mathrm{r}}\boldsymbol{P}_{\mathrm{r}}^{\mathrm{T}})(\boldsymbol{I}-\boldsymbol{PR}^{\mathrm{T}})\boldsymbol{x}_{\mathrm{new}}=\tilde{\boldsymbol{G}}\boldsymbol{x}_{\mathrm{new}}\in\boldsymbol{R}^{J_x\times 1}\end{cases} \tag{2-11}$$

2.2.5 高斯混合模型

高斯混合模型（GMM）本質上描述了一個可能來自於有限類別或狀態的隨機變量所固有的異質性[88]。根據機率論中的中心極限定理，在比較寬泛的條件下，任意 N 個獨立隨機數的均值趨近於高斯分布[89]。如果將一個測量值看成是許多隨機獨立因素影響的結果，那麼被測過程變量應漸近地服從高斯分布。

GMM 的機率密度函數可以寫為多個高斯分量的加權和的形式，即

$$G(\boldsymbol{x}\mid\boldsymbol{\Theta})=\sum_{q=1}^{Q}\omega^{q}g(\boldsymbol{x}\mid\theta^{q}) \tag{2-12}$$

其中，$\boldsymbol{x}\in R^{J\times 1}$ 為 J 維隨機變量；Q 為 GMM 中高斯分量個數；$\omega^{q}, q=1, 2,\cdots,Q$ 為第 q 個高斯分量 C^{q} 的權重，且滿足 $\sum_{q=1}^{Q}\omega^{q}=1$；$g(\boldsymbol{x}\mid\theta^{q})$為第 q 個高斯分量 C^{q} 的局部機率密度函數，其參數為 $\theta^{q}=\{\boldsymbol{\mu}^{q},\boldsymbol{\Sigma}^{q}\}$，其中 $\boldsymbol{\mu}^{q}$ 和 $\boldsymbol{\Sigma}^{q}$分別是均值向量和共變異數矩陣。$\boldsymbol{\Theta}=\{\omega^{1},\omega^{2},\cdots,\omega^{Q},\theta^{1},\theta^{2},\cdots,\theta^{Q}\}$ 為 GMM 全部參數構成的集合。

第 q 高斯分量 C^{q} 的機率密度函數可表示為

$$g(\boldsymbol{x}\mid\theta^{q})=\frac{1}{(2\pi)^{\frac{J}{2}}\left|\boldsymbol{\Sigma}^{q}\right|^{\frac{1}{2}}}\exp\left[-\frac{1}{2}(\boldsymbol{x}-\boldsymbol{\mu}^{q})^{\mathrm{T}}(\boldsymbol{\Sigma}^{q})^{-1}(\boldsymbol{x}-\boldsymbol{\mu}^{q})\right] \tag{2-13}$$

每個高斯分量描述了局部數據的變化分布規律，而權重 ω^{q} 可以理解為第 q 個高斯分量的先驗機率。

由於參數 ω^{q}，$\boldsymbol{\mu}^{q}$ 和$\boldsymbol{\Sigma}^{q}$均是未知的，需要對它們進行估計。常用的混合模型參數估計演算法包括極大似然估計、期望-最大化演算法（EM）以及 Figueiredo-Jain（F-J）演算法等[90-93]。鑒於 F-J 演算法能夠自動地優化高斯分量個數，因此在沒作特殊説明的情況下，本書後續章節中均採用 F-J 演算法估計 GMM 中的所有參數 $\boldsymbol{\Theta}$。F-J 演算法是一種基於極大似然法的迭代參數估計方法。首先，將各個類的先驗機率 ω、均值向量 $\boldsymbol{\mu}$ 和共變異數矩陣 $\boldsymbol{\Sigma}$ 構成的初始參數集合記為 $\boldsymbol{\Theta}^{(0)}=\{\omega^{1,(0)},\omega^{2,(0)},\cdots,\omega^{Q,(0)},\theta^{1,(0)},\theta^{2,(0)},\cdots,\theta^{Q,(0)}\}$；然後，在期望步驟（E-步驟）中計算每個建模樣本來自各分量的後驗機率的期望；在最大化步驟（M-步驟）中，根據各建模樣本的隸屬關係，透過極大似然法得到各參數的估計值。F-J 演算法的具體迭代步驟如下。

在 E-步驟中，根據參數 $\boldsymbol{\Theta}^{(d)}$ 按下式計算第 d 次迭代中樣本的後驗機率：

$$P^{(d)}(C^{q}\mid\boldsymbol{x}(n))=\frac{\omega^{q,(d)}g(\boldsymbol{x}(n)\mid\boldsymbol{\mu}^{q,(d)},\boldsymbol{\Sigma}^{q,(d)})}{\sum_{q=1}^{Q}\omega^{q,(d)}g(\boldsymbol{x}(n)\mid\boldsymbol{\mu}^{q,(d)},\boldsymbol{\Sigma}^{q,(d)})} \tag{2-14}$$

在 M-步驟中，透過最大化似然函數更新第（$d+1$）次迭代中的模型參數 $\boldsymbol{\Theta}^{(d+1)}$：

$$\boldsymbol{\mu}^{q,(d+1)}=\frac{\sum_{n=1}^{N}P^{(d)}(C^{q}\mid\boldsymbol{x}(n))\boldsymbol{x}(n)}{\sum_{n=1}^{N}P^{(d)}(C^{q}\mid\boldsymbol{x}(n))} \tag{2-15}$$

$$\boldsymbol{\Sigma}^{q,(d+1)}=\frac{\sum_{n=1}^{N}P^{(d)}(C^q|\boldsymbol{x}(n))(\boldsymbol{x}(n)-\boldsymbol{\mu}^{q,(d+1)})(\boldsymbol{x}(n)-\boldsymbol{\mu}^{q,(d+1)})^{\mathrm{T}}}{\sum_{n=1}^{N}P^{(d)}(C^q|\boldsymbol{x}(n))} \tag{2-16}$$

$$\omega^{q,(d+1)}=\frac{\max\left\{0,\sum_{n=1}^{N}P^{(d)}(C^q|\boldsymbol{x}(n))-\frac{V}{2}\right\}}{\sum_{q=1}^{Q}\max\left\{0,\sum_{n=1}^{N}P^{(d)}(C^q|\boldsymbol{x}(n))-\frac{V}{2}\right\}} \tag{2-17}$$

其中，$\boldsymbol{\mu}^{q,(d+1)}$、$\boldsymbol{\Sigma}^{q,(d+1)}$和$\omega^{q,(d+1)}$分別為第$q$個高斯分量$C^q$在第（$d+1$）次迭代中的均值向量、共變異數矩陣和先驗機率；$V=J^2/2+3J/2$。F-J 演算法以迭代的方式不斷對模型參數進行估計直到參數值收斂到最優解為止[92]。最終，得到 GMM 的 Q 個高斯分量的機率分布參數 $\theta^1,\theta^2,\cdots,\theta^Q$ 以及先驗機率 $\omega^1,\omega^2,\cdots,\omega^Q$。

對於新樣本 $\boldsymbol{x}_{\text{new}}$，其相對於第 q 個高斯分量 C^q 的後驗機率可計算如下：

$$P(C^q|\boldsymbol{x}_{\text{new}})=\frac{\omega^q g(\boldsymbol{x}_{\text{new}}|\boldsymbol{\mu}^q,\boldsymbol{\Sigma}^q)}{\sum_{q=1}^{Q}\omega^q g(\boldsymbol{x}_{\text{new}}|\boldsymbol{\mu}^q,\boldsymbol{\Sigma}^q)} \tag{2-18}$$

2.2.6 費雪判別分析方法

作為一種靈活、簡單的線性判別分析方法，費雪判別分析(FDA)[4,94-100] 自提出以來就受到了持續關注並被廣泛用於模式識別、過程監測、故障診斷等領域。透過將原始高維數據映射到某一個或幾個判別方向上，FDA 可以達到將各類數據在低維空間互相分離的目的。為了提取最優的判別方向，需要保證投影後各類數據之間盡可能地分離，同時各類數據內部要盡可能地接近。

FDA 分析的對象是 C 個不同類，每個類的數據集合為$\boldsymbol{X}_c(N_c\times J)$，$c\in[1,C]$，其中，$N_c$ 為每個類的樣本數，J 為變量個數。定義類間散度矩陣$\boldsymbol{S}_{\text{b}}$ 和類內散度矩陣$\boldsymbol{S}_{\text{w}}$ 如下：

$$\boldsymbol{S}_{\text{b}}=\sum_{c=1}^{C}N_c(\overline{\boldsymbol{x}}_c-\overline{\boldsymbol{x}})^{\mathrm{T}}(\overline{\boldsymbol{x}}_c-\overline{\boldsymbol{x}})$$
$$\boldsymbol{S}_{\text{w}}=\sum_{c=1}^{C}\sum_{\boldsymbol{x}\in\boldsymbol{X}_n^c}(\boldsymbol{x}-\overline{\boldsymbol{x}}_c)^{\mathrm{T}}(\boldsymbol{x}-\overline{\boldsymbol{x}}_c) \tag{2-19}$$

式中，$\overline{\boldsymbol{x}}_c$ 為類 c 的均值；$\overline{\boldsymbol{x}}$ 為所有類的樣本均值；$\boldsymbol{S}_\mathrm{w}$ 是每個類的類內散度矩陣的和，衡量類內樣本相對於總體的偏離程度，體現類內樣本的聚集程度；$\boldsymbol{S}_\mathrm{b}$ 衡量每個類之間的分離程度。

FDA 追求的目標為能夠最大化類間離差陣與類內離差陣比值的投影方向，其目標函數如下所示：

$$J(\boldsymbol{\beta}_k)=\max\left(\frac{\boldsymbol{\beta}_k^\mathrm{T}\boldsymbol{S}_\mathrm{b}\boldsymbol{\beta}_k}{\boldsymbol{\beta}_k^\mathrm{T}\boldsymbol{S}_\mathrm{w}\boldsymbol{\beta}_k}\right) \tag{2-20}$$

其中約束條件為 $\boldsymbol{\beta}_k^\mathrm{T}\boldsymbol{S}_\mathrm{w}\boldsymbol{\beta}_k=1$

式中，$\boldsymbol{\beta}_k$ 為所求的最優判別方向。

由此，式(2-20) 可以簡化為

$$J(\boldsymbol{\beta}_k)=\max(\boldsymbol{\beta}_k^\mathrm{T}\boldsymbol{S}_\mathrm{b}\boldsymbol{\beta}_k) \tag{2-21}$$

其中約束條件為 $\boldsymbol{\beta}_k^\mathrm{T}\boldsymbol{S}_\mathrm{w}\boldsymbol{\beta}_k=1$

根據拉格朗日演算法，如果矩陣$\boldsymbol{S}_\mathrm{w}$ 可逆，公式(2-21) 可以轉化為特徵根求解問題，得到如下的形式：

$$(\boldsymbol{S}_\mathrm{w})^{-1}\boldsymbol{S}_\mathrm{b}\boldsymbol{\beta}_k=\lambda\boldsymbol{\beta}_k \tag{2-22}$$

根據特徵根分解的含義，第一個特徵向量$\boldsymbol{\beta}_1$ 對應於最大的特徵值 λ_1，不同類的數據在該方向上具有最大的分離程度；類似的，第二個特徵向量$\boldsymbol{\beta}_2$ 對應於次大的特徵值 λ_2，不同類的數據在該方向上具有次之的分離程度，其餘向量依次類推。一般來説，對於 C 個類，可以獲得的最大的判別方向個數為 $C-1$ 個。

2.2.7 基於 PCA 的多變量統計過程監測

前面介紹了幾種基本的多元統計分析方法，下面將簡要介紹基於多元統計分析的過程監控方法。首先，簡要介紹基於 PCA 的多變量統計過程監測方法。

經過主成分分析，原始數據空間被分解為兩個直交的子空間——由向量$[\boldsymbol{p}_1,\boldsymbol{p}_2\cdots,\boldsymbol{p}_A]$張成的主成分子空間和由$[\boldsymbol{p}_{A+1},\cdots,\boldsymbol{p}_m]$張成的殘差子空間。用式(2-6) 所得到的 PCA 模型在線監測過程的運行狀態時，新測量數據，$\boldsymbol{x}=[x_1,\cdots,x_m]^\mathrm{T}$，將被投影到主成分子空間，其主成分得分和殘差量由下式可得：

$$\begin{aligned}\boldsymbol{t}^\mathrm{T}&=\boldsymbol{x}^\mathrm{T}\boldsymbol{P}\\ \hat{\boldsymbol{x}}^\mathrm{T}&=\boldsymbol{t}^\mathrm{T}\boldsymbol{P}^\mathrm{T}=\boldsymbol{x}^\mathrm{T}\boldsymbol{P}\boldsymbol{P}^\mathrm{T}\\ \boldsymbol{e}^\mathrm{T}&=\boldsymbol{x}^\mathrm{T}-\hat{\boldsymbol{x}}^\mathrm{T}=\boldsymbol{x}^\mathrm{T}(\boldsymbol{I}-\boldsymbol{P}\boldsymbol{P}^\mathrm{T})\end{aligned} \tag{2-23}$$

基於 PCA 的多變量過程監測實際上是透過監視兩個多元統計量，主成分子空間的 Hotelling-T^2 和殘差子空間的 Q 統計量，以獲取整個生產過程運行狀況的即時資訊[101]。T^2 統計量定義如下：

$$T^2 = \boldsymbol{t}^{\mathrm{T}} \boldsymbol{S}^{-1} \boldsymbol{t} = \sum_{a=1}^{A} \frac{\boldsymbol{t}_a^2}{\lambda_a} \tag{2-24}$$

其中，$\boldsymbol{t} = [t_1, \cdots, t_A]$為式(2-6) 計算得到的主成分得分向量，對角矩陣 $\boldsymbol{S} = \mathrm{diag}(\lambda_1, \cdots, \lambda_A)$是由建模數據集 $\boldsymbol{X}$ 的共變異數矩陣$\boldsymbol{\Sigma} = \boldsymbol{X}^{\mathrm{T}}\boldsymbol{X}$ 的前 A 個特徵值所構成。

顯然，T^2 統計量是由 A 個主成分得分共同構成的一個多變量指標；透過監視 T^2 控制圖可以實現對多個主成分同時進行監控，進而可以判斷整個過程的運行狀態。

Q 統計量，也稱之為預測誤差平方和指標（Squared Prediction Error，SPE)，是測量值偏離主成分模型的距離，定義如下：

$$\mathrm{SPE} = \boldsymbol{e}^{\mathrm{T}} \boldsymbol{e} = \sum_{j=1}^{m} (\boldsymbol{x}_j - \hat{\boldsymbol{x}}_j)^2 \tag{2-25}$$

當生產過程處於被控狀態（in-control）時，由正常工況下採集的過程數據建立的 PCA 模型能夠很好地解釋當前的過程變量測量值之間的相關關係，並能夠得到受控的 T^2 和 SPE 指標。反之，當過程出現擾動、誤操作或故障而偏離正常操作工況時，即過程處於失控狀態（out-of-control）時，過程變量之間的相關性也將偏離正常的相關結構，導致異常增大的 T^2 和/或 SPE 指標。為了客觀地判斷過程是否出現異常，即當前 T^2 和 SPE 統計量是否不再滿足正常操作條件下的兩個統計量的統計分布，需要用建模數據來確定過程正常運行狀態下的統計控制限。

T^2 統計量的控制限可以利用 F 分布按下式計算[77,101]：

$$T_\alpha^2 \sim \frac{A(n-1)}{n-A} F_{A,n-A,\alpha} \tag{2-26}$$

其中，n 為建模數據的樣本個數；A 為主成分模型中保留的主成分個數；α 為顯著性水準，在自由度為 A、$n-A$ 條件下的 F 分布臨界值可由統計表中查到。

殘差空間中 SPE 統計量的控制限可由下式計算[77,101,102]：

$$\mathrm{SPE} = \theta_1 \left(\frac{C_\alpha \sqrt{2\theta_2 h_0^2}}{\theta_1} + 1 + \frac{\theta_2 h_0 (h_0 - 1)}{\theta_1^2} \right)^{\frac{1}{h_0}} \tag{2-27}$$

$$\theta_i = \sum_{j=A+1}^{m} \lambda_j^i \quad (i = 1, 2, 3)$$

$$h_0 = 1 - \frac{2\theta_1 \theta_3}{3\theta_2^2} \tag{2-28}$$

其中，C_α 是正態分布在顯著性水準 α 下的臨界值；λ_j 為共變異數矩陣 $\boldsymbol{\Sigma}=\boldsymbol{X}^{\mathrm{T}}\boldsymbol{X}$ 較小的幾個特徵根。

基於 PCA 的過程建模及在線監測的步驟總結如下：

① 採集正常操作工況下過程數據 $\boldsymbol{X}(n\times m)$，並將之標準化成變量均值為 0 方差為 1；

② 對 $\boldsymbol{X}$ 進行主成分分解，並確定模型中保留的主成分個數 A，得到主成分模型［式(2-6)］；

③ 計算建模數據 $\boldsymbol{X}$ 中每個樣本的主成分和殘差，估計 T^2 和 SPE 統計量的控制限；

④ 對於在線採集的過程數據，由模型（2-23）計算其主成分和殘差；

⑤ 計算新數據的 T^2 和 SPE 指標；

⑥ 若任一指標超出正常操作區域的控制限，監測程序告警提示異常工況的出現。

2.2.8 基於變量貢獻圖的故障診斷

當多元統計指標 T^2 和 SPE 超出了正常的控制限，監測程序可以給出警告，提示過程出現了異常操作狀況，但是卻不能提供發生異常狀況的原因。貢獻圖（contribution plot）[103]，作為一種故障診斷的輔助工具，能夠從異常的 T^2 和 SPE 統計量中找到那些導致過程異常的過程變量，實現簡單的故障隔離和故障原因診斷的功能。

針對主成分和殘差子空間的兩個統計量，有兩種貢獻圖可用於故障診斷——T^2 貢獻圖和 SPE 貢獻圖。T^2 的定義式(2-24) 可展開如下：

$$T^2=\frac{t_1^2}{\lambda_1}+\frac{t_2^2}{\lambda_2}+\cdots+\frac{t_A^2}{\lambda_A} \tag{2-29}$$

第 a 個主成分 t_a 對 T^2 的貢獻可簡單地定義為

$$C_{t_a}=\frac{\dfrac{t_a^2}{\lambda_a}}{T^2} \quad (a=1,\cdots,A) \tag{2-30}$$

而過程變量 x_j 對第 a 個主成分的貢獻可由主成分得分的定義式反推，即

$$\boldsymbol{t}_a=\boldsymbol{x}^{\mathrm{T}}\boldsymbol{p}_a=[x_1,\cdots,x_m]\cdot\begin{bmatrix}p_{1,a}\\ \vdots\\ p_{m,a}\end{bmatrix}=\sum_{j=1}^{m}x_j p_{j,a} \tag{2-31}$$

因此，x_j 對 t_a 的貢獻率定義為

$$C_{t_a, x_j} = \frac{x_j p_{j,a}}{\boldsymbol{t}_a} \quad (a=1,\cdots,A;\ j=1,\cdots,m) \tag{2-32}$$

SPE 貢獻圖要比 T^2 貢獻圖更簡單直觀，根據 SPE 統計量的定義(2-27)，每個過程變量對 SPE 的貢獻為

$$C_{\mathrm{SPE}, x_j} = \mathrm{sign}(x_j - \hat{x}_j) \cdot \frac{(x_j - \hat{x}_j)^2}{\mathrm{SPE}} \tag{2-33}$$

其中，sign（$x_j - \hat{x}_j$）用來提取殘差的正負資訊。

實際應用貢獻圖時，可以將式(2-32) 和式(2-33) 得到的變量貢獻率向量標準化為模長為 1 的向量，然後用柱形圖畫出每個主成分對 T^2 的貢獻以及每個變量對每個主成分的貢獻，或者每個變量對 SPE 的貢獻。對異常的 T^2 和 SPE 統計量貢獻較大的那些過程變量受過程異常工況的影響比較顯著，根據這些資訊再輔佐以過程知識，可獲取有價值的故障資訊。

2.2.9 基於重構的故障診斷方法

這一節描述基於主成分分析的故障重構診斷方法[104-108]。基於 PCA 模型，Dunia 和 Qin[104] 提出了故障重構的思想，即從故障數據提取故障子空間（即故障方向）作為重構模型來糾正故障數據。其中，實施數據糾正恢復其正常部分的過程稱為故障重構；透過故障重構識別故障原因的過程稱為基於重構的故障診斷[105]。基於該方法，從已知的故障集合中選取每一個故障子空間都進行一次故障重構；如果被選的故障子空間恰好是真實的故障方向，那麼基於重構後的數據重新計算的監測統計量將落回在控制限制內，由此可以確定故障原因。該方法是在大量的統計數據的基礎上完成的，關鍵是獲取不同故障下的子空間模型。基於故障數據建模，比不利用故障數據的方法能更有效地捕獲故障波動資訊，從而實現更精確的故障診斷。通常 PCA 建模方法會用兩個監測子空間、主成分子空間（PCS）和殘差子空間（RS），來檢測不同類型的過程波動。對應的，他們用到了兩個不同的監測統計量，T^2 和 SPE，來反映每個子空間的異常變化。

$\boldsymbol{X}$ 是 $N \times J$ 維的正常數據矩陣，其中各行表示觀測值，各列表示過程變量，假設 $\boldsymbol{X}$ 已經經過數據預處理為均值為 0、標準差為 1 的矩陣。透過 PCA 從 $\boldsymbol{X}$ 中分解出系統資訊和殘差：

$$\boldsymbol{T} = \boldsymbol{X}\boldsymbol{P}$$
$$\boldsymbol{X} = \boldsymbol{T}\boldsymbol{P}^{\mathrm{T}} + \boldsymbol{E} = \boldsymbol{X}\boldsymbol{P}\boldsymbol{P}^{\mathrm{T}} + \boldsymbol{E} \tag{2-34}$$

其中，$\boldsymbol{T}(N\times R)$ 是基於負載 $\boldsymbol{P}(J\times R)$ 從測量數據 $\boldsymbol{X}$ 中得到的 PCA 得分，其中 R 表示保留的主成分（PCs）個數。這樣 $\boldsymbol{TP}^{\mathrm{T}}$ 表示 $\boldsymbol{X}$ 中的系統資訊，分離出的殘差資訊表示為 $\boldsymbol{E}$，被認為是雜訊。

從投影的角度，PCA 模型可以用另一個方程表示為

$$\boldsymbol{X}=\boldsymbol{XPP}^{\mathrm{T}}+\boldsymbol{X}(\boldsymbol{I}-\boldsymbol{PP}^{\mathrm{T}})=\boldsymbol{X\Omega}+\boldsymbol{X}\tilde{\boldsymbol{\Omega}}=\hat{\boldsymbol{X}}+\tilde{\boldsymbol{X}} \tag{2-35}$$

其中，$\boldsymbol{I}$ 是 $J\times J$ 維的單位矩陣，$\boldsymbol{\Omega}$ 是對應於 $\boldsymbol{P}$ 的列空間的投影，$\boldsymbol{\Omega}=\boldsymbol{PP}^{\mathrm{T}}$，而 $\tilde{\boldsymbol{\Omega}}$ 是對應的反投影，$\tilde{\boldsymbol{\Omega}}=\boldsymbol{I}-\boldsymbol{PP}^{\mathrm{T}}$。$\boldsymbol{X}$ 在不同投影方向上進行投影，原始的測量空間被分成兩個不同的子空間，分別是主成分子空間（PCS）$\hat{\boldsymbol{X}}$ 和殘差子空間（RS）$\tilde{\boldsymbol{X}}$。

當故障發生時，錯誤的採樣向量 $\boldsymbol{x}$ 可以表示為

$$\boldsymbol{x}=\boldsymbol{x}^{*}+\boldsymbol{\Sigma}\boldsymbol{f} \tag{2-36}$$

其中，$\boldsymbol{x}^{*}$ 是正常部分；$\boldsymbol{\Sigma}$ 是 $J\times R_{f}$ 維的貫穿故障系統子空間的正交矩陣，其中 R_{f} 表示主要的故障方向的維度；$\boldsymbol{f}$ 表示在故障系統子空間中的故障得分，這樣 $\|\boldsymbol{f}\|$ 表示故障的大小。

這樣 $\boldsymbol{x}$ 在 PCS 和/或 RS 上的投影可能會顯著增加，可以透過兩個不同的監測統計量檢測到。Hotelling-T^2 統計量用於檢測 PCS 中的偏差：

$$\begin{aligned}T^{2}&=\boldsymbol{x}^{\mathrm{T}}\boldsymbol{P\Lambda}^{-1}\boldsymbol{P}^{\mathrm{T}}\boldsymbol{x}=\|\boldsymbol{\Lambda}^{-1/2}\boldsymbol{P}^{\mathrm{T}}(\boldsymbol{x}^{*}+\boldsymbol{\Sigma}\boldsymbol{f})\|^{2}\\&=\|\boldsymbol{\Lambda}^{-1/2}\boldsymbol{P}^{\mathrm{T}}\boldsymbol{x}^{*}+\boldsymbol{\Lambda}^{-1/2}\boldsymbol{P}^{\mathrm{T}}\boldsymbol{\Sigma}\boldsymbol{f}\|^{2}\end{aligned} \tag{2-37}$$

其中，$\boldsymbol{\Lambda}$ 是正常訓練數據 PCs 的共變異數，用 $\boldsymbol{\Lambda}=\boldsymbol{T}^{\mathrm{T}}\boldsymbol{T}/(N-1)$ 計算。

SPE 統計量用於檢測 RS 中的偏差：

$$\mathrm{SPE}=\|\tilde{\boldsymbol{\Omega}}\boldsymbol{x}\|^{2}=\|\tilde{\boldsymbol{\Omega}}(\boldsymbol{x}^{*}+\boldsymbol{\Sigma}\boldsymbol{f})\|^{2}=\|\tilde{\boldsymbol{\Omega}}\boldsymbol{x}^{*}+\tilde{\boldsymbol{\Omega}}\boldsymbol{\Sigma}\mathrm{f}\|^{2} \tag{2-38}$$

從公式(2-37) 和公式(2-38) 中可以清楚地看出故障得分 $\boldsymbol{f}$ 的值可能會導致上述兩個監測統計量發生變化。當 $\boldsymbol{f}$ 顯著增大使監測統計量超出置信區間，就可以檢測到故障。這裡可以分別用顯著性水準為 $\alpha(\alpha=0.01)$ 的 F 分布[109,110] 和加權 χ^2 分布[111] 計算監測統計量 T^2 和 SPE 的置信限：

$$T^{2}\sim\frac{R(N^{2}-1)}{N(N-R)}F_{R,N-R,\alpha} \tag{2-39}$$

$$\mathrm{SPE}\sim g\chi_{h,\alpha}^{2} \tag{2-40}$$

其中 $g=\nu/2m$，$h=2m^{2}/\nu$，m 是根據式(2-38) 計算的正常訓練數據的所有 SPE 值的平均，ν 是對應的方差。

故障重構[104-106] 的任務就是從故障樣本中恢復正常的部分，從而消除監測統計量的故障報警。假設實際故障的系統子空間已知為 $\boldsymbol{\Sigma}$，正常

數據部分$\boldsymbol{x}^*$可以重構計算為

$$\boldsymbol{x}^* = \boldsymbol{x} - \boldsymbol{\Sigma} \boldsymbol{f} \tag{2-41}$$

將$\boldsymbol{x}^*$重新投影到PCA的殘差監測子空間中：

$$\tilde{\boldsymbol{x}}^* = \tilde{\boldsymbol{\Omega}} \boldsymbol{x}^* = \tilde{\boldsymbol{\Omega}}(\boldsymbol{x} - \boldsymbol{\Sigma} \boldsymbol{f}) = \tilde{\boldsymbol{x}} - \tilde{\boldsymbol{\Sigma}} \boldsymbol{f} \tag{2-42}$$

其中，$\tilde{\boldsymbol{\Sigma}} = \tilde{\boldsymbol{\Omega}} \boldsymbol{\Sigma}$。

對$\boldsymbol{x}^*$的估計可以透過最小化$\boldsymbol{x}^*$到主成分子空間的距離得到，即$\| \tilde{\boldsymbol{x}}^* \|^2$。因此，進行故障重構即搜索$\boldsymbol{f}$：

$$\boldsymbol{f} = \operatorname{argmin} \| \tilde{\boldsymbol{x}} - \tilde{\boldsymbol{\Sigma}} \boldsymbol{f} \|^2 = (\tilde{\boldsymbol{\Sigma}}^{\mathrm{T}} \tilde{\boldsymbol{\Sigma}})^{-1} \tilde{\boldsymbol{\Sigma}}^{\mathrm{T}} \tilde{\boldsymbol{x}} \tag{2-43}$$

其中，Dunia等[104]已經針對重構的完全性和部分性作了相關分析用於闡述故障重構方法的可行性。具體細節可參考相關文獻[104]，這裡不作相關解釋。

此外，針對故障對於T^2監測統計量的影響也可以透過故障糾正進行消除，這裡採用與SPE重構相似的計算方法。將$\boldsymbol{x}^*$重新投影到PCA的系統監測子空間中：

$$\hat{\boldsymbol{x}}^* = \boldsymbol{\Omega} \boldsymbol{x}^* = \boldsymbol{\Omega}(\boldsymbol{x} - \boldsymbol{\Sigma} \boldsymbol{f}) = \hat{\boldsymbol{x}} - \hat{\boldsymbol{\Sigma}} \boldsymbol{f} \tag{2-44}$$

其中，$\hat{\boldsymbol{\Sigma}} = \boldsymbol{\Omega} \boldsymbol{\Sigma}$。

對$\boldsymbol{x}^*$的估計可以透過最小化$\boldsymbol{x}^*$到殘差子空間的距離得到，即$\| \boldsymbol{\Lambda}^{-1/2} \boldsymbol{P}^{\mathrm{T}} \hat{\boldsymbol{x}}^* \|^2$。因此，重構即搜索$\boldsymbol{f}$：

$$\begin{aligned} \boldsymbol{f} &= \operatorname{argmin} \| \boldsymbol{\Lambda}^{-1/2} \boldsymbol{P}^{\mathrm{T}} (\hat{\boldsymbol{x}} - \hat{\boldsymbol{\Sigma}} \boldsymbol{f}) \|^2 = (\hat{\boldsymbol{\Sigma}}^{\mathrm{T}} \boldsymbol{P} \boldsymbol{\Lambda}^{-1} \boldsymbol{P}^{\mathrm{T}} \hat{\boldsymbol{\Sigma}})^{-1} \hat{\boldsymbol{\Sigma}}^{\mathrm{T}} \boldsymbol{P} \boldsymbol{\Lambda}^{-1} \boldsymbol{P}^{\mathrm{T}} \hat{\boldsymbol{x}} \\ &= (\boldsymbol{\Sigma}^{\mathrm{T}} \boldsymbol{P} \boldsymbol{\Lambda}^{-1} \boldsymbol{P}^{\mathrm{T}} \boldsymbol{\Sigma})^{-1} \boldsymbol{\Sigma}^{\mathrm{T}} \boldsymbol{P} \boldsymbol{\Lambda}^{-1} \boldsymbol{P}^{\mathrm{T}} \boldsymbol{x} \end{aligned} \tag{2-45}$$

透過對公式(2-43)和公式(2-45)進行故障數據糾正計算獲得的正常數據部分可能有所不同，原因在於二者是為了消除不同監測統計量上的故障報警，二者分別執行了不同的重構動作。

2.2.10 PCA和PLS的衍生方法及其應用

前面小節中介紹了本文所涉及的一些方法的基本原理以及在過程監控中的應用，在這裡需要強調一下PCA/PLS等多元統計分析方法對建模數據的要求，即要求二維結構的數據矩陣及測量值的均值和方差不隨時間變化。這個要求使得基於PCA/PLS的統計過程監測演算法在連續穩定過程中得到廣泛的應用，但是對於動態過程、非線性過程等卻有一定局限性。因此，過程監控領域的研究人員針對不同的過程特性提出了若干基於 PCA/PLS 的衍生演算法，譬如動態 PCA/PLS[22,33]、非線性 PCA/PLS[20,25,48,112]、多模組 PCA/PLS[23,27,48]，以及各種基於 PCA/PLS 模型的故障隔離和診斷演算法等。因為這些衍生演算法和本文的研究重點不甚相關，這裡不作介紹，請參閱相關文獻。

參考文獻

[1] WOLD S，ESBENDEN K，GELADI P. Principal component analysis[J]. Chemometrics and Intelligent Laboratory Systems，1987，2(1-3)：37-52.

[2] BURNHAM A J，VIVEROS R，MACGREGOR J F. Frameworks for latent variable multivariate regression[J]. Journal of Chemometrics，1996，10(1)：31-45.

[3] DE JONG S. SIMPLS：an alternative approach to partial least squares regression[J]. Chemometrics and Intelligent Laboratory Systems，1993，18（3）：251-263.

[4] CHIANG L H，KOTANCHEK M E，KORDON A K. Fault diagnosis based on fisher discriminant analysis and support vector machines[J]. Computers & Chemical Engineering，2004，28(8)：1389-1401.

[5] ZHAO C H，GAO F R. Fault-relevant principal component analysis（FPCA）method for multivariate statistical modeling and process monitoring[J]. Chemometrics and Intelligent Laboratory Systems，2014，133：1-16.

[6] ZHAO C H. An iterative within-phase relative analysis algorithm for relative subphase modeling and process monitoring [J]. Chemometrics and Intelligent Laboratory Systems，2014，134(15)：67-78.

[7] ZHAO C H，GAO F R. Fault subspace selection approach combined with analysis of relative changes for reconstruction modeling and multifault diagnosis [J]. IEEE Transactions on Control Systems Technology，2016，24(3)：928-939.

[8] 劉炎. 工業過程運行狀態最優性評價及非優原因追溯方法的研究[D]. 沈陽：東北大學，2016.

[9] 趙春暉. 多時段間歇過程統計建模、在線監測及品質預報[D]. 沈陽：東北大學，2009.

[10] ZHAO C H，HUANG B. A full-condition monitoring method for nonstationary dynamic chemical processes with cointegration and slow feature analysis[J]. AIChE Journal，2018，64（5）：1662-1681.

[11] 魯帆. 基於協整理論的複雜動態工程系統狀態監測方法應用研究[D]. 南京：南京航空航天大學，2010.

[12] SUN H，ZHANG S M，ZHAO C H，GAO F R. A sparse reconstruction strategy for online fault diagnosis in nonstationary processes with no priori fault information [J]. Industrial & Engineering Chemistry Re-

search, 2017, 56(24): 6993-7008.

[13] 譚帥. 多模態過程統計建模及在線監測方法研究[D]. 沈陽: 東北大學, 2012.

[14] QIN Y, ZHAO C H, ZHANG S M, GAO F R. Multimode and multiphase batch process understanding and monitoring based on between-mode similarity evaluation and multimode discriminative information analysis[J]. Industrial & Engineering Chemistry Research, 2017, 56(34): 9679-9690.

[15] ZHANG S M, ZHAO C H, GAO F R. Two-directional concurrent strategy of mode identification and sequential phase division for multimode and multiphase batch process monitoring with uneven lengths[J]. Chemical Engineering Science, 2018, 178(16): 104-117.

[16] ZHAO C H, YAO Y, GAO F R, WANG F L. Statistical analysis and online monitoring for multimode processes with between-mode transitions [J]. Chemical Engineering Science, 2010, 65(22): 5961-5975.

[17] WISE B M, RICHER N L, VELTKAMP D F, KOWALSHI B R. A theoretical basis for the use of principal component models for modeling multivariate process[J]. Process Control and Quality, 1990, 1: 41-51.

[18] WEIL S A V, TUCKER W T, FALTIN R W, DOGANKSOY N. Algorithmic statistical process control: concepts and an application [J]. Technometrics, 1992, 34(3): 286-297.

[19] KASPAR M H, RAY W H. Chemometric methods for process monitoring and high-performance controller design [J]. AIChE Journal, 1992, 38 (10): 1593-1607.

[20] QIN S J, MCAVOY T J. Nonlinear PLS modeling using neural networks [J]. Computers & Chemical Engineering, 1992, 16(4): 379-391.

[21] HOLCOMB T R, MORARI M. PLS/Neural networks[J]. Computers & Chemical Engineering, 1992, 16(4): 393-411.

[22] KASPAR M H, RAY W H. Dynamic PLS modeling for process control[J]. Chemical Engineering Science, 1993, 48 (20): 3447-3461.

[23] MACGREGOR J F, JACKLE C, KIPARISSIDES C, et al. Process monitoring and diagnosis by multiblock PLS methods[J]. AIChE Journal, 1994, 40(5): 826-838.

[24] KOURTI T, MACGREGOR J F. Process analysis, monitoring and diagnosis, using multivariate projection methods [J]. Chemometrics and Intelligent Systems Laboratory, 1995, 28(19): 3-21.

[25] DONG D, MCAVOY T J. Nonlinear principal component analysis-based on principal component curves and neural networks[J]. Computers & Chemical Engineering, 1996, 20(1): 65-78.

[26] RAICH A, CINAR A. Statistical process monitoring and disturbance diagnosis in multivariable continuous process [J]. AIChE Journal, 1996, 42(4): 995-1009.

[27] WOLD S, KETTANEH N, TJESSEM K. Hierarchical multiblock PLS and PC models for easier model interpretation and as an alternative to variable selection [J]. Journal of Chemometrics, 1996, 10 (5-6): 463-482.

[28] WISE B M, GALLAGHER N B. The process chemometrics approach to process monitoring and fault detection [J]. Journal of Process Control, 1996, 6(6): 329-348.

[29] MARTIN E B, MORRIS A J, ZHANG

J. Process performance monitoring using multivariate statistical process control[J]. IEE Proceedings-Control Theory and Applications, 1996, 143 (2): 132-144.

[30] CHEN G, MCAVOY T J. Process control utilizing data based multivariate statistical models[J]. The Canadian Journal of Chemcial Engineering, 1996, 74: 1010-1024.

[31] ZHAO C H, GAO F R, NIU D P, WANG F L. A two-step basis vector extraction strategy for multiset variable correlation analysis [J]. Chemometrics and Intelligent Laboratory Systems, 2011, 107(1), 147-154.

[32] NELSON P R C, TAYLOR P A, MACGREGOR J F. Missing data methods in PCA and PLS: score calculations with incomplete observations [J]. Chemometrics and Intelligent Laboratory Systems, 1996, 35(1): 45-65.

[33] LAKSHMINARAYANAN S, SHAH S L, NANDAKUMAR K. Modeling and control of multivariable processes: dynamic PLS approach [J]. AIChE Journal, 1997, 43(9): 2307-2322.

[34] RAICH A, CINAR A. Diagnosis of process disturbances by statistical distance and angle measures[J]. Computers & Chemical Engineering, 1997, 21 (6): 661-673.

[35] ZHANG J, MARTIN E B, MORRIS A J. Process monitoring using non-linear statistical techniques[J]. Chemical Engineering Journal, 1997, 67(3): 181-189.

[36] DAYAL B S, MACGREGOR J F. Improved PLS algorithms [J]. Journal of Chemometrics, 1997, 11(1): 73-85.

[37] DAYAL B S, MACGREGOR J F. Recursive exponentially weighted PLS and its applications to adaptive control and prediction[J]. Journal of Process Control, 1997, 7(3): 69-179.

[38] FALTIN F W, MASTRANGELO C M, RUNGER G C, RYAN T P. Considerations in the monitoring of autocorrelated and independent data [J]. Journal of Quality Technology, 1997, 29 (2): 131-139.

[39] KOSANOVICH K A, PIOVOSO M J. PCA of wavelet transformed process data for monitoring [J]. Intelligent Data Analysis, 1997, 1(1-4): 85-99.

[40] WESTERHUIS J A, KOURTI T, MACGREGOR J F. Analysis of multiblock and hierarchical PCA and PLS models [J]. Journal of Chemometrics, 1998, 12 (5): 301-321.

[41] QIN S J. Recursive PLS algorithms for adaptive data modeling [J]. Computers & Chemical Engineering, 1998, 22(4-5): 503-514.

[42] HWANG D H, HAN C H. Real-time monitoring for a process with multiple operating modes [J]. Control Engineering Practice, 1999, 7(7): 891-902.

[43] CHEN J, LIU J. Mixture principal component analysis models for process monitoring [J]. Industrial & Engineering Chemistry Research, 1999, 38 (4): 1478-1488.

[44] YANG T, WANG S. Robust algorithms for principal component analysis [J]. Pattern Recognition Letters, 1999, 20 (9): 927-933.

[45] QIN S J, LI W H, YUE H H. Recursive PCA for adaptive process monitoring[J]. IFAC Proceedings Volumes, 1999, 32 (2): 6686-6691.

[46] GERTLER J, LI W H, HUANG Y B, MCAVOY T J. Isolation enhanced prin-

cipal component analysis [J]. AIChE Journal, 1999, 45(2): 323-334.

[47] WACHS A, LEWIN D R. Improved PCA methods for process disturbance and failure identification[J]. AIChE Journal, 1999, 45(8): 1688-1700.

[48] HUANG Y B, MCAVOY T J, GER-TLER J. Fault isolation in nonlinear systems with structured partial principal component analysis and clustering analysis[J]. Canadian Journal of Chemical Engineering, 2000, 78(3): 569-577.

[49] JIA F, MARTIN E B, MORRIS A J. Nonlinear principal components analysis with application to process fault detection[J]. International Journal of Systems Science, 2000, 31(11): 1473-1487.

[50] NORVILAS A, NEGIZ A, DECICCO J, Cinar A. Intelligent process monitoring by interfacing knowledge-based systems and multivariate statistical monitoring[J]. Journal of Process Control, 2000, 10(4): 41-350.

[51] HUANG Y B, GERTLER J, MCAVOY T J. Sensor and actuator fault isolation by structured partial PCA with nonlinear extensions[J]. Journal of Process Control, 2000, 10(5): 459-469.

[52] YOON S, MACGREGOR J F. Statistical and causal model-based approaches to fault detection and isolation[J]. AIChE Journal, 2000, 46 (9): 1813-1824.

[53] LIN W L, QIAN Y, LI X X. Nonlinear dynamic principal component analysis for on-line process monitoring and diagnosis[J]. Computers and Chemical Engineering, 2000, 24(2-7): 423-429.

[54] KANO M, HASEBE S, HASHIMOTO I, OHNO H. A new multivariate statistical process monitoring method using principal component analysis[J]. Computers and Chemical Engineering, 2001, 25(7-8): 1103-1113.

[55] MISRA M, YUE H H, QIN S J, LING C. Multivariate process monitoring and fault diagnosis by multi-scale PCA[J]. Computers and Chemical Engineering, 2002, 26(9): 1281-1293.

[56] SINGHAL A, SEBORG D E. Pattern matching in historical data using PCA [J]. IEEE Control System Magazine, 2002, 22(5): 53-63.

[57] LU N, WANG F, GAO F. Combination method of principal component and wavelet analysis for multivariate process monitoring and fault diagnosis [J]. Industrial & Engineering Chemistry Research, 2003, 42(18): 4198-4207.

[58] LU N, YANG Y, GAO F, WANG F. Multirate dynamic inferential modeling for multivariable processes[J]. Chemical Engineering Science, 2004, 59 (4): 855-864.

[59] ZHAO C H, SUN Y X. Comprehensive subspace decomposition and isolation of principal reconstruction directions for online fault diagnosis [J]. Journal of Process Control, 2013, 23 (10): 1515-1527.

[60] 趙春暉，王福利，姚遠，高福榮. 基於時段的間歇過程統計建模、在線監測及品質預報[J]. 自動化學報，2010，36 (3): 366-374.

[61] 張杰，陽憲惠. 多變量統計過程控制[M]. 北京：化學工業出版社，2000.

[62] ZHAO C H, SUN Y X. Subspace decomposition approach of fault deviations and its application to fault reconstruction[J]. Control Engineering Practice, 2013, 21(10), 1396-1409.

[63] 趙春暉，王福利，賈明興. 基於主元空間

數據分布比較的統計過程監測[J]. 儀器儀表學報，2008，29(8)：1598-1604.

[64] ZHAO C H，SUN Y X，GAO F R. A multiple-time-region (MTR)-based fault subspace decomposition and reconstruction modeling strategy for online fault diagnosis[J]. Industrial & Engineering Chemistry Research，2012，51(34)：11207-11217.

[65] SKAGERBERG B，MACGREGOR J F，KIPARISSIDES C. Multivariate data analysis applied to low-density polyethylene reactors[J]. Chemometrics and Intelligent Laboratory Systems，1992，14(1-3)：341-356.

[66] PIOVOSO M J，KOSANOVICH K A. Applications of multivariate statistical methods to process monitoring and controller design[J]. International Journal of Control，1994，59(3)：743-765.

[67] DE VEAUX R D，UNGAR L H，VINSON J M. Statistical approaches to fault analysis in multivariate process control [C]// American Control Conference，1994. Bal timore，MD:IEEE，1994，2：1274-1278.

[68] KOURTI T，LEE J，MACGREGOR J F. Experience with industrial applications of projection methods for multivariate statistical process control[J]. Computers & Chemical Engineering，1996，20：S745-S750.

[69] MACGREGOR J F. Using on-line process data to improve quality：challenges for statisticians [J]. International Statistical Review，1997，65(3)：309-323.

[70] TEPPOLA P，MUJUNEN S P，MINKKINEN P，PUIJOLA T，PURSIHEIMO P. Principal component analysis，contribution plots and feature weights in the monitoring of sequential process data from a paper machine's wet end[J]. Chemometrics and Intelligent Laboratory Systems，1998，44(1-2)：307-317.

[71] WILSON D J H，IRWIN G W. PLS modeling and fault detection on the tennessee eastman benchmark[J]. International Journal of Systems Science，2000，31(19)：1449-457.

[72] ROTEM Y，WACHS A，LEWIN D R. Ethylenecompressor monitoring using model-based PCA[J]. AIChE Journal，2000，46(9)：1825-1836.

[73] KANO M，NAGAO K，HASEBE S，HASHIMOTO I，OHNO H，STRAUSS R，BAKSHI B. Comparison of statistical process monitoring methods：application to the eastman challenge problem [J]. Computers and Chemical Engineering，2000，24：175-181.

[74] SHOUCHAIYA N，KANO M，HASEBE S，HASHIMOTO I. Improvement of distillation composition control by using predictive inferential control technique [J]. Journal of Chemical Engineering of Japan，2001，34(8)：1026-1032.

[75] 趙春暉，陸寧雲. 間歇過程統計監測與品質分析[M]. 北京：科學出版社，2014.

[76] JACKSON J E. A user' s guide to principal components [M]. New York：Wiley，1991.

[77] WOLD S. Cross-validatory estimation of the number of components in factor and principal components models [J]. Technometrics，1978，20(4)：397-405.

[78] WOLD S，RUHE A，WOLD H，et al. The collinerity problem in linear regression. The partial least squares (PLS) approach to generalized inverses[J]. SIAM Journal on Scientific and Statistical

Computing, 1984, 5(3): 735-743.

[79] GELADI P, KOWALSHI B R. Partial least squares regression: a tutorial[J]. Analytica Chimica Acta, 1986, 185(1): 1-17.

[80] HOSKULDSSON A. PLS regression methods[J]. Journal of Chemometrics, 1988, 2(3): 211-228.

[81] 王惠文. 偏最小二乘迴歸方法及其應用[M]. 北京：國防工業出版社，1999.

[82] DE J S, TER B, CAJO J F. Comments on the PLS kernel algorithm[J]. Journal of Chemometrics, 1994, 8(2): 169-174.

[83] RÄNNAR S, LINDGREN F, GELADI P, WOLD S. A PLS kernel algorithm for data sets with many variables and fewer objects. Part I: theory and algorithm[J]. Journal of Chemometrics, 1994, 8(2): 111-125.

[84] RÄNNAR S, GELADI P, LINDGREN F, WOLD S. A PLS kernel algorithm for data sets with many variables and fewer objects. Part II: cross-validation, missing data and examples[J]. Journal of Chemometrics, 1995, 9(6): 459-470.

[85] LINDGREN F, GELADI P, WOLD W. The kernel algorithm for PLS[J]. Journal of Chemometrics, 1993, 7(1): 45-59.

[86] ZHOU D, LI G, QIN S J. Total projection to latent structures for process monitoring[J]. AIChE Journal, 2010, 56(1): 168-178.

[87] YOUNG D S. Anoverview of mixture models[J]. Arxiv preprint, arxiv: 0808.0383, 2008.

[88] HAND D J, MANNILA H, SMYTH P. Principles of data mining[M]. Cambridge, MA: MIT press, 2001.

[89] BISHOP C M. Neural networks for pattern recognition[M]. New York: Oxford university press, 1995.

[90] DUDA R O, HART P E, STORK D G. Pattern classification[M]. New York: John Wiley & Sons, 2012.

[91] PAALANEN P, KAMARAINEN J K, ILONEN J, KÄLVIÄINEN H. Feature representation and discrimination based on Gaussian mixture model probability densities-practices and algorithms[J], Pattern Recognition, 2006, 39(7): 1346-1358.

[92] TITSIAS M K, LIKAS A C. Shared kernel models for class conditional density estimation[J]. IEEE Transactions on Neural Networks, 2001, 12(5): 987-997.

[93] FISHER R A. The use of multiple measurements in taxonomic problems[J]. Annals of Eugenics, 1936, 7(2): 179-188.

[94] MCLACHLAN G J. Discriminant analysis and statistical pattern recognition[M]. New York: Wiley, 1992.

[95] CHIANG L H, RUSSEL E L, BRAATZ R D. Fault diagnosis in chemical processes using fisher discriminant analysis, discriminant partial least squares, and principal component analysis[J]. Chemometrics & Intelligent Laboratory Systems, 2000, 50(2): 243-252.

[96] HE Q P, QIN S J, WANG J. A new fault diagnosis method using fault directions in fisher discriminant analysis[J]. AIChE Journal, 2005, 51(2), 555-571.

[97] WANG Y, ZHAO C H. Probabilistic fault diagnosis method based on the combination of a nest-loop fisher discriminant analysis algorithm and analysis of relative changes[J]. Control Engi-

neering Practice，2017，68，32-45.

[98] YU W，ZHAO C H. Sparse exponential discriminant analysis and its application to fault diagnosis[J]. IEEE Transactions on Industrial Electronics，2018，65(7)：5931-5940.

[99] ZHAO C H，GAO F R. A sparse dissimilarity analysis algorithm for incipient fault isolation with no priori fault information [J]. Control Engineering Practice，2017，65：70-82.

[100] BOX G E. Some theorems on quadratic forms applied in the study of analysis of variance problems，I. effect of inequality of variance in one-way classification [J]. The Annals of Mathematical Statistics，1954，25 (2)：290-302.

[101] MILLER P，SWANSON R E，HECKLER C E. Contribution plots：a missing link in multivariate quality control [J]. Applied Mathematics and Computation Science，1998，8(4)：775-792.

[102] QIN S J，LI W. Detection，identification，and reconstruction of faulty sensors with maximized sensitivity [J]. AIChE Journal，1999，45 (9)：1963-1976.

[103] YUE H H，QIN S J. Reconstruction-based fault identification using a combined index[J]. Industrial & Engineering Chemistry Research，2001，40 (20)：4403-4414.

[104] DUNIA R，QIN S J. Subspace approach to multidimensional fault identification and reconstruction[J]. AIChE Journal，1998，44(8)：1813-1831.

[105] ZHAO C H，ZHANG W D. Reconstruction based fault diagnosis using concurrent phase partition and analysis of relative changes for multiphase batch processes with limited fault batches[J]. Chemometrics and Intelligent Laboratory Systems，2014，130：135-150.

[106] LOWRY C A，MONTGOMERY D C. A review of multivariate control charts[J]. IIE Transactions，1995，27 (6)：800-810.

[107] JACKSON J E. Multivariate quality control [J]. Communications in Statistics：Theory and Methods，1985，14 (11)：2657-2688.

[108] NOMIKOS P，MACGREGOR J F. Multivariate SPC charts for monitoring batch processes [J]. Technometrics，1995，37(1)：41-59.

[109] ZHAO C H，GAO F R，WANG F L. Nonlinear batch process monitoring using phase-based kernel independent component analysis-principal component analysis (KICA-PCA) [J]. Industrial & Engineering Chemistry Research，2009，48(20)：9163-9174.

[110] LI W Q，ZHAO C H，GAO F R. Linearity evaluation and variable subset partition based hierarchical process modeling and monitoring [J]. IEEE Transactions on Industrial Electronics，2018，65(3)：2683-2692.

[111] ZHAO C H，GAO F R，WANG F L. Spectra data analysis and calibration modeling method using spectra subspace separation and multiblock independent component regression strategy[J]. AIChE Journal，2011，57(5)：1202-1215.

[112] ZHAO C H，GAO F R. Multiblock-based qualitative and quantitative spectral calibration analysis[J]. Industrial & Engineering Chemistry Research，2010，49(18)：8694-8704.

基於綜合經濟指標相關資訊的連續過程運行狀態在線評價

隨著工業生產技術的不斷發展，對產品品質、規格等要求的不斷提高，現代工業生產過程在生產工藝、生產流程以及生產技術等方面，均日趨複雜化、自動化。複雜工業生產過程通常具有多參數、多迴路、非線性、大滯後、強耦合、生產過程不確定因素多、動態性強及多模態等特點[1-10]，無論哪個生產環節運行狀態不理想，都有可能對整個生產過程的運行狀態造成嚴重的影響，並影響到企業的綜合收益。因此，即時掌握工業生產過程的運行狀態發展情況，對於提高企業生產效率和綜合經濟效益具有非常重要的實際意義。工業過程運行狀態評價作為一個新興的研究問題，近些年逐漸受到學術界和工業界的關注。不同於過程監測以區分過程運行正常或故障為目的，過程運行狀態評價是指在過程運行正常的基礎上，綜合考慮產品品質、物耗、能耗、經濟收益等因素，進一步判斷過程運行狀態的優劣等級。換句話說，透過對過程運行狀態最優性進行評價，企業生產管理者和現場生產操作人員能夠即時掌握生產過程運行狀態優劣資訊，及時發現非優的生產運行狀態，並根據非優原因分析結果對後續的生產過程進行及時的調整和改進。

3.1 概述

通常情況下，過程運行狀態的優劣與生產過程的綜合經濟指標密切相關。在相同生產工況下，如果綜合經濟指標達到或超過歷史最優水準，則可以認為過程的運行狀態是優的。然而，對於複雜工業生產過程而言，從原材料的投入到獲得最終產品之間存在較大滯後，如果直接利用綜合經濟指標評價過程運行狀態，將嚴重影響評價結果的時效性。隨著傳感器和數據收集設備的不斷發展和湧現，越來越多的過程測量資訊可以很容易地在線獲取。這些在線可測過程資訊中蘊含著大量能夠反映綜合經濟指標的有用資訊，換句話說，綜合經濟指標的改變可以透過過程數據中與其相關的過程資訊反映出來，從而為基於過程資訊的運行狀態評價提供有力的事實依據。在基於過程資訊的運行狀態評價中，如何精確提取各個狀態等級中與綜合經濟指標密切相關的過程資訊對於實現過程運行狀態在線評價至關重要。Zhou 等人[11] 於 2010 年提出了全潛結構投影模型（T-PLS），並將其成功應用於工業過程監測中。他們分析了傳統 PLS 在過程監測中存在的不足，並證明了 T-PLS 能夠更精確地將過程資訊中與品質相關和與品質無關的資訊進一步有效分離。鑒於上述情況，有理由認為，在過程運行狀態評價過程中，利用 T-PLS 能夠有效地提取出過程數據中與綜合經濟指標密切相關的過程資訊，並透過這些資訊反映綜合經濟指標的波動情況。本章在深入研究工業過程特點的基礎上，從解決實際問題的角度出發，藉助 T-PLS 在提取品質相關過程資訊方面的優勢，研究基於綜合經濟指標相關資訊的連續過程運行狀態評價方法。首先，根據綜合經濟指標定性狀態的大小，將運行狀態分為若干等級，如優、良、中、差等，並得到各種等級下的過程歷史數據。然後，利用 T-PLS 提取每個狀態等級建模數據中與綜合經濟指標密切相關的過程資訊，並以此作為在線評價的參考標準。進一步，以在線數據中綜合經濟指標相關過程資訊與離線提取的各個狀態等級過程資訊的相似度為基礎，構造評價指標，實現過程運行狀態在線評價。當過程運行狀態非優時，根據過程變量對評價指標的貢獻率大小，識別出導致運行狀態非優的原因變量。

3.2 基於 T-PLS 的評價建模和過程運行狀態在線評價

3.2.1 基本思想

基於 T-PLS 的過程運行狀態在線評價總體上分為兩大部分，即離線建模和在線應用。在離線建模中，根據綜合經濟指標的大小，將歷史正常工況下的生產數據劃分成若干個數據集合，其中每一個集合粗略地代表一個狀態等級。由於離群點和雜訊的存在會嚴重影響評價模型的準確性和可靠性，在建模之前需要將其從各個數據集合中剔除，然後，利用 T-PLS 方法，對已經剔除離群點的數據進行過程資訊的提取並建立每個狀態等級的評價模型，在有效避免資訊冗餘的同時準確地提取出與綜合經濟指標密切相關的有用資訊，這些資訊能夠反映過程運行狀態優劣，並為在線評價提供參考依據。在線評價時，新樣本中所蘊含的與綜合經濟指標密切相關的過程資訊必然與其真實所屬的狀態等級的過程資訊一致，因此可以根據這些過程資訊的相似度實現過程運行狀態的在線評價。值得注意的是，生產過程中除了包含確定性的狀態等級，還包含不同狀態等級之間的轉換過程。在狀態等級轉換時，過程資訊的轉換並不是一蹴而就的，而是從一個狀態等級逐漸轉換到另一個狀態等級。因此可以透過分析過程資訊的變化特點，制定相應的評價規則，從而有效評價過程運行狀態。當過程運行於某個非優狀態等級時，利用變量貢獻率識別導致運行狀態非優的原因，為生產過程調整和運行狀態的改進提供參考依據。

3.2.2 基於 T-PLS 的評價建模

根據過程的實際運行情況，過程運行狀態的優劣可分為多個狀態等級，如優、良、一般等，以及狀態等級之間的轉換過程，如從優向良的轉換過程。在大部分生產週期中，過程通常能夠保持一定的過程特性而穩定運行在某個狀態等級上。當過程受到外部環境擾動等影響時，其運行狀態可能發生改變，進而從一個狀態等級逐漸轉換到另一個狀態等級。狀態等級轉換過程具有時變性、動態性和非線性等特性，因此相對於某個穩定狀態等級而言，狀態等級轉換過程更加難以描述。考慮到狀態等級轉換過程中，過程特性與其相鄰的兩個狀態等級密切相關，可以利用相鄰的狀態等級對其進行刻畫。本書主要針對具有穩定過程特性的狀態等級建立運行狀態評價模型，而不考慮等級轉換過程的性能評價。鑒於 T-PLS 能夠從過程數據中有效提取與綜合經濟效益密切相關的過程資訊，本章將利用該方法對過程進行狀態評價。

在離線建模之前，假設已經根據綜合經濟效益水準將建模數據劃分成若干個數據集合，並且每一個數據集合粗略地代表一個狀態等級。之所以說是粗略地代表，是因為實際工業數據中通常包含雜訊和離群點，而它們的存在將嚴重影響評價模型的準確性和可靠性，有必要將其進一步去除，去除雜訊和離群點的過程將在後文中作詳細介紹。

假設一個生產過程包含 C 個狀態等級。將每個狀態等級的建模數據分別記為$(\boldsymbol{X}^c,\boldsymbol{Y}^c)$，$c=1,2,\cdots,C$，其中 $\boldsymbol{X}^c=[\boldsymbol{x}^c(1),\boldsymbol{x}^c(2),\cdots\boldsymbol{x}^c(N^c)]^{\mathrm{T}}\in R^{N^c\times J_x}$，$\boldsymbol{Y}^c=[\boldsymbol{y}^c(1),\boldsymbol{y}^c(2),\cdots,\boldsymbol{y}^c(N^c)]^{\mathrm{T}}\in R^{N^c\times J_y}$ 以及 N^c 分別表示對應第 c 個狀態等級過程數據集合、綜合經濟指標集合和建模樣本數。綜合經濟指標可以是生產成本、企業利潤和生產效率等，也可能是多個重要生產指標的加權綜合。由於不同的生產過程具有不同的生產需求和側重點，因此並沒有一個統一的綜合經濟指標的定義。獲取建模數據後，利用 T-PLS 建立各個狀態等級的評價模型，記為 $\boldsymbol{G}_y^c$，$c=1,2,\cdots,C$，並得到每個建模樣本的得分 $\boldsymbol{t}_y^c(n)=\boldsymbol{G}_y^c\boldsymbol{x}^c(n)\in R^{A_y\times 1}$，$n=1,2,\cdots,N^c$。

事實上，屬於某個狀態等級的過程數據通常分布於數據集合的中心區域，而雜訊和離群點則游離於數據集合的邊緣，因此可以根據建模數據到數據集合中心點的距離來識別該數據是否為雜訊或離群點。將對應於第 c 個狀態等級的數據集合中心記為：

$$\bar{\boldsymbol{t}}_y^c = \sum_{n=1}^{N^c} \boldsymbol{t}_y^c(n)/N^c \tag{3-1}$$

則該集合中第 n 個建模樣本到集合中心的距離定義為：

$$D_n^c = \| \boldsymbol{t}_y^c(n) - \bar{\boldsymbol{t}}_y^c \|^2, n=1,2,\cdots,N^c \tag{3-2}$$

D_n^c 值越小，表示建模樣本越接近於數據集合的中心點，該樣本是雜訊數據或離群點的可能性很小；反之，D_n^c 值越大，表示建模樣本越遠離數據集合的中心點，該樣本很有可能是雜訊數據或離群點。為了嚴格區分是否為雜訊或離群點，定義一個距離閾值 D_t。當 $D_n^c > D_t$ 時，認為 $\boldsymbol{x}^c(n)$ 為離群點並將其從集合 c 中刪除；反之，就保留該樣本以用於評價建模。對於閾值 D_t 而言，其取值越小，雜訊和離群點去除得越多，但同時更多有用數據可能被刪除。因此，D_t 的取值應適當，以確保在有效去除雜訊和離群點的同時保證每個數據集合中保留充足的建模樣本數。實際應用中，可以採用反覆試驗的方法，為了保證統計模型的可靠性，建模樣本數通常為過程變量數的 2～3 倍[12]。

為了敘述方便，避免符號表示的複雜性，將已經去除雜訊和離群點的狀態等級建模數據仍然記為$(\boldsymbol{X}^c, \boldsymbol{Y}^c)$，$c=1,2,\cdots,C$，其中 $\boldsymbol{X}^c = [\boldsymbol{x}^c(1), \boldsymbol{x}^c(2), \cdots, \boldsymbol{x}^c(\tilde{N}^c)]^{\mathrm{T}} \in R^{\tilde{N}^c \times J_x}$，$\boldsymbol{Y}^c = [\boldsymbol{y}^c(1), \boldsymbol{y}^c(2), \cdots, \boldsymbol{y}^c(\tilde{N}^c)]^{\mathrm{T}} \in R^{\tilde{N}^c \times J_y}$，$\tilde{N}^c$ 為數據集合 $\boldsymbol{X}^c$ 中樣本個數。利用 T-PLS 重新建立各個狀態等級評價模型 $\boldsymbol{G}_y^c$，並獲得建模樣本的得分 $\boldsymbol{t}_y^c(n) = \boldsymbol{G}_y^c \boldsymbol{x}^c(n), n=1,2,\cdots,\tilde{N}^c$。建立狀態等級評價模型的過程如圖 3-1 所示。

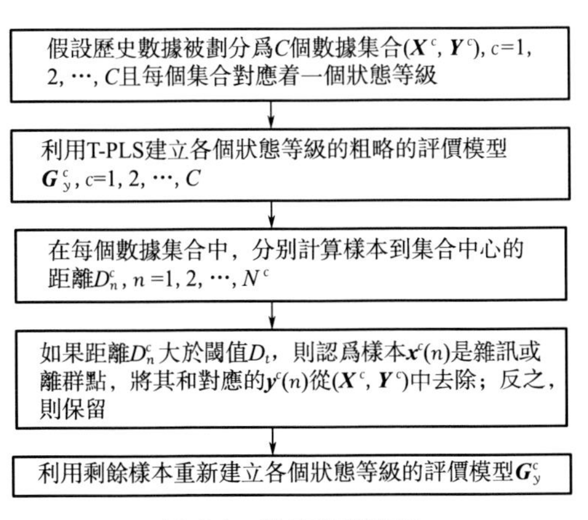

圖 3-1　離線建模流程

3.2.3 基於 T-PLS 的過程運行狀態在線評價

事實上，如果在線數據屬於某個狀態等級，那麼其中與綜合經濟效益密切相關的過程資訊必然同其對應的狀態等級建模數據中蘊含的過程資訊保持一致。因此，可以利用在線數據與建模數據過程資訊之間的相似度構造評價指標，來即時評價過程的運行狀態。

考慮到單一採樣易受到過程雜訊干擾且難以描述過程的整體運行狀態，可以將一個寬度為 L 滑動數據窗口作為在線評價的基本分析單位，而窗口寬度 L 可根據實際生產情況確定。如果生產過程運行平穩且過程數據包含較少的奇異值和離群點，則可將 L 設置得相對較小一些；反之，如果過程容易受到外部環境干擾，則應該將 L 設置得較大一些，以降低過程干擾的影響並提高在線評價結果的可靠性。窗口寬度越寬，演算法對過程變化的敏感性越低，可能導致在線評價結果相比於實際情況具有較大的滯後；相反，窗口寬度越窄，在線評價結果的滯後越小，但同時也降低了演算法的抗干擾能力。

接下來將透過計算在線數據相對於每個狀態等級的評價指標來即時評價過程的運行狀態。為了嚴格區分狀態等級以及狀態等級之間的轉換過程，定義一個評價指標閾值 $\delta(0.5<\delta<1)$。如果在線數據與各個狀態等級的評價指標中的最大值大於閾值 δ，則可以確定當前過程運行於該最大值對應的狀態等級；如果評價指標中的最大值小於閾值 δ 但相對於某個狀態等級的評價指標值是連續遞增的，則認為過程運行狀態處於從前一個狀態等級逐漸向另一個狀態等級的轉換過程中。這是因為在過程運行狀態轉換期間，在線數據中的品質相關過程資訊也會逐漸地發生改變並越來越趨近於下一個目標狀態等級。若上述兩種情況均不滿足，則保持與前一時刻評價結果一致。評價閾值 δ 的選取通常依賴於實際生產情況並且在一定程度上影響著狀態評價結果。實際應用中，可以利用歷史生產數據透過交叉檢驗的方法反覆試湊獲得評價閾值 δ 的最優值，使得在線評價結果的誤報率降至最低。

過程運行狀態在線評價方法的步驟總結如下。

① 構造時刻 k 時的滑動數據窗口 $\boldsymbol{X}_k=[\boldsymbol{x}(k-L+1),\cdots,\boldsymbol{x}(k)]^{\mathrm{T}}$。

② 分別利用各個狀態等級建模數據的均值和標準差對在線數據 $\boldsymbol{X}_k$ 進行標準化預處理，並將標準化後的數據記為 $\boldsymbol{X}_k^c=[\boldsymbol{x}^c(k-L+1),\cdots,\boldsymbol{x}^c(k)]^{\mathrm{T}}$，$c=1,2,\cdots,C$。

③ 計算在線數據 $\boldsymbol{X}_k^c$ 中第 l 個樣本 $\boldsymbol{x}^c(l)$ 的得分向量，即

$$\boldsymbol{t}^c(l)=\boldsymbol{G}_y^c\boldsymbol{x}^c(l), l=k-L+1,\cdots,k, c=1,2,\cdots,C \tag{3-3}$$

④ 根據式(3-2) 計算在線數據得分向量與各個狀態等級中心的距離 d_k^c：

$$d_k^c=\|\bar{\boldsymbol{t}}_k^c-\bar{\boldsymbol{t}}_y^c\|^2 \tag{3-4}$$

其中，$\bar{\boldsymbol{t}}_k^c=\sum_{l=k-L+1}^{k}\boldsymbol{t}^c(l)/L$ 和 $\bar{\boldsymbol{t}}_y^c=\sum_{n=1}^{\tilde{N}^c}\boldsymbol{t}_y^c(n)/\tilde{N}^c$ 分別為在線數據 $\boldsymbol{X}_k^c$ 和狀態等級 c 建模數據的得分均值得分向量，由 T-PLS 性質可知，$\bar{\boldsymbol{t}}_y^c=0$。因此，式(3-4) 可簡化為

$$d_k^c=\|\bar{\boldsymbol{t}}_k^c\|^2 \tag{3-5}$$

⑤ 根據距離 d_k^c，定義在線數據相對於各個狀態等級的評價指標如下：

$$\gamma_k^c=\begin{cases}\dfrac{\dfrac{1}{d_k^c}}{\sum_{c=1}^{C}\dfrac{1}{d_k^c}}, c=1,2,\cdots,C, & \text{如果 } d_k^c\neq 0\\ 1, \quad \text{且 } \gamma_k^q=0(q=1,2,\cdots,C, q\neq c), & \text{如果 } d_k^c=0\end{cases} \tag{3-6}$$

其中，γ_k^c 表示第 k 個採樣時刻數據窗口 $\boldsymbol{X}_k^c$ 中所有樣本均值相對於狀態等級 c 的評價指標，且滿足 $\sum_{c=1}^{C}\gamma_k^c=1$，$0\leqslant\gamma_k^c\leqslant 1$。

⑥ 根據評價指標對過程運行狀態進行在線評價，其評價規則如下。

a. 當 $\gamma_k^{\tilde{c}}=\max\limits_{1\leqslant c\leqslant C}\{\gamma_k^c\}>\delta$ 時，表示在線數據中的品質相關過程資訊與狀態等級中的過程資訊一致，可以斷定過程的運行狀態為狀態等級 $\tilde{c}$。

b. 如果情況 a 不滿足但條件 $\gamma_{k-z+1}^{\tilde{c}}<\cdots<\gamma_k^{\tilde{c}}$ 成立，表明過程運行狀態正處於狀態等級轉換過程中，即當前過程逐漸從前一個狀態等級向狀態等級 $\tilde{c}$ 轉換。其中，z 是一個正整數，可以根據生產過程的實際情況確定。如果有多個目標狀態等級均滿足評價指標遞增的條件，可根據如下規則唯一地確定下一個狀態等級：

$$\tilde{c}=\arg\max_{1\leqslant c\leqslant C}\{\gamma_k^c\mid\gamma_{k-z+1}^c<\cdots<\gamma_k^c\} \tag{3-7}$$

其中，$\tilde{c}$ 為滿足條件 $\gamma_{k-z+1}^c<\cdots<\gamma_k^c$ 時使得 γ_k^c 取值最大的狀態等級編號或名稱。

c. 如果情況 a 和 b 均不滿足，則保持與前一時刻評價結果一致。

3.2.4 基於變量貢獻率的非優原因追溯

對於一個生產過程而言，除了狀態等級優之外，其他所有的狀態等

級，包括良、一般以及狀態等級之間的轉換，都可以歸為非優的運行狀態。當過程運行狀態非優時，需要進一步分析和查找相應的原因，即非優原因追溯，以便生產操作人員能夠及時對過程作出調整，確保過程運行狀態向等級優發展，本節將對該部分內容作詳細介紹。

過程運行狀態的非優原因追溯對於實際生產過程的生產調整和性能改進是非常有意義的。由於過程運行狀態的優劣是根據評價指標的大小來確定的，因此非優原因追溯過程可以歸結為尋找那些導致評價指標低於閾值的原因，而這些原因通常體現在過程變量中，即不合理的生產操作或外部環境干擾導致某些過程變量偏離其最優運行區域而影響了過程的運行狀態。類似於基於貢獻圖的故障診斷方法[13-17]，本書提出一種新的基於變量貢獻率的非優原因追溯方法。當過程運行狀態非優時，針對在線數據過程變異相對於狀態等級優的評價指標，依次計算每個過程變量對其的貢獻率，並將具有較大貢獻率的過程變量確定為導致過程運行狀態非優的原因變量。

用 c^* 表示狀態等級優，對應的建模數據記為($\boldsymbol{X}^{c^*}$，$\boldsymbol{Y}^{c^*}$)。由評價指標的定義式(3-6) 可知，評價指標 $\gamma_k^{c^*}$ 的大小取決於在線數據與狀態等級優的中心距離 $d_k^{c^*}$，因此計算過程變量對評價指標 $\gamma_k^{c^*}$ 的貢獻率可以轉化為計算變量對距離 $d_k^{c^*}$ 的貢獻率。根據式(3-5) 的定義，將其進一步分解為如下形式：

$$
\begin{aligned}
d_k^{c^*} &= \left\| \bar{\boldsymbol{t}}_k^{c^*} \right\|^2 = \left\| \frac{1}{L} \sum_{l=k-L+1}^{k} \boldsymbol{t}^{c^*}(l) \right\|^2 = \left\| \frac{1}{L} \sum_{l=k-L+1}^{k} \boldsymbol{G}_y^{c^*} \boldsymbol{x}^{c^*}(l) \right\|^2 \\
&= \left\| \boldsymbol{G}_y^{c^*} \bar{\boldsymbol{x}}_k^{c^*} \right\|^2 = \left\| \sum_{j=1}^{J_x} \boldsymbol{g}_{y,j}^{c^*} \bar{x}_{k,j}^{c^*} \right\|^2
\end{aligned} \tag{3-8}
$$

其中，$\boldsymbol{x}^{c^*}(l)$ 為滑動數據窗口 $\boldsymbol{X}_k^{c^*}$ 中第 l 個樣本，$\boldsymbol{X}_k^{c^*}$ 是利用狀態等級優的均值向量和共變異數矩陣對 $\boldsymbol{X}_k$ 標準化處理後的矩陣；$\bar{\boldsymbol{x}}_k^{c^*}$ 為 $\boldsymbol{X}_k^{c^*}$ 中所有樣本的均值向量；$\boldsymbol{t}^{c^*}(l)$ 是 $\boldsymbol{x}^{c^*}(l)$ 的得分向量；$\boldsymbol{g}_{y,j}^{c^*}$ 和 $\bar{x}_{k,j}^{c^*}$ 分別為 $\boldsymbol{G}_y^{c^*}$ 的第 j 列以及 $\bar{\boldsymbol{x}}_k^{c^*}$ 的第 j 個變量。首先，定義第 j 個過程變量對 $d_k^{c^*}$ 的貢獻如下：

$$
\mathrm{Contr}_j^{\mathrm{raw}} = \| \boldsymbol{g}_{y,j}^{c^*} \bar{x}_{k,j}^{c^*} \|^2, j=1,2,\cdots,J_x \tag{3-9}
$$

考慮到即便在最優運行狀態下，過程變量對評價指標的貢獻也會因變量而異，因此利用變量貢獻率識別導致運行狀態非優的原因變量則更為合理。根據變量貢獻定義變量貢獻率如下：

$$\text{Contr}_j = \frac{\text{Contr}_j^{\text{raw}}}{\overline{C}_j} \tag{3-10}$$

其中，$\overline{C}_j = \sum_{n=1}^{N^{c^*}} \left\| \boldsymbol{g}_{y,j}^{c^*} x_j^{c^*}(n) \right\|^2 / N^{c^*}$ 為狀態等級優中全部建模數據中第 j 個變量的貢獻的均值，$j=1,2,\cdots,J_x$；$x_j^{c^*}(n)$ 為 $\boldsymbol{X}^{c^*}$ 中第 n 個樣本的第 j 個變量，$n=1,2,\cdots,N^{c^*}$，N^{c^*} 是狀態等級優的建模樣本數。

由式(3-10) 可知，當變量 j 的取值 $\overline{x}_{k,j}^{c^*}$ 增大時，使得變量 j 的貢獻率 Contr_j 和距離 $d_k^{c^*}$ 也增大，進而導致評價指標 $\gamma_k^{c^*}$ 減小，從而將過程運行狀態評價為非優。因此，可以合理地將具有較大貢獻率的過程變量定義為導致過程運行狀態非優的原因變量，並將其提供給實際生產操作人員以輔助過程調整和性能的改進。基於綜合經濟指標相關資訊的過程運行狀態在線評價流程如圖 3-2 所示。

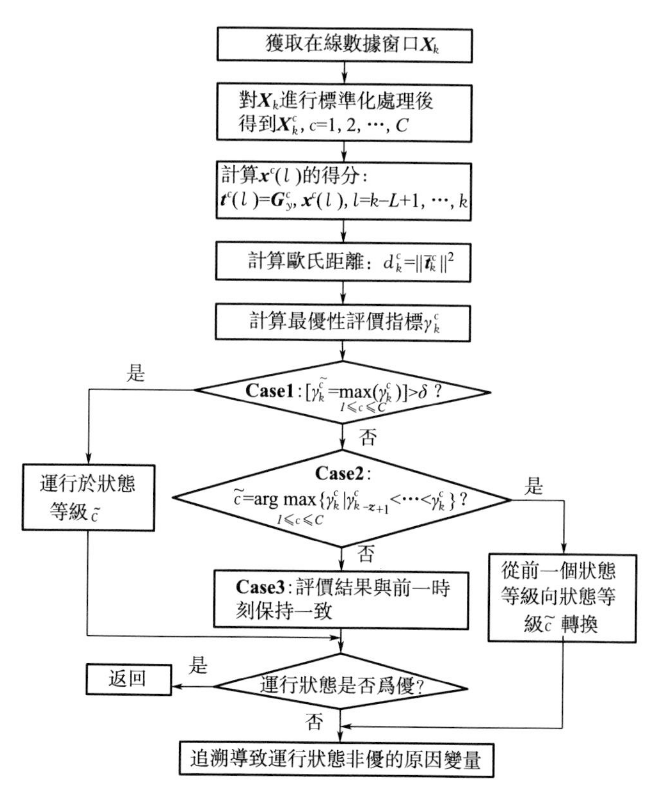

圖 3-2　在線評價和非優原因追溯流程

3.3 氰化浸出工序中的應用研究

濕法冶金是採用液態溶劑，通常為無機水溶劑或有機溶劑，進行礦石浸出、分離並提取出金屬及其化合物的過程，全流程通常由磨礦、浮選、脫水調漿、氰化浸出、壓濾洗滌、鋅粉置換以及精煉等主要工序構成[18,19]。濕法冶金能夠處理複雜礦、低品位礦等，有利於提高資源的綜合利用率，且對環境污染較少。近些年來，濕法冶金在有色金屬、稀有金屬及貴金屬冶煉過程中的地位變得越來越重要，湧現出了許多濕法冶金新工藝，並得到了廣泛應用[20-25]。由於黃金具有極高的經濟價值，非優的過程運行狀態將導致黃金的產量降低，從而影響企業的最終經濟收益。因此，對黃金生產過程的運行狀態最優性進行在線評價對於實際生產具有至關重要的意義。本章所提出的評價方法將以山東黃金某精煉廠的實際生產過程進行有效的驗證。

3.3.1 過程描述

氰化浸出工序是藉助溶液提取固體物料中有價金屬或雜質等物質的過程，該過程中通常伴有化學反應，是黃金濕法冶金全流程中一道重要的生產工序[26,27]。某黃金濕法冶金氰化浸出具體操作過程為：首先將粒度約為 400 目的含金礦石顆粒與貧液混合，調成濃度介於 25%～30%的礦漿後，向礦漿中添加氰化鈉並充入空氣，使金與所添加試劑充分反應，最終以金氰絡合物（$[Au(CN)]^-$）的形式存在於液相中。其中氰化鈉是氰化浸出金的重要反應試劑，充入的空氣則為反應提供攪拌動力和適當的氧化還原電位，推進反應進行。另外，為防止氰化鈉發生水解，放出劇毒的氰化氫氣體，危害生產及人身安全，需要加入石灰將礦漿 pH 值調節到 12 左右。

氰化浸出工序示意圖如圖 3-3 所示。該工藝過程採用梯度下降的四級浸出槽作為化學溶金反應的載體，礦漿由高至低自然溢流。這種設計不僅能夠降低能源消耗，還能夠增加含金礦石顆粒與浸出溶劑之間的反應時間，使金充分溶解，從而提高黃金浸出率。另外，利用電腦加藥機向礦漿中添加氰化鈉，並透過控制氰化鈉流量來控制其實際的添加量。由於浸出槽本身沒有機械運轉系統，需要配備空氣壓縮機以提供壓縮空氣。浸出槽空氣的通入由羅茨風機實現，風機將空氣壓入高壓儲氣罐，儲氣罐經輸氣管道連接至浸出槽，透過調節空氣流量的閥門開度實現對空氣流量大小的控制。該過程中，用於運行狀態評價建模的變量見表 3-1，建模數據的操作條件見表 3-2。

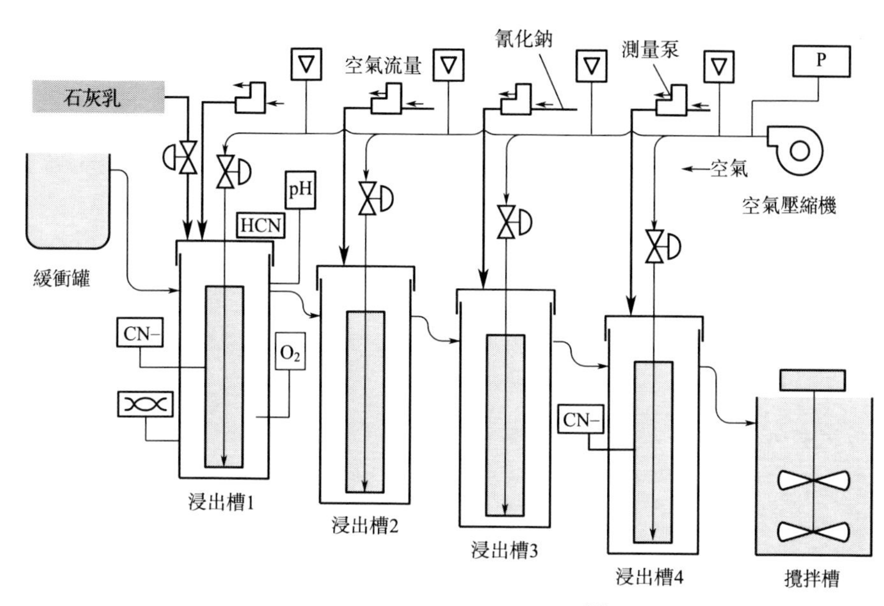

圖 3-3 氰化浸出工序示意圖[16]

表 3-1 用於氰化浸出工序運行狀態評價的過程變量

序號	變量名稱
1	浸出槽 1 礦漿濃度(%)
2	浸出槽 1 氰化鈉流量(mL/min)
3	浸出槽 2 氰化鈉流量(mL/min)
4	浸出槽 4 氰化鈉流量(mL/min)
5	浸出槽 1 空氣流量(m^3/h)
6	浸出槽 2 空氣流量(m^3/h)
7	浸出槽 3 空氣流量(m^3/h)
8	浸出槽 4 空氣流量(m^3/h)
9	浸出槽 1 溶解氧濃度(mg/L)
10	浸出槽 1 氰根離子濃度(mg/L)
11	浸出槽 4 氰根離子濃度(mg/L)
12	氰化氫氣體濃度(mg/L)

表 3-2　氰化浸出工序的操作條件設定值

操作條件	設定值
礦漿濃度	25%～30%
礦漿溫度	20～25°C
pH	12
氰根離子濃度	42～48mg/L
溶解氧濃度	7～8mg/L
每個浸出槽內的反應時間	7h

3.3.2　實驗設計和建模數據

為建立各個狀態等級的評價模型，根據金浸出率的高低，從歷史正常生產數據中分別選取運行狀態為一般、良和優的樣本各 300 個。圖 3-4 為三個狀態等級原始建模數據沿浸出槽 1 氰化鈉流量和浸出槽 1 氰根離子濃度的空間分布情況，其中橢圓內部的數據表示各個狀態等級正常數據，橢圓外部為雜訊和離群點。根據專家經驗和過程知識可知，針對目前生產工況，將氰化鈉流量控制在 2850mL/min 能夠確保金的浸出率達到最理想的水準。

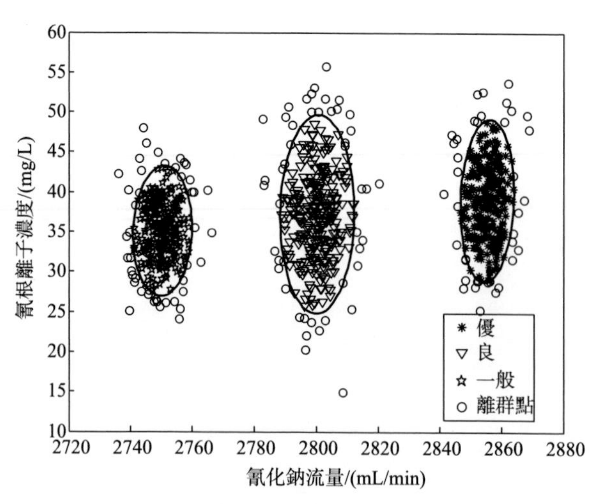

圖 3-4　建模數據散點圖（見電子版①）

①為了方便讀者學習，書中部分圖片提供電子版（提供電子版的圖，在圖上有「電子版」標識），在 www. cip. com. cn/資源下載/配書資源中查找書名或者書號即可下載。

在建立狀態等級評價模型之前，需要將這些雜訊和離群點從各個數據集合中去除。根據本書 3.2.2 節中的介紹，結合 T-PLS 去除各個狀態等級建模數據中的雜訊和離群數據，並建立各個狀態等級的評價模型。將去除離群點後的狀態等級建模數據分別記為（$\boldsymbol{X}^1 \in R^{255\times 12}, \boldsymbol{y}^1 \in R^{255\times 1}$）、（$\boldsymbol{X}^2 \in R^{254\times 12}, \boldsymbol{y}^2 \in R^{254\times 1}$）和（$\boldsymbol{X}^3 \in R^{262\times 12}, \boldsymbol{y}^3 \in R^{262\times 1}$）。

3.3.3 演算法驗證及討論

為了驗證本書提出的基於綜合經濟指標相關資訊的過程運行狀態在線評價方法，選取涵蓋狀態等級一般、良和優的 1642 個樣本作為在線測試數據，其中導致狀態等級變化的原因是浸出槽 1 氰化鈉流量從 2750mL/min 逐漸增加到 2850mL/min。另外，在線評價過程中所用參數分別設置如下：$L=20$，$z=5$，$\delta=0.85$。

圖 3-5 展示了各個狀態等級評價模型下評價指標的在線變化情況。從圖 3-5(a) 中可以看出，從過程開始到第 483 個採樣時刻只有相對於狀態等級一般的評價指標始終大於指標閾值 δ。根據 3.2.3 節中定義的評價規則，這表示在此期間過程一直運行於狀態等級「一般」。從第 484 個採樣時刻開始，在線數據與各個狀態等級的評價指標均低於閾值 δ，過程進入狀態等級轉換過程，並且有兩個狀態等級都滿足評價指標連續遞增的條件，即 $\gamma_{248}^2 < \gamma_{249}^2 < \cdots < \gamma_{252}^2$ 和 $\gamma_{248}^3 < \gamma_{249}^3 < \cdots < \gamma_{252}^3$。由於滿足評價指標連續遞增條件的狀態等級不止一個，目標狀態等級可以透過式(3-8)確定，從而狀態等級轉換的目標等級唯一確定為狀態等級「良」的。也就是說，從第 484 個採樣時刻開始，過程運行狀態逐漸從「一般」向「良」轉換。依次地，過程運行狀態逐步地經歷了狀態等級「良」和「優」。表 3-3 中進一步將過程的實際運行狀態與在線評價結果進行對比。由表 3-3 可知，依據本章所提方法得到的在線評價結果與實際情況相符。雖然在評價過程中，由於在線滑動窗口的引入導致評價結果出現了延遲，但在實際生產可接受的範圍內，說明所提方法能夠及時有效地對過程運行狀態作出正確的評價。

表 3-3　實際過程運行狀態與在線評價結果的對比

狀態等級	實際情況(樣本)	評價結果(樣本)
一般	1～454	1～483
一般向良轉換	455～605	484～615
良	606～1058	616～1083
良向優轉換	1059～1209	1084～1209
優	1210～1642	1210～1642

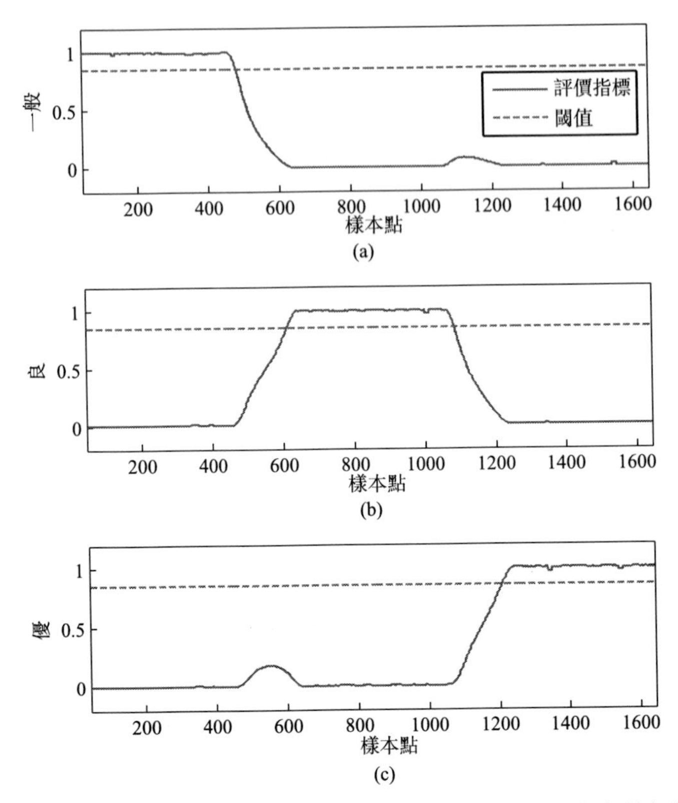

圖 3-5　運行狀態在線評價結果：各個狀態等級（一般、良、優）的評價指標

當過程運行狀態非優時，需要進一步查找導致運行狀態非優的原因。由圖 3-5 和表 3-3 可知，在第 1～1209 個採樣時刻之間，生產過程均運行於非優的狀態等級，那麼在此期間對評價指標貢獻率較大的過程變量即為非優原因變量。為了避免非優拖尾現象影響原因追溯結果的準確性，只在非優狀態等級的初始時刻進行非優原因追溯，圖 3-6 為過程運行於狀態等級「一般」的初始時刻時過程變量對評價指標的貢獻率值。從圖中可以看出，浸出槽 1 氰化鈉流量、浸出槽 1 氰根離子濃度和浸出槽 4 氰根離子濃度的貢獻率遠大於其他變量對評價指標的貢獻率。根據所提出的基於變量貢獻率的非優原因追溯方法，可以確定這三個過程變量為原因變量。進一步結合過程知識可知，氰化鈉流量為可操作變量，氰根離子濃度受氰化鈉流量影響，因此真正的非優原因為浸出槽 1 氰化鈉流量添加異常，操作工應及時調整氰化鈉添加量，使生產過程向最優的運行狀態發展。

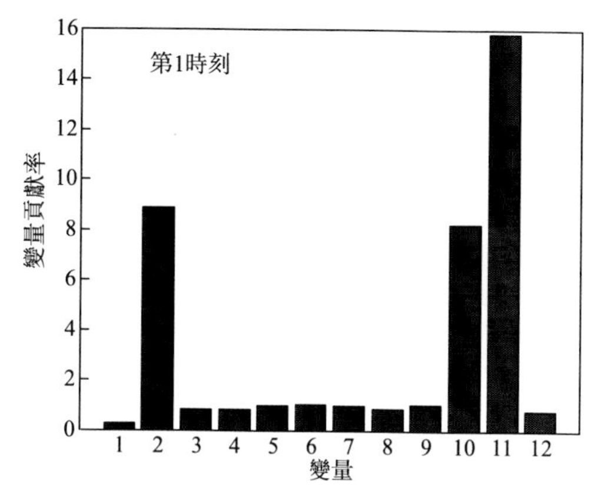

圖 3-6 變量貢獻率圖

參考文獻

[1] ZHAO C H, SUN Y X. Multispace total projection to latent structures and its application to online process monitoring[J]. IEEE Transactions on Control Systems Technology, 2014, 22(3): 868-883.

[2] YIN S, Ding S X, Xie X, Luo H. A review on basic data-driven approaches for industrial process monitoring[J]. IEEE Transactions on Industrial Electronics, 2014, 61(11): 6418-6428.

[3] ZHAO C H, GAO F R. Fault-relevant principal component analysis (FPCA) method for multivariate statistical modeling and process monitoring[J]. Chemometrics and Intelligent Laboratory Systems, 2014, 133: 1-16.

[4] TONG C D, SHI X H. Decentralized monitoring of dynamic processes based on dynamic feature selection and informative fault pattern dissimilarity[J]. IEEE Transactions on Industrial Electronics, 2016, 63(6): 3804-3814.

[5] ZHANG S, WANG F, TAN S, et al. Novel monitoring strategy combining the advantages of multiple modeling strategy and Gaussian mixture model for multimode processes[J]. Industrial & Engineering Chemistry Research, 2015, 54(47): 11866-11880.

[6] ZHAO C H, GAO F R. Critical-to-fault-degradation variable analysis and direction extraction for online fault prognostic [J]. IEEE Transactions on Control Systems Technology, 2017, 25(3): 842-854.

[7] ZHAO C H, HUANG B. A full-condition

monitoring method for nonstationary dynamic chemical processes with cointegration and slow feature analysis [J]. AIChE Journal, 2018, 64(5): 1662-1681.

[8] ZHAO C H, GAO F R. Fault subspace selection approach combined with analysis of relative changes for reconstruction modeling and multifault diagnosis[J]. IEEE Transactions on Control Systems Technology, 2016, 24(3): 928-939.

[9] LI W Q, ZHAO C H, GAO F R. Linearity evaluation and variable subset partition based hierarchical process modeling and monitoring[J]. IEEE Transactions on Industrial Electronics, 2018, 65 (3): 2683-2692.

[10] ZHAO C H, GAO F R. A sparse dissimilarity analysis algorithm for incipient fault isolation with no priori fault information [J]. Control Engineering Practice, 2017, 65: 70-82.

[11] ZHOU D, LI G, QIN S J. Total projection to latent structures for process monitoring [J]. AIChE Journal, 2010, 56(1): 168-178.

[12] JOHNSON R A, WICHERN D W. Applied multivariate statistical analysis[M]. London: Prentice Hall, 1992.

[13] QIN S J, VALLE S, PIOVOSO M J. On unifying multiblock analysis with application to decentralized process monitoring [J]. Journal of Chemometrics, 2001, 15(9): 715-742.

[14] LI G, QIN S Z, JI Y, et al. Total PLS based contribution plots for fault diagnosis [J]. Acta Automatica Sinica, 2009, 35(6): 759-765.

[15] MILLER P, SWANSON R E, HECKLER C E. Contribution plots: a missing link in multivariate quality control[J]. Applied Mathematics and Computer Science, 1998, 8(4): 775-792.

[16] WESTERHUIS J A, GURDEN S P, SMILDE A K. Generalized contribution plots in multivariate statistical process monitoring[J]. Chemometrics And Intelligent Laboratory Systems, 2000, 51 (1): 95-114.

[17] QIN S J. Survey on data-driven industrial process monitoring and diagnosis[J]. Annual Reviews in Control, 2012, 36 (2): 220-234.

[18] 黎鼎鑫，王永錄. 貴金屬提取與精煉[M]. 長沙：中南大學出版社，2003.

[19] 陳剛，路殿坤. 濕法冶金原理與工藝[M]. 瀋陽：東北大學出版社，1999.

[20] JACKSON E. Hydrometallurgical Extraction and Reclamation[M]. Chichester: Ellis Horwood, 1986.

[21] ABBRUZZESE C, FORNARI P, MASSIDDA R, et al. Thiosulphate leaching for gold hydrometallurgy[J]. Hydrometallurgy, 1995, 39(1-3): 265-276.

[22] LEÃO V A, CIMINELLI V S T. Application of ion exchange resins in gold hydrometallurgy. A tool for cyanide recycling[J]. Solvent Extraction and Ion Exchange, 2000, 18(3): 567-582.

[23] JHA M K, KUMAR V, SINGH R J. Review of hydrometallurgical recovery of zinc from industrial wastes [J]. Resources, Conservation and Recycling, 2001, 33(1): 1-22.

[24] KUMAR A, HADDAD R, SASTRE A M. Integrated membrane process for gold recovery from hydrometallurgical solutions[J]. AIChE Journal, 2001, 47 (2): 328-340.

[25] MILTZAREK G L, SAMPAIO C H, CORTINA J L. Cyanide recovery in hydrometallurgical plants: use of synthetic solutions constituted by metallic

cyanide complexes [J]. Minerals Engineering, 2002, 15(1): 75-82.

[26] 劉炎，常玉清，王福利，王姝，譚帥. 基於多單位均值軌跡的氰化浸出過程浸出率預測 [J]. 儀器儀表學報，2012，33(10)：2220-2227.

[27] LIU Y, WANG F, CHANG Y. Reconstruction in integrating fault spaces for fault identification with kernel independent component analysis [J]. Chemical Engineering Research and Design, 2013, 91(6): 1071-1084.

第4章

基於優性相關資訊的連續過程運行狀態在線評價

前面介紹的基於綜合經濟指標相關資訊的運行狀態在線評價方法雖然在濕法冶金的氰化浸出工序中獲得了較好的應用效果，但建立準確可靠的 T-PLS 評價模型的前提是能夠從浩瀚的歷史數據中精確地區分出每個綜合經濟指標值對應的過程數據[1]，從而才可能從過程數據中提取出真正與綜合經濟指標密切相關的過程資訊。但是，實際的過程數據測量值與其對應的綜合經濟指標值之間在時間上是錯開的，它們之間的這個時間間隔可能是產品一個基本的生產週期，即從原料的投入到最終產品的形成，也可能是以小時或日為基本單位的綜合經濟指標的統計週期，並需要根據這個週期對過程數據與綜合經濟指標進行時間序列上的對整，這是一項極其繁瑣和耗時的預處理工作。另外，由於生產環境的擾動和人為操作的干擾，很難確保生產週期固定不變，這在無形中為數據對整工作增加了難度。因此，如果能夠在不藉助綜合經濟指標輔助而單純依靠過程數據的情況下，有效地提取出不同狀態等級中直接反映過程運行狀態優劣的過程資訊，不僅可以避免繁重的數據對整工作，還能夠提高演算法的應用效率並拓廣其應用範圍。

4.1 概述

在現有的工業生產過程運行狀態評價中，基於 PCA 的評價[2] 就是一種只利用了過程數據進行特徵提取及特徵匹配的方法。該方法中，首先根據專家知識和生產經驗將建模數據劃分為若干個狀態等級，然後利用 PCA 提取出表徵每個狀態等級的過程資訊，並基於在線數據與各個等級過程資訊的評價指標即時評價過程運行狀態。然而，由於 PCA 方法是以最大化共變異數資訊為目標實現特徵提取的[3-8]，即盡可能地保留集合內數據自身的過程資訊並去除冗餘資訊，因此基於 PCA 的評價方法更適合於過程數據中所包含的過程資訊與過程運行狀態最優性密切相關的情況。這種過程資訊能夠在過程知識和生產經驗足夠豐富的情況下，透過選擇與過程運行狀態優性相關的過程變量而獲得。為敘述方便，將與運行狀態優性相關的過程資訊簡稱為優性相關資訊（Optimality-Related Information，ORI），類似地，與運行狀態優性無關的過程資訊簡稱為優性無關資訊（Optimality-Unrelated Information，OUI）。當過程數據中既包含 ORI 又包含 OUI 且沒有充足的過程知識輔助時，由於 PCA 不具備自動區分 ORI 和 OUI 的能力，使得基於 PCA 的評價方法很難有效地區分和精確地提取出過程資訊中的 ORI。另外，由於 OUI 的存在，導致基於 PCA 的評價在應用過程中對 OUI 的改變具有較低的抗干擾能力，而對 ORI 的改變的敏感性也隨之降低，從而影響在線評價結果的準確性和可靠性。

本章針對第 3 章中評價方法的局限性，提出了一種不需要綜合經濟指標輔助就能夠有效提取各個狀態等級過程數據中 ORI 的方法，然後透過基於在線數據與各個狀態等級 ORI 的相似度構造評價指標，實現過程運行狀態的在線評價。

4.2 基於優性相關資訊的評價建模和過程運行狀態在線評價

4.2.1 基本思想

事實上，儘管不同的狀態等級過程資訊存在差異性，但由於它們均是來自於同一個過程的生產數據，這些狀態等級的過程資訊又存在著某種潛在的相似性。因此，提取各個狀態等級 ORI 的過程可以轉化為去除所有狀態等級内包含的那些共同的過程資訊，而剩餘的這部分過程資訊自然地成為各個狀態等級所特有的資訊。由於共同的過程資訊並不會隨著狀態等級的轉變而發生變化，因此這部分資訊無法起到區分過程運行狀態優劣的作用，即為 OUI；相對地，每個狀態等級特有的那部分資訊會隨著狀態等級的改變而呈現明顯的差異性，即為 ORI，可以用於評價過程運行狀態。OUI 由兩部分構成，即共同的變量相關關係和共同的過程資訊幅值。也就是說，如果每個狀態等級中都包含這樣一部分過程資訊，它們的變量相關關係和幅值都相同，那麼就可以認為它們是所有狀態等級所共有的 OUI，並且無法用於區分運行狀態的優劣。透過上述分析可知，為了有效地提取所有狀態等級共有的 OUI，需要分別從提取共同變量相關關係和共同過程資訊幅值兩方面入手。首先，利用 Zhao 等人[9,10] 提出的兩步多集合分析方法（MsPCA）提取各個狀態等級共同的變量相關關係。MsPCA 方法中，將多個集合間共同的變量相關關係描述為一個由若干個基向量張成的共同變量相關關係子空間，並且給出該子空間的確定方法。然而，由 MsPCA 方法確定的子空間中僅包含各個狀態等級間共同的變量相關關係，而過程資訊的幅值仍然可能不等，需要在此基礎上，進一步確定使得各個狀態等級過程資訊幅值相同的基向量。因此，分別將每個狀態等級數據向共同變量相關關係子空間中的各個基向量作投影，並計算它們沿著每個基向量過程資訊幅值的大小。如果每個狀態等級數據沿著同一個基向量的幅值近似相等，說明該方向上無論是變量相關關係還是過程資訊的幅值都相等。分別沿著每個基向量計算過程資訊的幅值，最終可以確定所有滿足條件的基向量，它們構成了一個真正的共同子空間，其中包含著各個狀態等級間相同的變量相關關係和過程資訊幅值，即 OUI。從而，可以透過將各個狀態等級原始數據向該空間投影而獲得它們各自的 OUI。從各個狀態等級原始過程資訊中減去 OUI，剩餘的資訊即為該等級所特有的 ORI。ORI 隨著狀態等級的不同而不同，構成了區分運行狀態優劣的重要特徵。為了敘述方便，將基於優性相關資訊的過程運行狀態評價方法簡稱為基於優性相關資訊的評價。在線評價中，提取在線數據中的 ORI 並計算其相對於各個狀態等級的評價指標，根據評價指標值的大小及變化趨勢即時評價生產過程的運行狀態。另外，針對過程運行狀態非優的情況，計算每個過程變量對評價指標的貢獻率，以確定導致過程運行狀態非優的原因變量。

本書提出的基於優性相關資訊的過程運行狀態在線評價方法的優勢在於：①在提取過程數據中與運行狀態優性相關的過程資訊時無須綜合經濟指標的輔助，從而避免了大量的數據對整工作；②與基於 PCA 的評價方法相比，基於優性相關資訊的評價方法適用的數據條件更為寬泛，且在去除 OUI 之後對過程運行狀態的變化具有更強的魯棒性和更高的敏感性。

4.2.2 ORI 的提取及評價建模

本章在建立評價模型之前，需要從歷史生產數據中劃分出各個狀態等級的建模數據。這一過程可以透過如下方式實現：首先，按時間順序將歷史過程數據劃分為長度相同的若干個數據塊；其次，根據生產過程平均的生產週期，確定各個數據塊對應的輸出數據塊，計算相應輸出數據塊的平均綜合經濟效益；最後，藉助專家知識和生產經驗，確定各個數據塊所屬的狀態等級。上述離線數據劃分過程中，僅需要根據大致的生產週期將少量的過程數據塊與輸出數據塊相對應，並根據各個數據塊的綜合經濟效益劃分狀態等級。相比於利用 T-PLS[11-13] 建模前要求每一個過程數據與輸出數據精確對應的情形，上述離線數據劃分的工作量顯然已經少了很多。

儘管過程資訊會隨著狀態等級的不同而不同，但由於它們均來自於同一個生產過程，使得各個狀態等級中不可避免地存在著能夠反映過程潛在特性的某些相似的或共同的資訊。也就是說，每個狀態等級所包含的過程資訊可以分為兩部分，一部分是每個狀態等級特有的過程資訊，另一部分為所有狀態等級所共有的過程資訊。特有的過程資訊隨著狀態等級的不同而不同，並構成了用於區分不同狀態等級的重要特徵，因此可以認為這部分資訊就是 ORI。相反，所有狀態等級共有的過程資訊無法起到區分不同狀態等級的作用，實際上相當於 OUI。在過程運行狀態評價中，如果對這兩部分資訊不加以區分地同時利用，很有可能導致錯誤的評價結果，從而影響評價結果的準確性和可靠性。例如，由於 OUI 的存在，當過程運行狀態發生轉變時，生產過程對於其中 ORI 的改變的敏感性將會降低，很可能導致評價結果的嚴重滯後甚至不能察覺運行狀態的這種改變。反之，過程運行狀態本身並沒有發生轉變，但由於外部環境干擾或某些人為操作影響到過程資訊中的 OUI 時，就可能造成對運行狀態的錯誤評估，降低了評價方法對干擾資訊的魯棒性。

首先利用 MsPCA 方法[9] 提取各個狀態等級的共同變量相關關係子空間，該子空間內的基向量即表徵了各個狀態等級中所蘊含的共同變量相關關係。在此基礎上，從共同變量相關關係子空間中找出那些使得各個狀態等級過程資訊相等的基向量方向，並構成一個新的共同子空間。由於該共同子空間中既包含共同的變量相關關係又包含共同的過程資訊幅值，因此各個狀態等級向該子空間投影後所得的過程資訊即為它們所共有的 OUI。

假設一個生產過程包含 C 個狀態等級，將狀態等級 c 的建模數據記為 $\boldsymbol{X}^c$，$c=1,2,\cdots,C$。分別針對各個狀態等級建模數據作標準化處理。然後，利用 MsPCA 方法將 $\boldsymbol{X}^c$ 劃分為 $\boldsymbol{X}_{\mathrm{g}}^c$ 和 $\boldsymbol{X}_{\mathrm{s}}^c$ 兩部分：

$$\begin{aligned}\boldsymbol{X}^c &= \boldsymbol{X}_{\mathrm{g}}^c + \boldsymbol{X}_{\mathrm{s}}^c \\ &= \boldsymbol{X}^c \boldsymbol{P}_{\mathrm{g}} \boldsymbol{P}_{\mathrm{g}}^{\mathrm{T}} + \boldsymbol{X}^c (\boldsymbol{I} - \boldsymbol{P}_{\mathrm{g}} \boldsymbol{P}_{\mathrm{g}}^{\mathrm{T}}), c=1,2,\cdots,C \end{aligned} \tag{4-1}$$

其中，$\boldsymbol{P}_{\mathrm{g}}=[\boldsymbol{p}_{\mathrm{g},1},\boldsymbol{p}_{\mathrm{g},2},\cdots,\boldsymbol{p}_{\mathrm{g},A}]\in R^{J\times A}$ 為共同變量相關關係子空間，A 是該子空間內包含的基向量個數，如何確定其個數可參閱前人工作[14-16]。這些基向量實際上代表了不同狀態等級之間共同的變量相關關係。因此，$\boldsymbol{X}_{\mathrm{g}}^c$ 中包含的過程變量相關關係即為所有狀態等級所共有，而 $\boldsymbol{X}_{\mathrm{s}}^c$ 中則包含著狀態等級 c 中特有的變量相關關係。

隨著狀態等級的不同，$\boldsymbol{X}_{\mathrm{s}}^c$ 中的變量相關關係也隨之不同，因此 $\boldsymbol{X}_{\mathrm{s}}^c$ 實際上屬於狀態等級 c 中 ORI 的一部分。另外，針對各個狀態等級的 $\boldsymbol{X}_{\mathrm{g}}^c$

部分，需要進一步提取其中幅值相同的那部分過程資訊，從而構成所有等級的 OUI。分別將各個狀態等級的建模數據向共同變量相關關係子空間 $\boldsymbol{P}_{g}$ 中的每個基向量作投影，依次計算它們沿各個方向的過程資訊幅值大小，其中那些使得幅值近似相等的基向量所構成的子空間即為共同子空間。圖 4-1 為兩個不同的數據集沿著各個基向量方向的過程資訊示意圖。由圖 4-1 可以看出，$\boldsymbol{X}^1$ 和 $\boldsymbol{X}^2$ 沿著 $\boldsymbol{p}_{g,1}$ 方向的過程資訊幅值近似相等，而沿著 $\boldsymbol{p}_{g,2}$ 方向的過程資訊幅值則相差很大。由此可知，基向量 $\boldsymbol{p}_{g,1}$ 應該屬於共同子空間。

衡量不同狀態等級沿同一個基向量方向過程資訊幅值是否相等的具體做法如下。首先，將 $\boldsymbol{X}^c$ 向基向量 $\boldsymbol{p}_{g,a}, a=1,2,\cdots,A$ 作投影，計算其在該方向的過程資訊：

$$\boldsymbol{t}_a^c=\boldsymbol{X}^c\boldsymbol{p}_{g,a}, c=1,2,\cdots,C \tag{4-2}$$

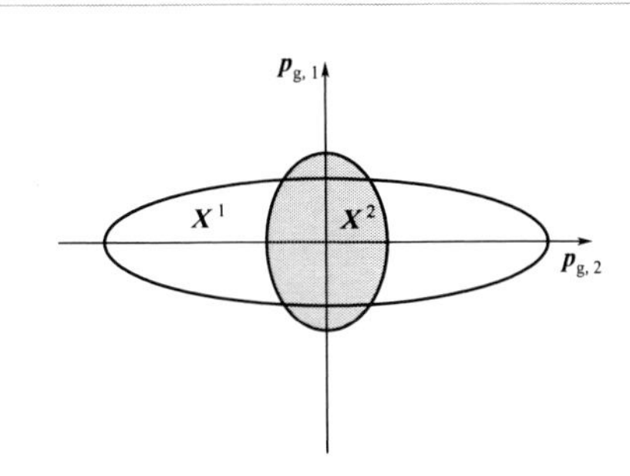

圖 4-1　不同基向量方向上過程資訊示意圖

然後，分別計算 $\boldsymbol{t}_a^1, \boldsymbol{t}_a^2, \cdots, \boldsymbol{t}_a^C$ 的幅值。這裡可以將幅值定義為 $\boldsymbol{t}_a^c$ 的中位數、均值或其他能夠表徵 $\boldsymbol{t}_a^c$ 所攜帶資訊量大小的一種算子，並將其記為 $f(\boldsymbol{t}_a^c)$。選擇其中一個狀態等級的幅值，如 $f(\boldsymbol{t}_a^C)$，作為參考，分別計算其餘等級幅值相對於 $f(\boldsymbol{t}_a^C)$ 的比值，即

$$\eta^c=f(\boldsymbol{t}_a^c)/f(\boldsymbol{t}_a^C), c=1,2,\cdots,C-1 \tag{4-3}$$

在給定的參數 $\varphi(0<\varphi<1)$ 下，如果滿足條件：

$$1-\varphi\leqslant\eta^1,\eta^2,\cdots,\eta^{C-1}\leqslant 1+\varphi \tag{4-4}$$

則認為 $f(\boldsymbol{t}_a^1), f(\boldsymbol{t}_a^2), \cdots, f(\boldsymbol{t}_a^C)$ 近似相等，說明沿基向量 $\boldsymbol{p}_{g,a}$ 的方向上的過程資訊為各個狀態等級的共同過程資訊，不能起到區分運行狀態等級的作用；反之，如果 $\eta^1,\eta^2,\cdots,\eta^{C-1}$ 的大小相差較遠，無法滿足上述條件時，則認為 $f(\boldsymbol{t}_a^1), f(\boldsymbol{t}_a^2), \cdots, f(\boldsymbol{t}_a^C)$ 之間是不等的，表示在 $\boldsymbol{p}_{g,a}$ 的方向上，雖然各個狀態等級的過程變量相關關係相同，但過程資訊的幅值顯著不同，仍然屬於等級內 ORI 的一部分，可用於運行狀態評價。φ 是一個鬆弛因子，取值可根據實際的數據情況而定。

上述分析後，可將共同變量相關關係子空間 $\boldsymbol{P}_{g}$ 中的基向量分為兩組，重新編號和命名後構成兩個新的子空間 $\breve{\boldsymbol{P}}_{g}$ 和 $\widetilde{\boldsymbol{P}}_{g}$。$\breve{\boldsymbol{P}}_{g}=[\boldsymbol{p}_{g,(1)},$

$\boldsymbol{p}_{g,(2)},\cdots \boldsymbol{p}_{g,(\breve{A})}]\in R^{J\times\breve{A}}$ 是由 $\boldsymbol{P}_g$ 中使得各個狀態等級過程資訊幅值均相同的 $\breve{A}(\breve{A}\leqslant A)$ 個基向量構成，也是同時蘊含所有狀態等級共同變量相關關係和過程資訊幅值的共同子空間。$\widetilde{\boldsymbol{P}}_g=[\boldsymbol{p}_{g,(1)},\boldsymbol{p}_{g,(2)},\cdots,\boldsymbol{p}_{g,(\widetilde{A})}]\in R^{J\times\widetilde{A}}$ 是由 $\boldsymbol{P}_g$ 中其餘 $\widetilde{A}(\widetilde{A}=A-\breve{A})$ 個攜帶各個狀態等級過程資訊幅值不同的基向量所構成，即透過子空間 $\widetilde{\boldsymbol{P}}_g$ 重構後的過程資訊為各個狀態等級特有的 ORI 的一部分。

至此，每個狀態等級建模數據可以被劃分為三部分：

$$
\begin{aligned}
\boldsymbol{X}^c &=\boldsymbol{X}_g^c+\boldsymbol{X}_s^c \\
&=\boldsymbol{X}^c\breve{\boldsymbol{P}}_g\breve{\boldsymbol{P}}_g^{\mathrm{T}}+\mathrm{X}^c\widetilde{\boldsymbol{P}}_g\widetilde{\boldsymbol{P}}_g^{\mathrm{T}}+\boldsymbol{X}^c(\boldsymbol{I}-\boldsymbol{P}_g\boldsymbol{P}_g^{\mathrm{T}}) \\
&=\hat{\boldsymbol{X}}_g^c+\hat{\boldsymbol{X}}_s^c
\end{aligned}
\tag{4-5}
$$

其中，$\hat{\boldsymbol{X}}_g^c=\boldsymbol{X}^c\breve{\boldsymbol{P}}_g\breve{\boldsymbol{P}}_g^{\mathrm{T}}$ 為狀態等級中 OUI，不能起到區分運行狀態優劣的作用；$\hat{\boldsymbol{X}}_s^c=\boldsymbol{X}^c\widetilde{\boldsymbol{P}}_g\widetilde{\boldsymbol{P}}_g^{\mathrm{T}}+\boldsymbol{X}^c(\boldsymbol{I}-\boldsymbol{P}_g\boldsymbol{P}_g^{\mathrm{T}})$ 為每個狀態等級特有的 ORI 並構成了運行狀態評價的重要依據。

在已經提取的各個狀態等級 ORI，即 $\hat{\boldsymbol{X}}_s^c, c=1,2,\cdots,C$ 的基礎上，透過實施 PCA 以獲得其中的主要過程資訊，去除過程雜訊的影響。具體表示如下：

$$
\hat{\boldsymbol{X}}_s^c=\boldsymbol{T}_s^c\boldsymbol{P}_s^{c\mathrm{T}}+\boldsymbol{E}_s^c \tag{4-6}
$$

其中，$\boldsymbol{P}_s^c\in R^{J\times A^c}$、$\boldsymbol{T}_s^c\in R^{N^c\times A^c}$ 和 $\boldsymbol{E}_s^c\in R^{N^c\times J}$ 分別為 $\hat{\boldsymbol{X}}_s^c$ 的負載矩陣、得分矩陣和殘差矩陣，A^c 為 $\hat{\boldsymbol{X}}_s^c$ 中保留的主成分個數。另外，由於 $\hat{\boldsymbol{X}}_g^c$ 和 $\hat{\boldsymbol{X}}_s^c$ 滿足：

$$
\begin{aligned}
\hat{\boldsymbol{X}}_g^c\hat{\boldsymbol{X}}_s^{c\mathrm{T}} &=\boldsymbol{X}^c\breve{\boldsymbol{P}}_g\breve{\boldsymbol{P}}_g^{\mathrm{T}}(\boldsymbol{X}^c\widetilde{\boldsymbol{P}}_g\boldsymbol{P}_g^{\mathrm{T}}+\boldsymbol{X}^c(\boldsymbol{I}-\boldsymbol{P}_g\boldsymbol{P}_g^{\mathrm{T}}))^{\mathrm{T}} \\
&=\boldsymbol{X}^c\breve{\boldsymbol{P}}_g\breve{\boldsymbol{P}}_g^{\mathrm{T}}(\widetilde{\boldsymbol{P}}_g\widetilde{\boldsymbol{P}}_g^{\mathrm{T}}+\boldsymbol{I}-\boldsymbol{P}_g\boldsymbol{P}_g^{\mathrm{T}})\boldsymbol{X}^{c\mathrm{T}} \\
&=\boldsymbol{X}^c(\breve{\boldsymbol{P}}_g\breve{\boldsymbol{P}}_g^{\mathrm{T}}-\breve{\boldsymbol{P}}_g\breve{\boldsymbol{P}}_g^{\mathrm{T}}\boldsymbol{P}_g\boldsymbol{P}_g^{\mathrm{T}})\boldsymbol{X}^{c\mathrm{T}} \\
&=\boldsymbol{X}^c(\breve{\boldsymbol{P}}_g\breve{\boldsymbol{P}}_g^{\mathrm{T}}-\breve{\boldsymbol{P}}_g\breve{\boldsymbol{P}}_g^{\mathrm{T}})\boldsymbol{X}^{c\mathrm{T}} \\
&=\boldsymbol{0}
\end{aligned}
\tag{4-7}
$$

且 $\boldsymbol{P}_s^c=\hat{\boldsymbol{X}}_s^{c\mathrm{T}}\boldsymbol{T}_s^c\ (\boldsymbol{T}_s^{c\mathrm{T}}\boldsymbol{T}_s^c)^{-1}\in R^{J\times A^c}$，因此得分矩陣 $\boldsymbol{T}_s^c$ 可透過如下方式計算：

$$
\begin{aligned}
\boldsymbol{T}_s^c &=\hat{\boldsymbol{X}}_s^c\boldsymbol{P}_s^c \\
&=(\boldsymbol{X}^c-\hat{\boldsymbol{X}}_g^c)\boldsymbol{P}_s^c
\end{aligned}
$$

$$
\begin{aligned}
&= \boldsymbol{X}^c \boldsymbol{P}_s^c - \widehat{\boldsymbol{X}}_g^c \boldsymbol{P}_s^c \\
&= \boldsymbol{X}^c \boldsymbol{P}_s^c - \widehat{\boldsymbol{X}}_g^c \widehat{\boldsymbol{X}}_s^{c\mathrm{T}} \boldsymbol{T}_s^c (\boldsymbol{T}_s^{c\mathrm{T}} \boldsymbol{T}_s^c)^{-1} \\
&= \boldsymbol{X}^c \boldsymbol{P}_s^c
\end{aligned} \tag{4-8}
$$

由式(4-8) 可知，得分矩陣 $\boldsymbol{T}_s^c$ 可由原始數據 $\boldsymbol{X}^c$ 直接向 $\boldsymbol{P}_s^c$ 投影得到。ORI 的提取過程如圖 4-2 所示。

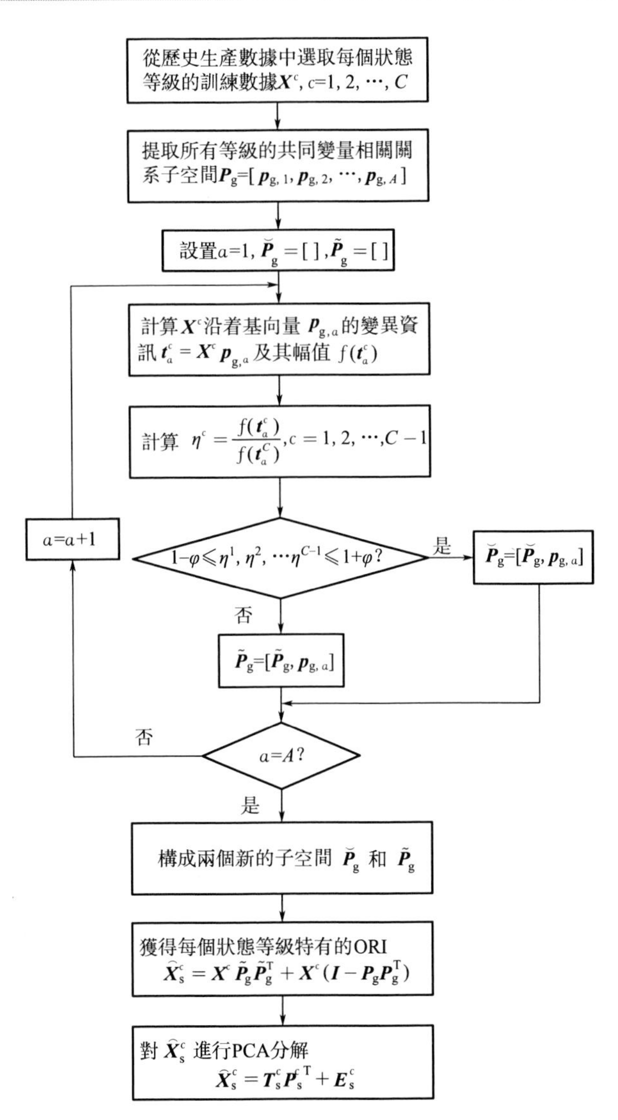

圖 4-2 優性相關過程資訊提取流程

4.2.3 基於優性相關資訊的過程運行狀態在線評價

在線評價中，由於單一採樣無法充分地反映過程運行狀態發展變化且易受過程雜訊影響，這裡引入一個寬度為 L 的滑動窗口作為在線評價的基本分析單位。計算在線數據中 ORI 與各個狀態等級歷史數據的 ORI 的相似度，利用相似度構造評價指標，並根據評價指標的大小及變化趨勢即時評價當前過程的運行狀態。基於優性相關資訊的詳細在線評價及非優原因追溯步驟如下。

① 構造時刻 k 時的滑動數據窗口 $\boldsymbol{X}_k=[\boldsymbol{x}(k-L+1),\cdots,\boldsymbol{x}(k)]^{\mathrm{T}}$。

② 利用各個狀態等級建模數據均值和標準差分別對 $\boldsymbol{X}_k$ 進行標準化處理，並將標準化後的 $\boldsymbol{X}_k$ 及其均值向量分別記為 $\boldsymbol{X}_k^c=[\boldsymbol{x}^c(k-L+1),\cdots,\boldsymbol{x}^c(k)]^{\mathrm{T}}$ 和 $\overline{\boldsymbol{x}}_k^c=\sum\limits_{l=k-L+1}^{k}\boldsymbol{x}^c(l)/L$。

③ 計算 $\overline{\boldsymbol{x}}_k^c$ 的得分向量：

$$\boldsymbol{t}_k^c=\overline{\boldsymbol{x}}_k^{c\mathrm{T}}\boldsymbol{P}_{\mathrm{s}}^c \tag{4-9}$$

④ 計算在線數據 ORI 與狀態等級 c 中 ORI 的距離 d_k^c：

$$d_k^c=\|\boldsymbol{t}_k^c-\overline{\boldsymbol{t}}_{\mathrm{s}}^c\|^2 \tag{4-10}$$

其中，$\overline{\boldsymbol{t}}_{\mathrm{s}}^c=\sum\limits_{n=1}^{N^c}\boldsymbol{t}_{\mathrm{s}}^c(n)/N^c$ 為 $\boldsymbol{T}_{\mathrm{s}}^c$ 的均值向量；$\boldsymbol{t}_{\mathrm{s}}^c(n)$ 是矩陣 $\boldsymbol{T}_{\mathrm{s}}^c$ 中的第 n 行。

根據 PCA 性質可知，$\overline{\boldsymbol{t}}_{\mathrm{s}}^c=\boldsymbol{0}$。因此，$d_k^c$ 可以簡化為如下形式：

$$d_k^c=\|\boldsymbol{t}_k^c\|^2 \tag{4-11}$$

構造評價指標 γ_k^c，即

$$\gamma_k^c=\begin{cases}\dfrac{\dfrac{1}{d_k^c}}{\sum\limits_{c=1}^{C}\dfrac{1}{d_k^c}}, & \text{如果 } d_k^c\neq 0\\ 1, \quad \text{且 } \gamma_k^q=0(q=1,2,\cdots,C,q\neq c), & \text{如果 } d_k^c=0\end{cases} \tag{4-12}$$

且滿足 $\sum\limits_{c=1}^{C}\gamma_k^c=1$，$0\leqslant\gamma_k^c\leqslant 1$。

⑤ 利用本書 3.2.3 節所提出的在線評價規則，根據評價指標的大小及變化趨勢對過程運行狀態進行即時評價。

4.2.4 基於變量貢獻率的非優原因追溯

變量貢獻率的方法已被廣泛應用於故障變量隔離及故障原因分析等領域[17-19]。這裡借用該思想方法進行非優原因的追溯，即：貢獻率較大的變量即為導致過程運行狀態非優的主要因素。當過程運行狀態非優時，以狀態等級優，即 c^* 為參考，分別計算各個過程變量相對於評價指標 $\gamma_k^{c^*}$ 的貢獻率。將 $d_k^{c^*}$ 重新表示為

$$d_k^{c^*}=\left\|\boldsymbol{t}_k^{c^*}\right\|^2=\left\|\overline{\boldsymbol{x}}_k^{c^*\mathrm{T}}\boldsymbol{P}_\mathrm{s}^{c^*}\right\|^2=\left\|\sum_{j=1}^{J}\overline{x}_{k,j}^{c^*}\boldsymbol{p}_{\mathrm{s},j}^{c^*}\right\|^2 \tag{4-13}$$

其中，$\overline{x}_{k,j}^{c^*}$ 是 $\overline{\boldsymbol{x}}_k^{c^*}$ 的第 j 個變量，$\boldsymbol{p}_{\mathrm{s},j}^{c^*}$ 為 $\boldsymbol{P}_\mathrm{s}^{c^*}$ 的第 j 個列向量。那麼，變量 j 對 $\gamma_k^{c^*}$ 的貢獻定義如下：

$$\mathrm{Contr}_j^{\mathrm{raw}}=\left\|\overline{x}_{k,j}^{c^*}\boldsymbol{p}_{\mathrm{s},j}^{c^*}\right\|^2 \tag{4-14}$$

然後，根據貢獻定義變量貢獻率為

$$\mathrm{Contr}_j=\frac{\mathrm{Contr}_j^{\mathrm{raw}}}{\overline{C}_j} \tag{4-15}$$

其中，$\overline{C}_j=\dfrac{\sum_{n=1}^{N^{c^*}}\left\|x_j^{c^*}(n)\boldsymbol{p}_{\mathrm{s},j}^{c^*}\right\|^2}{N^{c^*}}$ 為狀態等級優中全部建模數據中第 j 個變量的貢獻的均值，$j=1,2,\cdots,J$；$x_j^{c^*}(n)$ 為 $\boldsymbol{X}^{c^*}$ 中第 n 個樣本的第 j 個變量，$n=1,2,\cdots,N^{c^*}$。貢獻率較大者對應的變量即為導致過程運行狀態非優的原因變量。

4.3 氰化浸出工序中的應用研究

4.3.1 實驗設計和建模數據

本章中，基於最優性相關資訊的過程運行狀態在線評價方法仍然透過氰化浸出工序加以驗證。氰化浸出工序的基本工作原理[20] 可參見本書 3.3.1 節。用於離線建模的過程變量參見表 4-1。由過程知識可知，氰化鈉流量、礦漿濃度、空氣流量和溶解氧濃度等與過程運行狀態的發展變化密切相關；同時，為了引入與過程運行狀態優性無關的過程資訊，

增加了各個浸出槽的液位。

根據專家知識，生產過程可劃分為三個狀態等級，即一般、良和優，並分別用 1，2，3 進行標記。從歷史生產數據中分別選取各個狀態等級過程數據並構成建模數據集 $\boldsymbol{X}^1$、$\boldsymbol{X}^2$ 和 $\boldsymbol{X}^3$，其中每個狀態等級包含 450 個樣本，採樣間隔為 1min。設置鬆弛因子 $\varphi=0.1$，將得分向量的均值作為其幅值，以衡量不同狀態等級數據在各個基向量方向上的過程資訊的大小，提取各個狀態等級中 ORI，並建立相應的評價模型 $\boldsymbol{P}_\mathrm{s}^1$、$\boldsymbol{P}_\mathrm{s}^2$ 和 $\boldsymbol{P}_\mathrm{s}^3$。

表 4-1　用於氰化浸出工序運行狀態評價的過程變量

序號	變量名稱	序號	變量名稱
1	浸出槽 1 礦漿濃度(%)	9	浸出槽 1 溶解氧濃度(mg/L)
2	浸出槽 1 氰化鈉流量(mL/min)	10	浸出槽 1 氰根離子濃度(mg/L)
3	浸出槽 2 氰化鈉流量(mL/min)	11	浸出槽 4 氰根離子濃度(mg/L)
4	浸出槽 4 氰化鈉流量(mL/min)	12	氰化氫氣體濃度(mg/L)
5	浸出槽 1 空氣流量(m^3/h)	13	浸出槽 1 液位(m)
6	浸出槽 2 空氣流量(m^3/h)	14	浸出槽 2 液位(m)
7	浸出槽 3 空氣流量(m^3/h)	15	浸出槽 3 液位(m)
8	浸出槽 4 空氣流量(m^3/h)	16	浸出槽 4 液位(m)

4.3.2 演算法驗證及討論

本書針對實際過程中存在的兩種不同情況，分別驗證基於優性相關資訊的評價方法的有效性。第一種情況是過程運行狀態為優時，浸出槽 1 液位（變量 13）在安全生產範圍內逐漸增加。實際生產中，浸出槽除了為氰化浸出反應提供載體外，還起到對不同來料量的緩衝作用。因此，對各個浸出槽的液位進行即時測量能夠及時發現並有效防止因上游來料量過多而導致的冒槽事故，而液位的高低並不會影響反應的進行以及過程運行狀態的優劣，實際生產過程中也確實如此。所以，可以認為因浸出槽液位在安全範圍內的升高導致的過程資訊的變化屬於 OUI 的改變，並不會影響過程的實際運行狀態。第二種情況是，當過程運行狀態為優時，由於人為操作失誤導致浸出槽 1 氰化鈉流量（變量 2）逐漸減少並偏離其最優設定值。因為氰化鈉流量的準確與否直接影響到金的浸出率並最終影響企業的綜合經濟效益，所有有理由認為因氰化鈉流量減少導致的過程資訊的變化屬於 ORI 的改變，而這種改變使得過程運行狀態轉變為非優。上述兩種情況中，過程運行狀態的發展趨勢均為由一般到良再由良轉換到優等級，且在發生上述兩種情況之前的導致非優運行狀態的原因均為浸出槽 4 氰化鈉流量（變量 4）低於最優設定值。從歷史生產數據中選取 3600 個樣本作為測試數據，且每種情況下均發生於第 3001 個採樣時刻之後直至仿真結束。根據過程知識和專家經驗，在線評價中所需的相關參數設置如下：$L=35$，$z=5$，$\delta=0.85$。

作為比較，將基於 PCA 的評價方法同樣應用於上述兩種情況中。圖 4-3～圖 4-7 分別展示了第一種情況下基於優性相關資訊和 PCA 的在線評價和非優原因追溯結果。從圖 4-3 和圖 4-4 可以看出，在第 3001 採樣時刻之前，基於優性相關資訊和 PCA 的在線評價結果非常相似，而在此之後，評價結果卻出現了明顯的差異。表 4-2 中給出了兩種評價方法與實際過程運行情況的詳細對比結果。從表中可以看出，在第 3001 採樣時刻之前，基於優性相關資訊和 PCA 的在線評價結果都與實際情況近乎一致，但本章提出的基於優性相關資訊的評價方法能夠比基於 PCA 的評價方法更早地捕捉到實際過程運行狀態的變化，因而獲得了更為準確的在線評價結果。從第 3001 採樣時刻開始，儘管浸出槽 1 的液位升高，基於優性相關資訊的評價方法仍然能夠不受其影響而給出正確的評價結果；然而，基於 PCA 的評價方法卻在第 3208 採樣時刻之後出現了明顯的誤判。根據表 4-2 中評價結果，可以進一步計算出第一種情況下兩種評價方法的在線評價結果的準確率，即評價結果與實際情況一致的測試樣本數與總測試樣本數的百分比。基於優性相關資訊的評價結果的準確率高達 97.1%，而基於 PCA 的評價結果的準確率只有 84.3%。由此可以得出結論：針對生產過程中 OUI 的改變，基於優性相關資訊的評價方法比基於 PCA 的評價方法具有更強的魯棒性。

表 4-2　基於 PCA 和 ORI 的評價結果與實際情況的對比

運行狀態	實際情況	基於 PCA 的評價	基於優性相關資訊的評價
一般	1～1000	1～1071	1～1058
一般向良的轉換	1001～1300	1072～1323	1059～1308
良	1301～2300	1324～2373	1309～2339
良向優的轉換	2301～2600	2374～2605	2340～2601
優	2601～3600	2606～3207	2602～3600
優向良的轉換	—	3208～3600	—

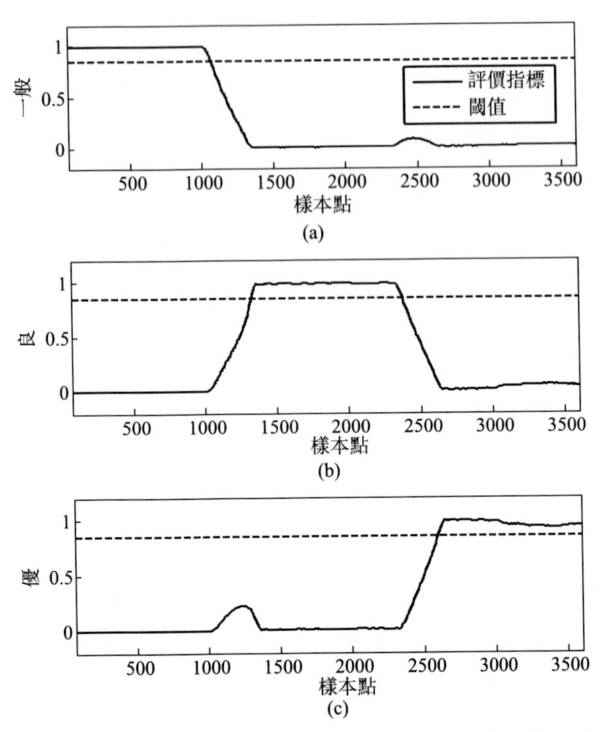

(a)

(b)

(c)

圖 4-3　情況 1 中基於優性相關資訊的狀態評價方法在一般、良以及優狀態等級下的評價指標

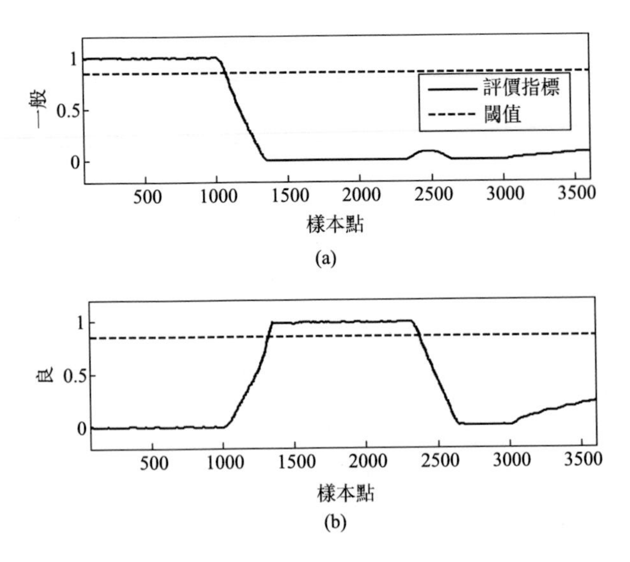

(a)

(b)

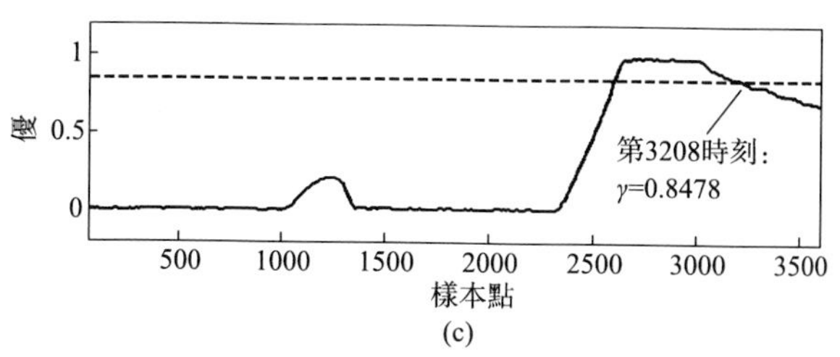

圖 4-4 情況 1 中基於 PCA 的狀態評價方法在一般、良以及優狀態等級下的評價指標

對於過程運行狀態等級為一般的情況，兩種評價方法的非優原因追溯結果如圖 4-5 和圖 4-6 所示。從圖中可以看出，浸出槽 4 氰化鈉流量（變量 4）和浸出槽 4 氰根離子濃度（變量 11）對評價指標的貢獻率明顯大於其他變量的貢獻率。根據過程知識可知，氰化鈉流量為實際可操作變量，而氰根離子濃度則直接受氰化鈉流量的影響。因此，可以斷定浸出槽 4 氰化鈉流量為實際的非優原因變量，追溯結果與實際情況相符。圖 4-7 為第 3208 採樣時刻基於 PCA 的非優原因追溯結果，從中可以看出，具有較大貢獻率的浸出槽 1 液位（變量 13）為非優原因變量。這個非優原因追溯結果恰恰也從另一個側面反映出，在 OUI 發生改變時，基於 PCA 的評價結果是有誤的，因為浸出槽液位的正常波動並不會影響實際過程的運行狀態。

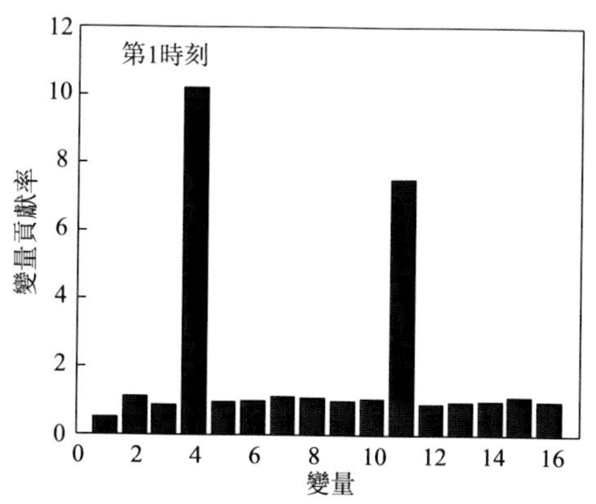

圖 4-5 情況 1 中基於優性相關資訊的非優原因追溯結果：第 1 採樣時刻變量貢獻率圖

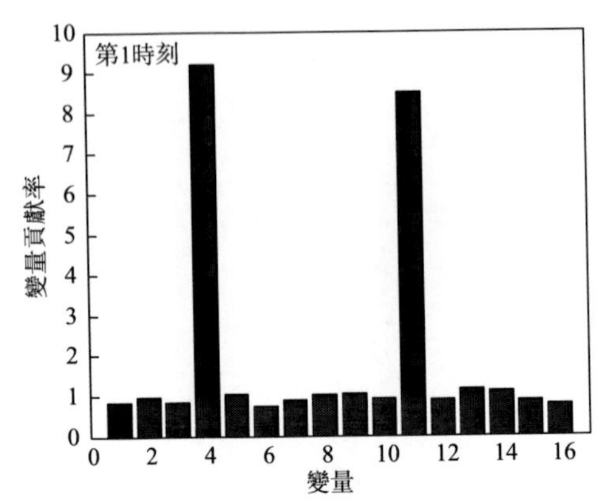

圖 4-6　情況 1 中基於 PCA 的評價非優原因追溯結果：
第 1 採樣時刻變量貢獻率圖

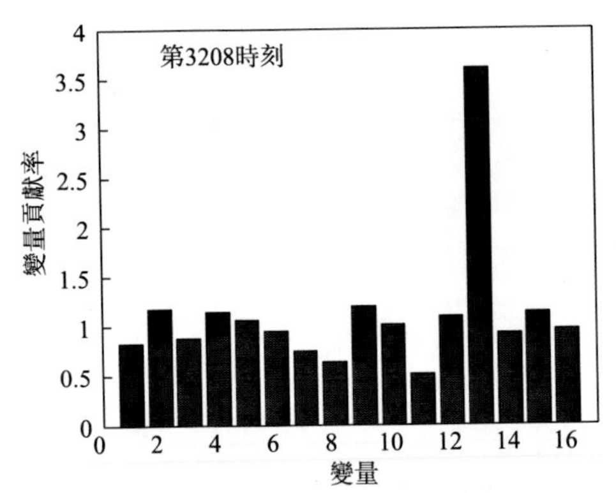

圖 4-7　情況 1 中基於 PCA 的評價非優原因追溯結果：
第 3208 採樣時刻變量貢獻率圖

針對第二種情況，圖 4-8 和圖 4-9 中分別展示了基於優性相關資訊和 PCA 的在線評價結果。從圖 4-8 和圖 4-9 可以看出，對於 ORI 的改變，兩種評價方法均能夠獲得正確的在線評價結果。究其原因，可以歸結為：儘管基於優性相關資訊和 PCA 的評價方法是以不同目的為驅動來提取過程資訊的，過程數據中的主要過程資訊仍然蘊含於它們所提出的資訊中，從而確保了評價結果的準確性。然而，基於優性相關資訊的評價方法從第 3160 個採樣時刻判斷出過程運行狀態由優轉化為非優，而基於 PCA 的評價則從第 3196 個採樣時刻才識別出過程運行狀態的這種轉變。也就是說，對於 ORI 的改變，本書提出的基於優性相關資訊的評價比基於

PCA 的評價方法具有更高的敏感性，並能夠更早地捕捉到運行狀態的變化。

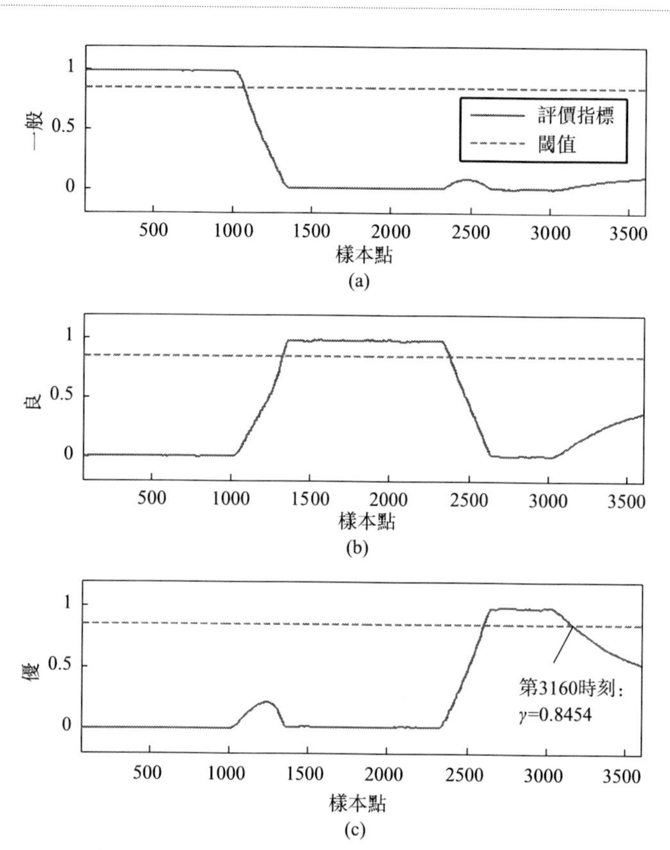

圖 4-8　情況 2 中基於最優性相關資訊的狀態評價方法在一般、良以及優狀態等級下的評價指標

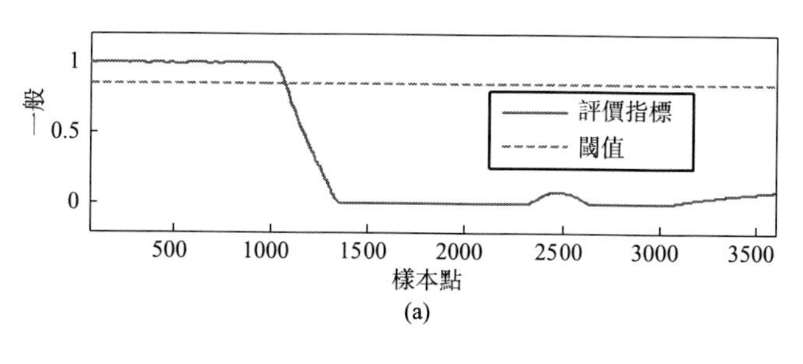

圖 4-9

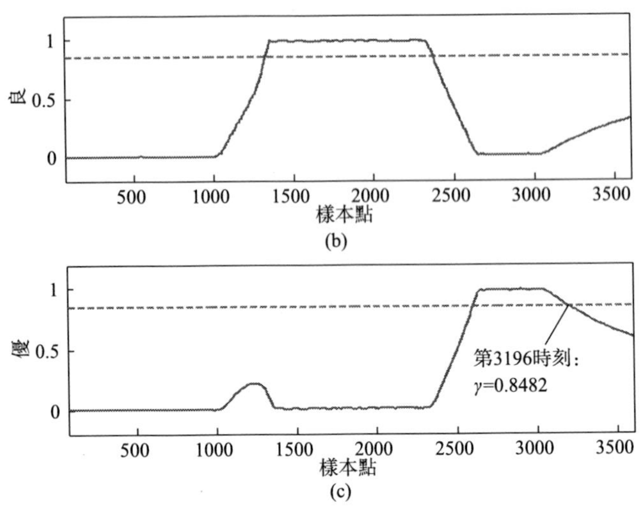

圖 4-9 情況 2 中基於 PCA 的狀態評價方法在一般、良以及優狀態等級下的評價指標

由於浸出槽 1 氰化鈉添加量減少而導致的運行狀態非優的追溯結果如圖 4-10 和圖 4-11 所示。從圖 4-10 中可以看出，浸出槽 1 氰化鈉添加量（變量 2），浸出槽 1 氰根離子濃度（變量 10）以及浸出槽 4 氰根離子濃度（變量 11）對評價指標的貢獻率明顯大於其他變量的貢獻率，而在圖 4-11 中的情況也是類似的。因此，可以確定浸出槽 1 氰化鈉添加量是導致運行狀態非優的原因變量，這個追溯結果與實際情況是一致的。

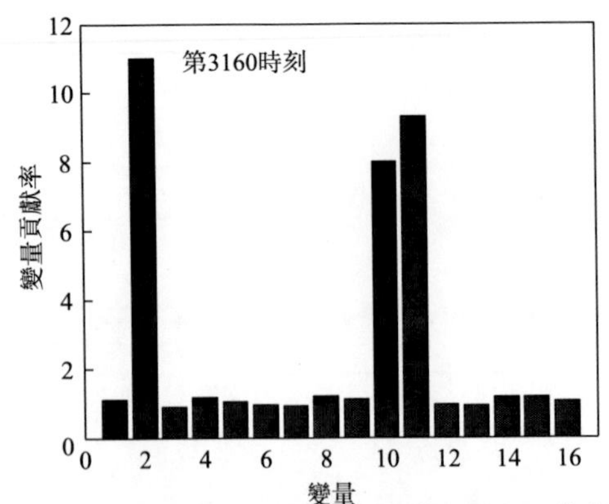

圖 4-10 情況 2 中基於優性相關資訊的非優原因追溯結果：第 3160 時刻變量貢獻率圖

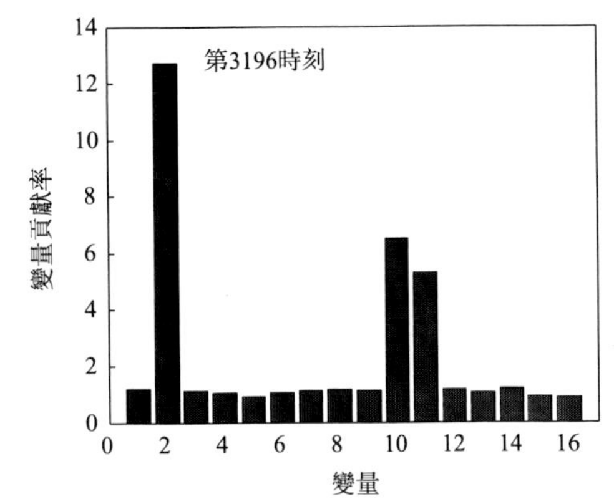

圖 4-11 情況 2 中基於 PCA 的非優原因追溯結果：
第 3196 採樣時刻變量貢獻率圖

透過對比兩種方法在兩種不同的實際生產情況的評價結果，可以得出結論：相比基於 PCA 的運行狀態評價方法，本章提出的基於優性相關資訊的評價對於過程中 OUI 的改變具有更強的魯棒性並且對於 ORI 的改變具有更高的敏感性，從而有力地確保了評價結果的準確性和可靠性。

附錄 組間共性分析演算法

為了分析多個數據集合所包含的相同變量相關關係，Zhao 等人[9]提出了 MsPCA 方法。該方法的基本思想是以所有數據集合作為共同的分析目標，提取出一組基向量，這些基向量與每個集合自身的子基向量都具有較強的相關關係，從而將其作為所有集合共享的基向量，或稱為共同基向量，它們可以近似地表示每個數據集合內變量之間的相關關係。

假設共有 C 個數據集，$\boldsymbol{X}^c=[\boldsymbol{x}^c(1),\boldsymbol{x}^c(2),\cdots,\boldsymbol{x}^c(N^c)]^{\mathrm{T}}\in R^{N^c\times J}$，$c=1,2,\cdots,C$ 表示其中第 c 個數據集，N^c 和 J 分別表示集合 c 中的樣本數和過程變量數。分別對每個數據集進行標準化預處理，且標準化後的數據仍用 $\boldsymbol{X}^c$ 表示。每個集合中的數據都可以由一組子基向量所表示，不同集合的子基向量之間可以非常相似或密切相關。每一個子基向量實際上可以由其所在集合內的原始樣本的線性組合來表示。將第 c 個集合 $\boldsymbol{X}^c$ 中的第 j 個子基向量記為 $\boldsymbol{p}_j^c \in R^{J\times 1}$，則存在線性組合係數 $\boldsymbol{\alpha}_j^c = [\alpha_j^c(1),\alpha_j^c(2),\cdots,\alpha_j^c(N_c)]^{\mathrm{T}}$，使得

$$\boldsymbol{p}_j^c = \sum_{n=1}^{N^c} \alpha_j^c(n)\boldsymbol{x}^c(n) = \boldsymbol{X}^{c\mathrm{T}}\boldsymbol{\alpha}_j^c \tag{4-16}$$

為了化簡評價集合之間變量相關關係的過程，引入一個共同基向量，記為 $\boldsymbol{p}_{\mathrm{g}} \in R^{J\times 1}$，可以認為它是第（$C+1$）組子基向量中的一員，且與其他 C 組子基向量具有密切的相關關係。進而，求解共同基向量 $\boldsymbol{p}_{\mathrm{g}}$ 的問題可以描述為如下有約束的優化問題：

$$\max R^2 = \max \sum_{c=1}^{C} (\boldsymbol{p}_{\mathrm{g}}^{\mathrm{T}} X^{c\mathrm{T}} \boldsymbol{\alpha}^c)^2$$
$$\text{s. t.} \begin{cases} \boldsymbol{p}_{\mathrm{g}}^{\mathrm{T}}\boldsymbol{p}_{\mathrm{g}} = 1 \\ \boldsymbol{\alpha}^{c\mathrm{T}}\boldsymbol{X}^c\boldsymbol{X}^{c\mathrm{T}}\boldsymbol{\alpha}^c = 1 \end{cases} \tag{4-17}$$

根據上式構造拉格朗日函數如下：

$$F(\boldsymbol{p}_{\mathrm{g}},\boldsymbol{\alpha}^c,\lambda_{\mathrm{g}},\lambda^c) = \sum_{c=1}^{C}(\boldsymbol{p}_{\mathrm{g}}^{\mathrm{T}}\boldsymbol{X}^{c\mathrm{T}}\boldsymbol{\alpha}^c)^2 - \lambda_{\mathrm{g}}(\boldsymbol{p}_{\mathrm{g}}^{\mathrm{T}}\boldsymbol{p}_{\mathrm{g}} - 1) - \sum_{c=1}^{C}\lambda^c(\boldsymbol{\alpha}^{c\mathrm{T}}\boldsymbol{X}^c\boldsymbol{X}^{c\mathrm{T}}\boldsymbol{\alpha}^c - 1) \tag{4-18}$$

其中，λ_{g} 和 λ^c 為常數標量。式(4-18) 將原始的優化問題轉換為無約束極值問題。經過一系列的推導和計算（這裡省略，詳見文獻［9］），最終獲得求解優化問題 (4-17) 解析解的表達式：

$$\sum_{c=1}^{C}(\boldsymbol{X}^{c\mathrm{T}}(\boldsymbol{X}^c\boldsymbol{X}^{c\mathrm{T}})^{-1}\boldsymbol{X}^c)\boldsymbol{p}_{\mathrm{g}} = \lambda_{\mathrm{g}}\boldsymbol{p}_{\mathrm{g}} \tag{4-19}$$

其中，最大特徵值對應的特徵向量即為第一個共同基向量 $\boldsymbol{p}_{\mathrm{g}}$。

進而，每個數據集中的第一個子基向量可以透過如下計算方式得到：

$$\boldsymbol{p}^c = \boldsymbol{X}^{c\mathrm{T}}\boldsymbol{\alpha}^c = \frac{1}{\sqrt{\lambda^c}}\boldsymbol{X}^{c\mathrm{T}}(\boldsymbol{X}^c\boldsymbol{X}^{c\mathrm{T}})^{-1}\boldsymbol{X}^c\boldsymbol{p}_{\mathrm{g}} \tag{4-20}$$

其中，$\lambda^c = \boldsymbol{p}_{\mathrm{g}}^{\mathrm{T}}\boldsymbol{X}^{c\mathrm{T}}(\boldsymbol{X}^c\boldsymbol{X}^{c\mathrm{T}})^{-1}\boldsymbol{X}^c\boldsymbol{p}_{\mathrm{g}}$。

式(4-19) 中第二大的特徵值對應的特徵向量即為第二個共同基向量，且其與第一個共同基向量正交。以此類推，非零特徵值所對應的特徵向量均為共同基向量。然而，在實際生產中，$\boldsymbol{X}^c$ 中的樣本通常是高維且高度相關的，使得 $\mathrm{rank}(\boldsymbol{X}^c\boldsymbol{X}^{c\mathrm{T}}) < N^c$，即 $(\boldsymbol{X}^c\boldsymbol{X}^{c\mathrm{T}})^{-1}$ 不存在。因此，直接對原始數據 $\sum_{c=1}^{C}(\boldsymbol{X}^{c\mathrm{T}}(\boldsymbol{X}^c\boldsymbol{X}^{c\mathrm{T}})^{-1}\boldsymbol{X}^c)$ 作特徵值分解很難獲得準確

結果。

為了解決上述問題，MsPCA 方法中兩個步驟分別採用不同的代價函數和約束條件。

將第一步中的共同基向量記為 $\overline{\boldsymbol{p}}_{\mathrm{g}}$，構造如下代價函數：

$$
\max R^2 = \max \sum_{c=1}^{C} (\overline{\boldsymbol{p}}_{\mathrm{g}}^{\mathrm{T}} \boldsymbol{X}^{c\mathrm{T}} \overline{\boldsymbol{\alpha}}^{c})^2
$$

$$
\text{s. t.} \begin{cases} \overline{\boldsymbol{p}}_{\mathrm{g}}^{\mathrm{T}} \overline{\boldsymbol{p}}_{\mathrm{g}} = 1 \\ \overline{\boldsymbol{\alpha}}^{c\mathrm{T}} \overline{\boldsymbol{\alpha}}^{c} = 1 \end{cases} \tag{4-21}
$$

由於式(4-21) 中將組合係數 $\overline{\boldsymbol{\alpha}}^{c}$ 約束為單位長度，因此在第一步的基向量提取中，實際上是在刻畫子基向量 $\boldsymbol{X}^{c\mathrm{T}}\overline{\boldsymbol{\alpha}}^{c}$ 與共同基向量 $\overline{\boldsymbol{p}}_{\mathrm{g}}$ 之間的共變異數關係。需要注意的是共變異數資訊的最大化並不一定表示相關性最強，因為當子基向量自身的方差較大時，同樣能夠使得基向量之間的共變異數增大。

透過構造拉格朗日函數，式(4-19) 中的優化問題最終歸結為求解一個標準的代數問題：

$$
\sum_{c=1}^{C} (\boldsymbol{X}^{c\mathrm{T}} \boldsymbol{X}^{c}) \overline{\boldsymbol{p}}_{\mathrm{g}} = \overline{\lambda}_{\mathrm{g}} \overline{\boldsymbol{p}}_{\mathrm{g}} \tag{4-22}
$$

相應地，每個數據集的子基向量可以表示為

$$
\overline{\boldsymbol{p}}^{c} = \boldsymbol{X}^{c\mathrm{T}} \overline{\boldsymbol{\alpha}}^{c} = \frac{1}{\sqrt{\overline{\lambda}^{c}}} \boldsymbol{X}^{c\mathrm{T}} \boldsymbol{X}^{c} \overline{\boldsymbol{p}}_{\mathrm{g}} \tag{4-23}
$$

其中，$\overline{\lambda}^{c} = \overline{\boldsymbol{p}}_{\mathrm{g}}^{\mathrm{T}} \boldsymbol{X}^{c\mathrm{T}} X^{c} \overline{\boldsymbol{p}}_{\mathrm{g}}$。$\overline{R}$ 個子基向量張成了一個新的子空間 $\overline{\boldsymbol{P}}^{c} = [\overline{\boldsymbol{p}}_{1}^{c}, \overline{\boldsymbol{p}}_{2}^{c}, \cdots, \overline{\boldsymbol{p}}_{\overline{R}}^{c}] \in R^{J \times \overline{R}}$，等價於從原始的 N^{c} 個觀測樣本中選出 $\overline{R}$ 個代表，並保持變量維數固定不變。

第二步中的代價函數如式(4-17) 所示。用第一步提取的各個集合的子基向量集合 $\overline{\boldsymbol{P}}^{c\mathrm{T}}$ 代替式(4-21) 中的原始數據 $\boldsymbol{X}^{c}$，從而確保矩陣 $\overline{\boldsymbol{P}}^{c\mathrm{T}} \overline{\boldsymbol{P}}^{c}$ 的可逆性。至此，共同基向量的提取過程便轉化為如下簡單的求解特徵方程的過程：

$$
\sum_{c=1}^{C} (\boldsymbol{X}^{c\mathrm{T}} \boldsymbol{X}^{c} \overline{\boldsymbol{P}}_{\mathrm{g}} (\overline{\boldsymbol{P}}_{\mathrm{g}}^{\mathrm{T}} \boldsymbol{X}^{c\mathrm{T}} \boldsymbol{X}^{c} \boldsymbol{X}^{c\mathrm{T}} \boldsymbol{X}^{c} \overline{\boldsymbol{P}}_{\mathrm{g}})^{-1} \overline{\boldsymbol{P}}_{\mathrm{g}}^{\mathrm{T}} \boldsymbol{X}^{c\mathrm{T}} \boldsymbol{X}^{c}) \boldsymbol{p}_{\mathrm{g}} = \lambda_{\mathrm{g}} \boldsymbol{p}_{\mathrm{g}} \tag{4-24}
$$

所有共同基向量 $\boldsymbol{p}_{\mathrm{g}}$ 構成了最終的共同變量相關關係子空間 $\boldsymbol{P}_{\mathrm{g}} = [\boldsymbol{p}_{\mathrm{g},1}, \boldsymbol{p}_{\mathrm{g},2}, \cdots, \boldsymbol{p}_{\mathrm{g},\widetilde{R}}] \in R^{J \times \widetilde{R}}$。這些共同基向量注重於收集多個數據集之間共同的潛在變量相關關係，而非單獨地重述每個集合自身的數據資訊。

參考文獻

[1] LIU Y, CHANG Y, WANG F. Online process operating performance assessment and nonoptimal cause identification for industrial processes [J]. Journal of Process Control, 2014, 24 (10): 1548-1555.

[2] LIU Y, WANG F, CHANG Y. Online fuzzy assessment of operating performance and cause identification of nonoptimal grades for industrial processes [J]. Industrial & Engineering Chemistry Research, 2013, 52(50): 18022-18030.

[3] 王惠文. 偏最小二乘迴歸方法及其應用 [M]，北京：國防工業出版社，1999.

[4] WOLD S, ESBENSEN K, GELADI P. Principal component analysis [J]. Chemometrics & Intelligent Laboratory Systems, 1987, 2(1): 37-52.

[5] TONG H, CROWE C M. Detection of gross errors in data reconciliation by principal component analysis[J]. AIChE Journal, 2010, 41(7): 1712-1722.

[6] WANG H, SONG Z, LI P. Fault detection behavior and performance analysis of principal component analysis based process monitoring methods [J]. Industrial & Engineering Chemistry Research, 2002, 41(10): 2455-2464.

[7] MNASSRI B, ADEL E M E, Ouladsine M. Reconstruction-based contribution approaches for improved fault diagnosis using principal component analysis [J]. Journal of Process Control, 2015, 33: 60-76.

[8] QIN S J, VALLE S, PIOVOSO M J. On unifying multiblock analysis with application to decentralized process monitoring [J]. Journal of Chemometrics, 2001, 15(15): 715-742.

[9] ZHAO C, GAO F, NIU D, WANG F. A two-step basis vector extraction strategy for multiset variable correlation analysis [J], Chemometrics and Intelligent Laboratory Systems, 2011, 107(1): 147-154.

[10] ZHAO C, YAO Y, GAO F, WANG F. Statistical analysis and online monitoring for multimode processes with between-mode transitions [J]. Chemical Engineering Science, 2010, 65(22): 5961-5975.

[11] ZHOU D, LI G, QIN S J. Total projection to latent structures for process monitoring [J]. AIChE Journal, 2010, 56 (1): 168-178.

[12] ZHAO C, SUN Y. Multispace total projection to latent structures and its application to online process monitoring [J]. IEEE Transactions on Control Systems Technology, 2014, 22(3): 868-883.

[13] LI G, QIN S J, ZHOU D. Output relevant fault reconstruction and fault subspace extraction in total projection to latent structures models[J]. Industrial & Engineering Chemistry Research, 2010, 49(19): 9175-9183.

[14] QIN S J, DUNIA R. Determining the number of principal components for best reconstruction [J]. Journal of Process Control, 2000, 10 (2-3): 245-250.

[15] WOLD S. Cross-validatory estimation of the number of components in factor

and principal components models [J]. Technometrics, 1978, 20(4): 397-405.

[16] MALINOWSKI E R. Factor analysis in chemistry [M]. 3rd ed. New York, USA: Wiley, 2002.

[17] WESTERHUIS J A, GURDEN S P, SMILDE A K. Generalized contribution plots in multivariate statistical process monitoring[J]. Chemometrics and intelligent laboratory systems, 2000, 51(1): 95-114.

[18] LIU J, CHEN D S. Fault isolation using modified contribution plots[J]. Computers & Chemical Engineering, 2014, 61: 9-19.

[19] ZHAO C, WANG W. Efficient faulty variable selection and parsimonious reconstruction modelling for fault isolation [J]. Journal of Process Control, 2016, 38: 31-41.

[20] LIU Y, WANG F L, CHANG Y Q. Reconstruction in integrating fault spaces for fault identification with kernel independent component analysis[J]. Chemical Engineering Research & Design, 2013, 91(6): 1071-1084.

第5章

非高斯多模態過程運行狀態在線評價

在實際工業生產過程中，生產過程經常會出現多個操作工況的情況，即同一個生產過程具有多個穩定工作點，並且不同穩定工作點下過程變量的相關關係不同，這類過程被稱為多模態過程[1]。造成生產過程多模態的原因有很多：可能是原料性質、外界環境、過程負荷等條件的變化或設備磨損等因素，導致過程的操作條件發生變化；或者由於產品類型的改變、過程生產方案變動等原因，導致穩態操作點的調整[2-4]。簡而言之，多模態過程是指一個生產過程包含多個生產模態，且在不同的生產模態下，過程特性具有較大的差異。本書第 3、4 章中提出的過程運行狀態評價方法，本質上都只是針對具有單一生產操作範圍（即一個穩定的生產工況或一個穩定的生產模態）的工業生產過程而言的，無法直接應用於多模態過程。多模態過程的運行狀態評價相比於單一穩定模態的運行狀態評價要複雜得多，因為多模態過程中除了穩定模態運行狀態評價問題之外，還要涉及更多的問題，如新樣本的在線模態識別、過渡模態的運行狀態評價，以及過渡模態的非優原因追溯等。另外，多模態過程的多變量、變量時變性以及模態轉換時間不確定等特點，導致面向多模態生產過程的運行狀態評價及非優原因追溯更具挑戰性。

5.1 概述

多模態過程通常包含穩定模態和過渡模態，其中穩定模態是多模態生產中的主要生產過程，占據了絕大部分生產時間，而過渡模態是兩個穩定模態之間的過渡過程，起到連接不同穩定模態的橋梁作用[1]。因此，令人滿意的穩定模態運行狀態是提高企業綜合經濟指標的保證。由於過渡模態下所生產的產品通常為次品或廢品，並影響企業綜合經濟效益，因此有必要對過渡模態的運行狀態作出即時的評價，以盡可能降低消耗。最近，Ye 等人[5] 針對具有高斯分布特性的多模態生產過程提出了一種機率框架下的高斯過程運行安全性和最優性評價方法。然而，在大部分實際工業過程中，過程數據通常呈現非高斯分布特性，從而限制了該方法在大部分多模態過程中的應用。另外，Ye 等人的方法中，只考慮了穩定模態的運行狀態評價問題，並沒有特別針對具有動態特性的過渡模態提出解決方案；且當運行狀態非優時，只對非優原因進行了定性的分析，並沒有提出一種定量的非優原因追溯方法。

由於過程運行狀態的優劣與綜合經濟指標密切相關，因此可以利用綜合經濟指標直接評價過程的運行狀態優劣。但是，綜合經濟指標在實際過程中難以在線測量，而離線分析又會產生較長時間的滯後，嚴重影響到運行狀態評價的時效性。另外，在實際生產過程中，很多可測的過程變量都與綜合經濟指標關係緊密，能夠反映綜合經濟指標的波動情況，因此可以利用這些可測的過程資訊即時預測綜合經濟指標，並基於綜合經濟指標預測結果實現過程運行狀態的在線評價。本章中，將基於綜合經濟指標預測的思想來構建多模態過程運行狀態評價策略。針對具有非高斯數據分布特性的多模態過程，提出一種新的過程運行狀態評價方法，解決了穩定模態和過渡模態的過程運行狀態評價、新樣本的在線模態識別以及基於定量分析的非優原因追溯等問題。

5.2 基於高斯混合模型的非高斯多模態過程評價建模及運行狀態在線評價

5.2.1 基本思想

研究學者曾指出，許多工業生產過程數據呈現出非高斯分布的特點。另外，在外部環境干擾和人為操作因素的影響下，過程數據中不可避免地帶有隨機性和不確定性。根據機率論中的中心極限定理，在比較寬泛的條件下，N 個獨立隨機數的均值趨近於高斯分布，如果將一個測量值看成是許多隨機獨立因素影響的結果，那麼被測過程變量應漸進地服從高斯分布[6]。因此，混合模型的分量近似服從高斯分布是一個比較合理的假設。基於上述分析，在穩定模態中，可以利用高斯混合模型(GMM)[7-10] 近似描述一個穩定模態建模數據的非高斯分布特性。為了在克服過程隨機性和不確定性的同時準確地刻畫過程變量與綜合經濟指標之間複雜的相關關係，在建立的 GMM 的基礎上，利用基於高斯混合模型的高斯過程迴歸方法（GMM-GPR）[11,12] 預測當前過程所對應的綜合經濟指標，從而建立各個穩定模態的評價模型。

不同於具有穩定過程特性的穩定模態[13]，過渡模態中過程變量通常呈現出動態特性，並且同一種過渡模態會隨著狀態等級的不同而呈現不同的動態特性。針對這些多時段或多模態過程，研究學者們很早就提出了一些品質預測方法，如多向獨立成分迴歸（MICR）[14] 和多向偏最小二乘（MPLS）[15]，並將其應用於實際過程中，但這些方法都無法處理過程數據的不等長問題。雖然可以透過對數據的同步化處理避免不等長問題的發生，但在同步化過程中原始的過程資訊可能會丟失、扭曲或引入額外的干擾資訊，從而降低預測結果的準確性以及評價模型的可靠性。為了避免上述問題，本章針對過渡模態的不同狀態等級建立不同的高斯混合模型，以描述某種狀態等級下過渡數據的非高斯和動態特性。另外，由於具有相同運行狀態的過渡數據通常對應著相近的綜合經濟指標，可以將當前過渡所屬的狀態等級中建模數據的綜合經濟指標平均值作為當前過渡綜合經濟指標的預測結果，從而建立每種過渡模態下不同狀態等級的評價模型。

在多模態過程運行狀態評價中，首先需要解決的問題就是在線模態識別，即確定當前過程所屬的模態類別，然後利用相應模態評價模型對當前過程進行狀態評價。近年來，為了解決這個問題，研究學者們提出了一些在線模態識別方法，這些方法可大致分為兩類：一類是確定性方法[13,16]，另一類是機率性方法[9,17,18]。確定性模態識別方法能夠精確且唯一地識別出當前過程所屬的模態類型。這類方法的優點是當模態識別結果準確時，能夠利用精確的模態資訊輔助在線分析與應用；然而，由於外部環境干擾、雜訊等影響，這種模態識別結果可能存在誤分類的風險，如果模態識別結果有誤，將嚴重影響在線評價結果的有效性。相對而言，機率性的方法則可以有效地避免誤分類問題，因為這類方法同時利用若干個模態資訊的加權和作為在線分析和應用的依據，然而，由於其他不相關模態資訊的引入，在線應用結果的準確性可能會降低。結合上述兩類模態識別方法的優點，本章提出了一種新的基於貝氏推斷的在線模態識別方法。透過引入了一個後驗機率閾值，以此來輔助新樣本的在線模態識別。當新樣本相對於某一個穩定模態或某一個過渡模態下的某個狀態等級的後驗機率大於該閾值時，即可認定新樣本唯一地屬於該模態，從而排除不相關模態資訊對在線應用結果的影響，增強評價結果的可靠性；反之，若所有的後驗機率值都小於閾值，則認為過程運行於穩定模態與過渡模態或同一過渡模態下不同狀態等級之間的模糊區域，用後驗機率作為權重係數，將若干與當前過程相關的模態資訊的加權和作為在線應用時的參考依據，從而有效地避免誤分類並確保評價結果的準確性。

在線評價中，根據在線模態識別結果，調用相應的評價模型，並利用綜合經濟指標預測結果構造一個便於應用的評價指標，實現過程運行狀態的在線評價。當過程運行狀態非優時，分別針對穩定模態和過渡模態提出了基於變量貢獻率的非優原因追溯方法。多模態過程的離線建模和在線評價方法總體框圖見圖 5-1。

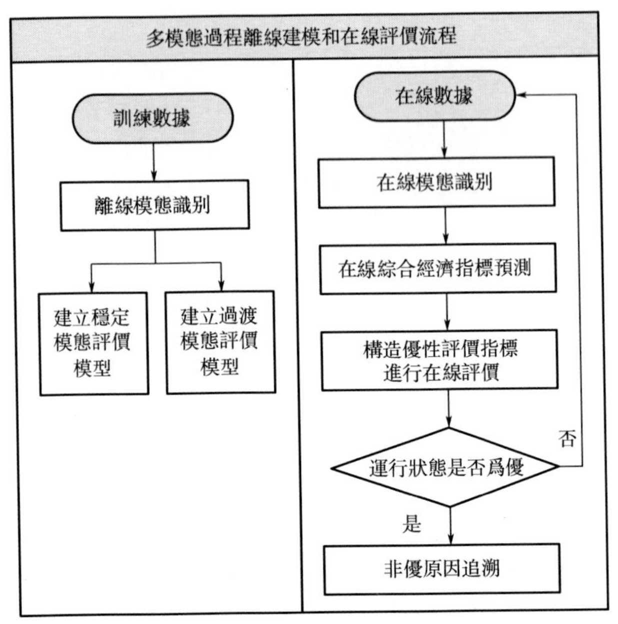

圖 5-1 多模態過程離線建模和在線評價總體框圖

5.2.2 基於 GMM-GPR 的穩定模態評價建模

本章中，假設穩定模態和過渡模態的個數已知，並且在建立評價模型之前各個模態的建模數據均已獲取。如果不同模態的歷史數據是混合在一起的，那麼在建模之前必須將其按模態劃分開。相關學者提出了利用一些無監督的聚類方法進行離線模態劃分，如 K-均值聚類、模糊 C-均值聚類，等[19,20]。為了精確地劃分穩定模態和過渡模態，Tan 等人[13]提出了一種基於變長度滑動窗口的離線模態識別方法，該方法透過調整滑動窗口長度，利用相鄰窗口內變量相關關係的變化趨勢準確有效地將各個穩定模態和過渡模態劃分開。

假設共有 S 個穩定模態，並將第 s 個穩定模態的建模數據記為 $(\boldsymbol{X}_s, \boldsymbol{y}_s)$，$s=1,2,\cdots,S$，其中 $\boldsymbol{X}_s=[\boldsymbol{x}_s(1),\boldsymbol{x}_s(2),\cdots,\boldsymbol{x}_s(N_s)]^{\mathrm{T}} \in R^{N_s \times J}$ 是由與綜合經濟指標密切相關的 J 個過程變量的 N_s 個樣本構成的；$\boldsymbol{y}_s=[y_s(1),y_s(2),\cdots,y_s(N_s)]^{\mathrm{T}} \in R^{N_s \times 1}$ 為與 $\boldsymbol{X}_s$ 對應的綜合經濟指標。

一般地，由於外部環境的改變或不合理的人為操作，使得實際的運行狀態偏離最初設計的最優運行條件，導致最終的綜合經濟指標在一定範圍內出現瞭高低浮動，從而導致過程數據呈現出非高斯分布特性。當高斯分量個數足夠多時，GMM 能夠近似地表示任何分布情況，因此一個穩定模態內的過程數據分布則可以由一個 GMM 來近似描述，並利用 GMM-GPR 預測穩定模態的綜合經濟指標。

在穩定模態 s 中，用 C_s^1，C_s^2，…，$C_s^{Q_s}$ 表示 Q_s 個高斯分量。那麼，穩定模態 s 建模數據的分布可由如下的 GMM 表示為

$$G(\boldsymbol{x}_s|\Theta_s)=\sum_{q=1}^{Q_s}\omega_s^q g(\boldsymbol{x}_s|\theta_s^q) \tag{5-1}$$

其中，$\theta_s^q=\{\boldsymbol{\mu}_s^q,\boldsymbol{\Sigma}_s^q\}$ 和 ω_s^q，$q=1,2\cdots Q_s$ 分別表示第 q 個高斯分量 C_s^q 對應的模型參數和先驗機率。將 GMM 全部參數構成的集合記為 $\Theta_s=\{\omega_s^1,\omega_s^2,\cdots,\omega_s^{Q_s},\theta_s^1,\theta_s^2,\cdots,\theta_s^{Q_s}\}$。

在線預測新樣本的綜合經濟指標時，利用一個寬度為 L 的滑動窗口作為在線分析的基本單位。將時刻 k 時的在線滑動數據窗口記為 $\boldsymbol{X}_k=[\boldsymbol{x}(k-L+1),\cdots,\boldsymbol{x}(k)]^{\mathrm{T}}$，則穩定模態 s 下對應於高斯分量 C_s^q 的綜合經濟指標預測值 $\hat{y}_{s,k}^q=f(\overline{\boldsymbol{x}}_k)$ 的機率密度函數可表示為

$$P(\hat{y}_{s,k}^q|\overline{\boldsymbol{x}}_k,\boldsymbol{X}_s^q,\boldsymbol{y}_s^q)=\int P(\hat{y}_{s,k}^q|\overline{\boldsymbol{x}}_k,\boldsymbol{\alpha}_s^q)P(\boldsymbol{\alpha}_s^q|\boldsymbol{X}_s^q,\boldsymbol{y}_s^q)\mathrm{d}\boldsymbol{\alpha}_s^q\sim$$
$$N((\sigma_s^q)^{-2}\overline{\boldsymbol{x}}_k^{\mathrm{T}}(\boldsymbol{A}_s^q)^{-1}\boldsymbol{X}_s^{q\mathrm{T}}\boldsymbol{y}_s^q,\overline{\boldsymbol{x}}_k^{\mathrm{T}}(\boldsymbol{A}_s^q)^{-1}\overline{\boldsymbol{x}}_k) \tag{5-2}$$

其中，$\overline{\boldsymbol{x}}_k=\dfrac{\sum_{l=k-L+1}^{k}\boldsymbol{x}(l)}{L}$ 是在線數據 $\boldsymbol{X}_k$ 的均值向量；$\boldsymbol{X}_s^q$ 和 $\boldsymbol{y}_s^q$ 分別為第 q 個高斯分量對應的過程數據及綜合經濟指標；$\boldsymbol{\alpha}_s^q$ 是迴歸模型參數並假設其服從均值向量為 0 共變異數矩陣為 $\boldsymbol{\Sigma}_{s,\alpha}^q$ 的多變量高斯分布；σ_s^q 是綜合經濟指標的雜訊的標準差；$\boldsymbol{A}_s^q=(\sigma_s^q)^{-2}\boldsymbol{X}_s^{q\mathrm{T}}\boldsymbol{X}_s^q+(\boldsymbol{\Sigma}_{s,\alpha}^q)^{-1}$。

將新樣本在高斯分量 C_s^q 中的綜合經濟指標預測結果定義為：

$$\hat{y}_{s,k}^q=(\sigma_s^q)^{-2}\overline{\boldsymbol{x}}_k^{\mathrm{T}}(\boldsymbol{A}_s^q)^{-1}\boldsymbol{X}_s^{q\mathrm{T}}\boldsymbol{y}_s^q \tag{5-3}$$

由於穩定模態 s 下新樣本對應的最終綜合經濟指標預測結果等於 Q_s 個高斯分量下綜合經濟指標預測結果的加權和，即

$$\hat{y}_{s,k}=\sum_{q=1}^{Q_s}P(C_s^q|\overline{\boldsymbol{x}}_k)\hat{y}_{s,k}^q \tag{5-4}$$

其中，P（$C_s^q|\overline{\boldsymbol{x}}_k$）是 $\overline{\boldsymbol{x}}_k$ 相對於第 q 個高斯分量 C_s^q 的後驗機率。

5.2.3 基於 GMM 的過渡模態評價建模

將以穩定模態 s 為起始的過渡模態記為 $s1,s2,\cdots,sT_s$，T_s 表示過渡種類數。在過渡模態 st 中，R_{st} 個歷史過渡批次構成了其建模數據集合 $\{(\widetilde{\boldsymbol{X}}_{st}^r,\widetilde{y}_{st}^r)\}_{r=1}^{R_{st}},t=1,2,\cdots,T_s$，其中 $\widetilde{\boldsymbol{X}}_{st}^r=[\boldsymbol{x}_{st}^r(1),\boldsymbol{x}_{st}^r(2),\cdots,\boldsymbol{x}_{st}^r(N_{st}^r)]^{\mathrm{T}}\in R^{N_st^r\times J}$ 和 $\widetilde{y}_{st}^r\in R$ 分別表示第 r 次過渡的過程數據及整個過渡過程對應的綜合經濟指標，N_{st}^r 為第 r 次過渡批次 $\widetilde{\boldsymbol{X}}_{st}^r$ 中的樣本個數。

通常來講，過渡模態是多模態過程中不可忽視的一部分。不同於穩定模態，過渡模態具有以下一些特有的性質。

① 同一種過渡模態下，由於生產操作調整和物理條件限制等原因，導致不同過渡過程的持續時間並非嚴格等長，正常過渡的持續時間在某一範圍内波動[13]，如果一次過渡持續的時間超出該範圍，則可以認為這次過渡過程的運行狀態是非優的。

② 過渡過程中的產品通常是不合格品或是次品，這在某種程度上增加了操作成本。

③ 過渡過程中，過程變量呈現出較強的動態特性，且這種特性隨著狀態等級的不同而不同，而具有相同運行狀態的過渡通常具有相似的過渡軌跡。

由上述過渡模態特性可知，可以將過渡過程的操作成本或過渡持續時間定義為過渡模態的綜合經濟指標。另外，由於相同運行狀態下的過渡過程具有相似的動態特性，它們所對應的綜合經濟指標是近似相等的，從而可以合理地利用與在線過渡數據相似的歷史過渡的綜合經濟指標平均值作為在線過渡的綜合經濟指標預測結果。

根據綜合經濟指標水準，可以將過渡模態 st 劃分成 $C(C\geqslant 2)$ 個狀態等級。將狀態等級 $c=1,2,\cdots,C$ 對應的建模數據集合記為 $\{(\widetilde{\boldsymbol{X}}_{st\_c}^r,\widetilde{y}_{st\_c}^r)\}_{r=1}^{R_{st\_c}}$，其中 R_{st_c} 表示狀態等級 c 包含的歷史過渡批次個數，並且滿足 $\sum_{c=1}^{C}R_{st\_c}=R_{st}$。將從過渡開始到時刻 k 的在線過渡數據記為 $\widetilde{\boldsymbol{X}}_k=[\boldsymbol{x}(1),\boldsymbol{x}(2),\cdots,\boldsymbol{x}(k)]^{\mathrm{T}}$，假設在線過渡 $\widetilde{\boldsymbol{X}}_k$ 所屬的生產模態和過程運行狀態均已確定（參見隨後的 5.2.4 節），則 $\widetilde{\boldsymbol{X}}_k$ 對應的綜合經濟指標預測值 $\hat{y}_{st\_c,k}$ 可透過如下方式得到：

$$\hat{y}_{st\_c,k}=\overline{\widetilde{y}}_{st\_c}=\frac{1}{R_{st\_c}}\sum_{r=1}^{R_{st\_c}}\widetilde{y}_{st\_c}^r \tag{5-5}$$

其中，$\overline{y}_{st\_c}$ 為過渡模態 st 下狀態等級 c 中綜合經濟指標的平均值。從式(5-5) 可知，當 $\widetilde{\boldsymbol{X}}_k$ 的模態類別和狀態等級均已知時，就可以實現對過渡模態運行狀態的在線評價。$\widetilde{\boldsymbol{X}}_k$ 所對應的綜合經濟指標的預測將在穩定模態和過渡模態模糊區域的運行狀態評價中發揮作用。

在進行在線模態識別之前，首先需要確定過渡模態中每個狀態等級的機率密度函數。考慮到過渡模態本質上是一個動態過程且不同的狀態等級呈現出不同的動態特性，單一高斯分布很難準確描述一個狀態等級的數據分布，因此這裡採用 GMM 近似描述一個狀態等級的數據分布情況，過渡模態 st 的第 c 個狀態等級的機率密度函數表示為

$$G(\boldsymbol{x}_{st\_c} | \Theta_{st\_c}) = \sum_{q=1}^{Q_{st\_c}} \omega_{st\_c}^{q} g(\boldsymbol{x}_{st\_c} | \theta_{st\_c}^{q}) \tag{5-6}$$

其中，$\omega_{st\_c}^{q}$ 和 $\theta_{st\_c}^{q} = \{\boldsymbol{\mu}_{st\_c}^{q}, \boldsymbol{\Sigma}_{st\_c}^{q}\}, q=1,2,\cdots,Q_{st\_c}$ 分別為狀態等級 c 中第 q 個高斯分量 $C_{st\_c}^{q}$ 的先驗機率和模型參數；$\Theta_{st\_c} = \{\omega_{st\_c}^{1}, \omega_{st\_c}^{2}, \cdots, \omega_{st\_c}^{Q_{st\_c}}, \theta_{st\_c}^{1}, \theta_{st\_c}^{2}, \cdots, \theta_{st\_c}^{Q_{st\_c}}\}$ 為 GMM 全部參數構成的集合；$\boldsymbol{x}_{st\_c}$ 為 $\widetilde{\boldsymbol{X}}_{st\_c}^{r}$ 中的樣本。

5.2.4 在線模態識別

在對過程運行狀態進行評價之前，首先需要解決新樣本的模態歸屬問題，即新樣本的在線模態識別。首先，假設前一時刻樣本的模態類型已知，例如前一時刻過程運行在穩定模態 s。由於模態類型根據生產需求有計劃地改變和調整，不會隨意地發生跳變，因此當前時刻的樣本一定屬於穩定模態 s 或以穩定模態 s 為起始的過渡模態中的某一個狀態等級，例如過程運行在過渡模態 st 下的狀態等級 c，因此，與當前過程不相關的其他模態可以暫不考慮。令第 k 個採樣時刻樣本 $\boldsymbol{x}(k)$ 相對於那些不相關模態的後驗機率為 0，即 $P(\boldsymbol{u} | \boldsymbol{x}(k))=0$，$u$ 表示與當前過程不相關的模態。在此基礎上，新樣本 $\boldsymbol{x}(k)$ 相對於穩定模態 s 以及過渡模態 st，$t=1,2,\cdots,T_s$ 中各個狀態等級的後驗機率透過如下方式計算得到。

① 新樣本 $\boldsymbol{x}(k)$ 相對於穩定模態 s 的後驗機率為

$$P(s | \boldsymbol{x}(k)) = \frac{G(\boldsymbol{x}(k) | \Theta_s) P(s)}{G(\boldsymbol{x}(k) | \Theta_s) P(s) + \sum_{t=1}^{T_s} \sum_{c=1}^{C} G(\boldsymbol{x}(k) | \Theta_{st\_c}) P(st\_c)} \tag{5-7}$$

② 新樣本 $\boldsymbol{x}(k)$ 相對於過渡模態 st 中狀態等級 c 的後驗機率為

$$P(st\_c|\boldsymbol{x}(k))=\frac{G(\boldsymbol{x}(k)|\Theta_{st\_c})P(st\_c)}{G(\boldsymbol{x}(k)|\Theta_s)P(s)+\sum_{t=1}^{T_s}\sum_{c=1}^{C}G(\boldsymbol{x}(k)|\Theta_{st\_c})P(st\_c)} \tag{5-8}$$

其中，$P(s)$ 和 $P(st\_c)$ 分別表示穩定模態 s 以及過渡模態 st 下狀態等級 c 的先驗機率。通常情況下，人們可以透過過程先驗知識確定各個模態的先驗機率；在沒有充足過程知識的情況下，一種常見的處理方式是令所有的先驗機率都相等。從而，式(5-7) 和式(5-8) 可以進一步簡化為

$$P(s|\boldsymbol{x}(k))=\frac{G(\boldsymbol{x}(k)|\Theta_s)}{G(\boldsymbol{x}(k)|\Theta_s)+\sum_{t=1}^{T_s}\sum_{c=1}^{C}G(\boldsymbol{x}(k)|\Theta_{st\_c})} \tag{5-9}$$

$$P(st\_c|\boldsymbol{x}(k))=\frac{G(\boldsymbol{x}(k)|\Theta_{st\_c})}{G(\boldsymbol{x}(k)|\Theta_s)+\sum_{t=1}^{T_s}\sum_{c=1}^{C}G(\boldsymbol{x}(k)|\Theta_{st\_c})} \tag{5-10}$$

結合 $P(u|\boldsymbol{x}(k))=0$，可知

$$P(s|\boldsymbol{x}(k))+\sum_{t=1}^{T_s}\sum_{c=1}^{C}P(st\_c|\boldsymbol{x}(k))=1 \tag{5-11}$$

如果 $\boldsymbol{x}(k)$ 相對於模態 b^* 的後驗機率滿足：

$$\begin{gathered}P(b^*|\boldsymbol{x}(k))\geqslant\psi\\ b^*=\underset{b}{\operatorname{argmax}}\{P(b|\boldsymbol{x}(k))\}\\ b\in\{s,st\_c\},t=1,2,\cdots,T_s,c=1,2,\cdots,C\end{gathered} \tag{5-12}$$

則認為當前過程一定屬於模態 b^*。如果 b^* 表示一個穩定模態，那麼可以利用穩定模態 b^* 的預測輸出分布函數預測當前過程的綜合經濟指標[如式(5-4) 所示]，進而實現過程運行狀態在線評價的目的；如果 b^* 表示一個過渡模態下的某個狀態等級，可以利用該等級的歷史資訊預測當前過程的綜合經濟指標［如式(5-5) 所示]。$\psi(0.5<\psi<1)$是一個可調的後驗機率閾值以明確新樣本的模態歸屬問題。ψ 的選取會直接影響到模態識別結果的精度和評價效果。ψ 越大，說明在同一模態內數據的分布特性越相似，對過程特性細節的刻畫比較精確，但過高的閾值會導致穩定模態和過渡模態之間的模糊區域較寬，降低了該區域中過程運行狀態評價結果的準確性；ψ 越小，說明在同一模態內數據的分布越寬泛，系統的魯棒性較好，但很可能出現誤分類的情況，基於這種模態識別結果的運行狀態評價結果誤報率較高。在實際應用中，可以採用反覆試驗的

方法，根據實際過程選取恰當的閾值。

相反地，如果新樣本相對於所有模態的後驗機率都小於閾值 ψ，即

$$P(b\,|\,\boldsymbol{x}(k))<\psi, b\in\{s, st\_c\},$$
$$t=1,2,\cdots,T_s, c=1,2,\cdots,C \tag{5-13}$$

且前一時刻樣本屬於穩定模態 s，則可以判定當前樣本 $\boldsymbol{x}(k)$ 屬於穩定模態 s 和過渡模態 st，$t=1,2,\cdots,T_s$ 的模糊區域，則應該將穩定模態 s 和過渡模態 st 中各個狀態等級評價結果的加權和作為該區域內運行狀態最終評價結果，以提高評價結果的準確性和可靠性。

類似地，當過程運行於過渡模態 st 時，可透過在線模態識別過程判斷其何時轉入下一個模態，即穩定模態 t，或從一個狀態等級轉變為另一個狀態等級。如果後驗機率 $P(st\_c\,|\,\boldsymbol{x}(k)), c=1,2,\cdots,C$ 和 $P(t\,|\,\boldsymbol{x}(k))$ 均小於 ψ，則表示過程正處於過渡模態 st 與穩定模態 t 之間的模糊區域或過渡模態 st 下不同狀態等級之間的轉換過程，並利用過渡模態 st 下不同狀態等級以及穩定模態 t 中的在線評價結果的加權和評價當前過程的運行狀態。如果 $P(st\_c\,|\,\boldsymbol{x}(k)), c=1,2,\cdots,C$ 和 $P(t\,|\,\boldsymbol{x}(k))$之中有一個大於 ψ，可以認為過程一定運行於對應的模態或等級中，只利用當前模態資訊進行運行狀態評價即可。在此過程中，$\boldsymbol{x}(k)$ 的後驗機率滿足 $\sum_{c=1}^{C}P(st\_c\,|\,\boldsymbol{x}(k))+P(t\,|\,\boldsymbol{x}(k))=1$。在線模態識別流程如圖 5-2 所示。

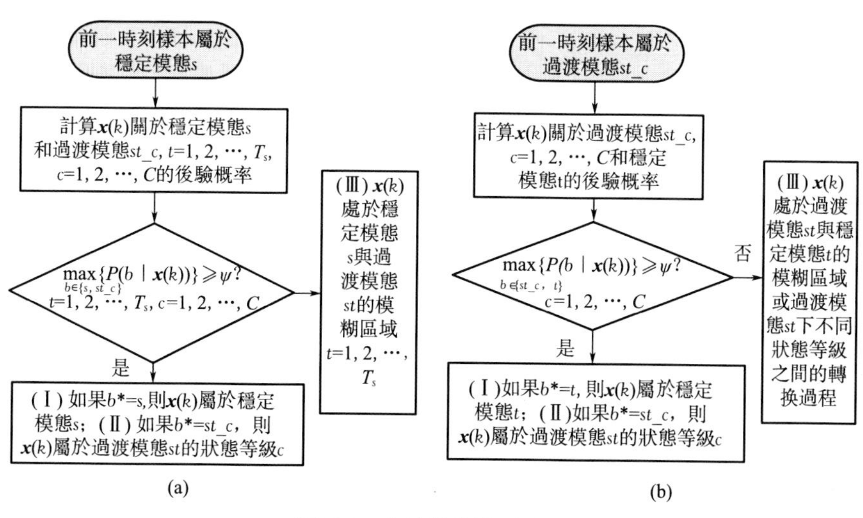

圖 5-2　在線模態識別流程

對於流程圖 5-2(a) 中的情況（Ⅲ），即前一時刻屬於穩定模態 s，但

當前過程屬於穩定模態 s 和過渡模態 st 的模糊區域的情況，在下一時刻模態識別時，需要計算新樣本相對於穩定模態 s 以及過渡模態 st_c 的後驗機率，以判斷其模態歸屬，其中，$t=1,2,\cdots,T_s, c=1,2,\cdots,C$。同理，針對圖 5-2(b) 中的情況（Ⅲ），在下一時刻模態識別時，需要計算新樣本相對於過渡模態 $st_c(c=1,2,\cdots,C)$以及穩定模態 t 的後驗機率，以判斷其模態歸屬。這兩種情況下後續樣本模態歸屬的判斷仍然可以歸結為流程圖 5-2 中的某一種情形，因此在流程圖中予以省略。

值得注意的是，實際應用中，為了避免過程雜訊和不確定因素對在線模態識別結果的影響，通常只有連續 d 個採樣時刻的樣本後驗機率都滿足條件（5-12）或條件（5-13）時，才認為過程的模態類型發生了改變，這裡 d 是一個正整數，可依據實際數據波動情況而定。

5.2.5 非高斯多模態過程運行狀態在線評價

不失一般性，在運行狀態評價之前，首先對綜合經濟指標作歸一化處理，並將歸一化後的綜合經濟指標作為評價指標，基於該評價指標實現過程運行狀態的即時評價。假設綜合經濟指標越小，對應的過程運行狀態越好，可將穩定模態 s 下評價指標定義為如下形式：

$$\gamma_{s,k}=\begin{cases}1, & \text{如果 } \hat{y}_{s,k}<y_s^{\min} \\ 1-\dfrac{\hat{y}_{s,k}-y_s^{\min}}{y_s^{\max}-y_s^{\min}}, & \text{如果 } y_s^{\min}\leqslant\hat{y}_{s,k}<y_s^{\max} \\ 0, & \text{如果 } \hat{y}_{s,k}\geqslant y_s^{\max}\end{cases} \tag{5-14}$$

其中，$y_s^{\max}=\max\limits_{1\leqslant n\leqslant N_s}\{y_s(n)\}$ 和 $y_s^{\min}=\min\limits_{1\leqslant n\leqslant N_s}\{y_s(n)\}$ 分別表示穩定模態 s 中綜合經濟指標的歷史最大和最小值，且 $\gamma_{s,k}$ 的取值在 0～1 之間。

對於過渡模態 st，在線過渡 $\widetilde{\boldsymbol{X}}_{\text{new}}$ 的評價指標定義為

$$\gamma_{st\_c,k}=1-\frac{\hat{y}_{st\_c,k}-y_{st}^{\min}}{y_{st}^{\max}-y_{st}^{\min}} \tag{5-15}$$

其中，$y_{st}^{\max}=\max\limits_{1\leqslant r\leqslant R_{st}}\{\widetilde{y}_{st}^{r}\}$ 和 $y_{st}^{\min}=\min\limits_{1\leqslant r\leqslant R_{st}}\{\widetilde{y}_{st}^{r}\}$ 分別表示過渡模態 st 中綜合經濟指標的歷史最大值和最小值。

結合 5.2.4 節中提出的在線模態識別方法，針對不同的模態識別結果，當前過程的評價指標定義為以下幾種情況。

① 如果 $\boldsymbol{x}(k)$ 屬於穩定模態 s，則

$$\gamma_k=\gamma_{s,k} \tag{5-16}$$

② 如果 $\boldsymbol{x}(k)$ 屬於過渡模態 st 下的狀態等級 c，則

$$\gamma_k = \gamma_{st\_c,k} \tag{5-17}$$

③ 如果 $\boldsymbol{x}(k)$ 屬於穩定模態 s 和過渡模態 st 模糊區域，則

$$\gamma_k = P(s \mid \boldsymbol{x}(k))\gamma_{s,k} + \sum_{t=1}^{T_s}\sum_{c=1}^{C} P(st\_c \mid \boldsymbol{x}(k))\gamma_{st\_c,k} \tag{5-18}$$

④ 如果 $\boldsymbol{x}(k)$ 屬於過渡模態 st 和穩定模態 t 的模糊區域，則

$$\gamma_k = \sum_{c=1}^{C} P(st\_c \mid \boldsymbol{x}(k))\gamma_{st\_c,k} + P(t \mid \boldsymbol{x}(k))\gamma_{t,k} \tag{5-19}$$

如果 $\gamma_k \geqslant \delta$，表示當前過程運行狀態是優的，無須操作調整；相反，如果 $\gamma_k < \delta$，表示當前過程運行狀態非優，需要進一步查找原因，將過程重新調整到最優狀態。

5.2.6 基於變量貢獻率的非高斯多模態過程非優原因追溯

由於穩定模態和過渡模態具有不同的過程特性，本節將分別針對穩定模態和過渡模態，定義過程變量對評價指標 γ 的貢獻率，並基於此提出基於變量貢獻率的非優原因追溯方法，具有較大貢獻率的過程變量即為導致過程運行狀態非優的原因變量。

5.2.6.1 穩定模態的非優原因追溯

在穩定模態 s 中，將狀態等級優的建模數據作為非優原因追溯過程中的參考數據集，並記為 $(\boldsymbol{X}_s^{\mathrm{ref}}, \boldsymbol{y}_s^{\mathrm{ref}})$，其中 $\boldsymbol{X}_s^{\mathrm{ref}} = [\boldsymbol{x}_s^{\mathrm{ref}}(1), \cdots, \boldsymbol{x}_s^{\mathrm{ref}}(N_s^{\mathrm{ref}})]^{\mathrm{T}}$，$\boldsymbol{y}_s^{\mathrm{ref}} = [y_s^{\mathrm{ref}}(1), \cdots, y_s^{\mathrm{ref}}(N_s^{\mathrm{ref}})]^{\mathrm{T}}$，$N_s^{\mathrm{ref}}$ 是 $\boldsymbol{X}_s^{\mathrm{ref}}$ 中樣本個數。由式 (5-14) 可知，過程變量對評價指標 $\gamma_{s,k}$ 的貢獻率等價於對綜合經濟指標預測結果偏差 $\Delta y_s = \hat{y}_{s,k} - y_s^{\min}$ 的貢獻率。Δy_s 可表示為

$$\begin{aligned}
\Delta y_s &= \hat{y}_{s,k} - y_s^{\min} \\
&= \sum_{q=1}^{Q_s} P(C_s^q \mid \bar{\boldsymbol{x}}_k)\hat{y}_{s,k}^q - y_s^{\min} \\
&= \sum_{q=1}^{Q_s} P(C_s^q \mid \bar{\boldsymbol{x}}_k)(\sigma_s^q)^{-2}\bar{\boldsymbol{x}}_k^{\mathrm{T}}(\boldsymbol{A}_s^q)^{-1}\boldsymbol{X}_s^{q\mathrm{T}}\boldsymbol{y}_s^q - y_s^{\min} \\
&= \sum_{q=1}^{Q_s} P(C_s^q \mid \bar{\boldsymbol{x}}_k)\bar{\boldsymbol{x}}_k^{\mathrm{T}}\boldsymbol{z}_s^q - y_s^{\min}
\end{aligned} \tag{5-20}$$

其中，$\boldsymbol{z}_s^q = (\sigma_s^q)^{-2}(\boldsymbol{A}_s^q)^{-1}\boldsymbol{X}_s^{q\mathrm{T}}\boldsymbol{y}_s^q$。

引入一個虛擬比例因子向量 $\boldsymbol{v} = [v_1, v_2, \cdots, v_J]^{\mathrm{T}}$，其中 $v_j = 1, j =$

$1,2,\cdots,J$。定義 $\boldsymbol{x}\odot v=[x_1v_1,x_2v_2,\cdots,x_Jv_J]^{\mathrm{T}}$，$x_jv_j$ 表示變量 x_j 的變異[21]。定義第 j 個過程變量對 Δy_s 的貢獻為

$$
\begin{aligned}
\mathrm{Contr}_{s,j}^{\mathrm{raw}} &= \left|\frac{\partial \Delta y_s}{\partial v_j}\right| = \left|\frac{\partial\left(\sum_{q=1}^{Q_s} P(C_s^q\,|\bar{\boldsymbol{x}}_k\odot \boldsymbol{v})(\bar{\boldsymbol{x}}_k\odot \boldsymbol{v})^{\mathrm{T}}\boldsymbol{z}_s^q - y_s^{\min}\right)}{\partial v_j}\right| \\
&= \left|\frac{\partial\left(\sum_{q=1}^{Q_s} P(C_s^q\,|\bar{\boldsymbol{x}}_k\odot v)(\bar{\boldsymbol{x}}_k\odot \boldsymbol{v})^{\mathrm{T}}\boldsymbol{z}_s^q\right)}{\partial v_j}\right| \\
&= \left|\sum_{q=1}^{Q_s}\Big[(\partial P(C_s^q\,|\bar{\boldsymbol{x}}_k\odot \boldsymbol{v})/\partial v_j)\cdot(\bar{\boldsymbol{x}}_k\odot \boldsymbol{v})^{\mathrm{T}}\boldsymbol{z}_s^q + \right. \\
&\quad \left. P(C_s^q\,|\bar{\boldsymbol{x}}_k\odot \boldsymbol{v})\cdot(\partial(\bar{\boldsymbol{x}}_k\odot \boldsymbol{v})^{\mathrm{T}}\boldsymbol{z}_s^q/\partial v_j)\Big]\right|
\end{aligned}
\tag{5-21}
$$

由於 $g(\bar{\boldsymbol{x}}_k\odot \boldsymbol{v}\,|\theta_s^q)$ 對 v_j 的偏導數為

$$
\frac{\partial g(\bar{\boldsymbol{x}}_k\odot \boldsymbol{v}\,|\theta_s^q)}{\partial v_j} = -\bar{x}_{k,j}\,g(\bar{\boldsymbol{x}}_k\odot \boldsymbol{v}\,|\theta_s^q)\widetilde{\boldsymbol{\Sigma}}_{s,j}^q(\bar{\boldsymbol{x}}_k\odot \boldsymbol{v}-\boldsymbol{\mu}_s^q) \tag{5-22}
$$

其中，$\widetilde{\boldsymbol{\Sigma}}_{s,j}^q$ 為 $(\boldsymbol{\Sigma}_s^q)^{-1}$ 中的第 j 行，$\bar{x}_{k,j}$ 是 $\bar{\boldsymbol{x}}_k$ 的第 j 個過程變量。因此，$P(C_s^q\,|\bar{\boldsymbol{x}}_k\odot \boldsymbol{v})$對 v_j 的偏導數可透過如下方式計算：

$$
\begin{aligned}
&\frac{\partial P(C_s^q\,|\bar{\boldsymbol{x}}_k\odot \boldsymbol{v})}{\partial v_j} \\
&= \frac{\omega_s^q g(\bar{\boldsymbol{x}}_k\odot \boldsymbol{v}\,|\theta_s^q)\left\{\sum_{q=1}^{Q_s}\omega_s^q g(\bar{\boldsymbol{x}}_k\odot \boldsymbol{v}\,|\theta_s^q)\widetilde{\boldsymbol{\Sigma}}_{s,j}^q(\bar{\boldsymbol{x}}_k\odot \boldsymbol{v}-\boldsymbol{\mu}_s^q)-\widetilde{\boldsymbol{\Sigma}}_{s,j}^q(\bar{\boldsymbol{x}}_k\odot \boldsymbol{v}-\boldsymbol{\mu}_s^q)G(\bar{\boldsymbol{x}}_k\odot \boldsymbol{v}\,|\Theta_s)\right\}}{\bar{x}_{k,j}\left[\sum_{q=1}^{Q_s}\omega_s^q g(\bar{\boldsymbol{x}}_k\odot \boldsymbol{v}\,|\theta_s^q)\widetilde{\boldsymbol{\Sigma}}_{s,j}^q(\bar{\boldsymbol{x}}_k\odot \boldsymbol{v}-\boldsymbol{\mu}_s^q)\right]^2}
\end{aligned}
\tag{5-23}
$$

將式(5-23) 代入式(5-21)，則第 j 個過程變量對 Δy_s 的貢獻的計算公式為：

$$
\begin{aligned}
\mathrm{Contr}_{s,j}^{\mathrm{raw}} &= \left|\sum_{q=1}^{Q_s}[(\partial P(C_s^q\,|\bar{\boldsymbol{x}}_k\odot \boldsymbol{v})/\partial v_j)\cdot(\bar{\boldsymbol{x}}_k\odot \boldsymbol{v})^{\mathrm{T}}\boldsymbol{z}_s^q + P(C_s^q\,|\bar{\boldsymbol{x}}_k\odot \boldsymbol{v})\cdot(\partial(\bar{\boldsymbol{x}}_k\odot \boldsymbol{v})^{\mathrm{T}}\boldsymbol{z}_s^q/\partial v_j)]\right| \\
&= \left|\sum_{q=1}^{Q_s}\left\{\begin{array}{l}\dfrac{\omega_s^q g(\bar{\boldsymbol{x}}_k\odot \boldsymbol{v}\,|\theta_s^q)\left[\sum_{q=1}^{Q_s}\omega_s^q g(\bar{\boldsymbol{x}}_k\odot \boldsymbol{v}\,|\theta_s^q)\widetilde{\boldsymbol{\Sigma}}_{s,j}^q(\bar{\boldsymbol{x}}_k\odot \boldsymbol{v}-\boldsymbol{\mu}_s^q)-\widetilde{\boldsymbol{\Sigma}}_{s,j}^q(\bar{\boldsymbol{x}}_k\odot \boldsymbol{v}-\boldsymbol{\mu}_s^q)G(\bar{\boldsymbol{x}}_k\odot \boldsymbol{v}\,|\Theta_s)\right]}{\bar{x}_{k,j}\left[\sum_{q=1}^{Q_s}\omega_s^q g(\bar{\boldsymbol{x}}_k\odot \boldsymbol{v}\,|\theta_s^q)\widetilde{\boldsymbol{\Sigma}}_{s,j}^q(\bar{\boldsymbol{x}}_k\odot \boldsymbol{v}-\boldsymbol{\mu}_s^q)\right]^2}\cdot \\ (\bar{\boldsymbol{x}}_k\odot \boldsymbol{v})^{\mathrm{T}}\boldsymbol{z}_s^q + P(C_s^q\,|\bar{\boldsymbol{x}}_k\odot \boldsymbol{v})\cdot\bar{x}_{k,j}z_{s,j}^q\end{array}\right\}_{\substack{v_j=1,\\ j=1,\cdots,J}}\right|
\end{aligned}
$$

$$
=\left|\sum_{q=1}^{Q_s}\left\{\frac{\omega_s^q g(\bar{\boldsymbol{x}}_k \mid \theta_s^q)\left[\sum_{q=1}^{Q_s}\omega_s^q g(\bar{\boldsymbol{x}}_k \mid \theta_s^q)\widetilde{\boldsymbol{\Sigma}}_{s,j}^{q}(\bar{\boldsymbol{x}}_k-\boldsymbol{\mu}_s^q)-\widetilde{\boldsymbol{\Sigma}}_{s,j}^{q}(\bar{\boldsymbol{x}}_k-\boldsymbol{\mu}_s^q)G(\bar{\boldsymbol{x}}_k \mid \Theta_s)\right]}{\bar{x}_{k,j}\left[\sum_{q=1}^{Q_s}\omega_s^q g(\bar{\boldsymbol{x}}_k \mid \theta_s^q)\widetilde{\boldsymbol{\Sigma}}_{s,j}^{q}(\bar{\boldsymbol{x}}_k-\boldsymbol{\mu}_s^q)\right]^2}\cdot \bar{\boldsymbol{x}}_k^{\mathrm{T}}\boldsymbol{z}_s^q+P(C_s^q \mid \bar{\boldsymbol{x}}_k)\cdot \bar{x}_{k,j}z_{s,j}^q\right\}\right| \tag{5-24}
$$

其中，$z_{s,j}^q$ 為 $\boldsymbol{z}_s^q$ 的第 j 個元素。

基於上述公式，進一步將變量貢獻率定義為

$$
\mathrm{Contr}_{s,j}=\frac{\mathrm{Contr}_{s,j}^{\mathrm{raw}}}{\overline{C}_{s,j}} \tag{5-25}
$$

$\overline{C}_{s,j}$ 是參考數據 $\boldsymbol{X}_s^{\mathrm{ref}}$ 中第 j 個過程變量對評價指標的貢獻的平均值，定義為

$$
\overline{C}_{s,j}=\sum_{n=1}^{N_s^{\mathrm{ref}}}\left|\partial\Delta y_s^{\mathrm{ref}}/\partial v_j\right|/N_s^{\mathrm{ref}}
$$

$$
=\frac{\sum_{n=1}^{N_s^{\mathrm{ref}}}\left|\sum_{q=1}^{Q_s}\left\{\frac{\omega_s^q g(\boldsymbol{x}_s^{\mathrm{ref}}(n) \mid \theta_s^q)\left[\sum_{q=1}^{Q_s}\omega_s^q g(\boldsymbol{x}_s^{\mathrm{ref}}(n) \mid \theta_s^q)\widetilde{\boldsymbol{\Sigma}}_{s,j}^{q}(\boldsymbol{x}_s^{\mathrm{ref}}(n)-\boldsymbol{\mu}_s^q)-\widetilde{\boldsymbol{\Sigma}}_{s,j}^{q}(\boldsymbol{x}_s^{\mathrm{ref}}(n)-\boldsymbol{\mu}_s^q)G(\boldsymbol{x}_s^{\mathrm{ref}}(n) \mid \Theta_s)\right]}{x_{s,j}^{\mathrm{ref}}(n)\left[\sum_{q=1}^{Q_s}\omega_s^q g(\boldsymbol{x}_s^{\mathrm{ref}}(n) \mid \theta_s^q)\widetilde{\boldsymbol{\Sigma}}_{s,j}^{q}(\boldsymbol{x}_s^{\mathrm{ref}}(n)-\boldsymbol{\mu}_s^q)\right]^2}\cdot(\boldsymbol{x}_s^{\mathrm{ref}}(n))^{\mathrm{T}}\boldsymbol{z}_s^{\mathrm{ref}}+P(C_s^q \mid \boldsymbol{x}_s^{\mathrm{ref}}(n))\cdot \boldsymbol{x}_{s,j}^{\mathrm{ref}}(n)z_{s,j}^{\mathrm{ref}}\right\}\right|}{N_s^{\mathrm{ref}}} \tag{5-26}
$$

其中，$x_{s,j}^{\mathrm{ref}}(n)$ 表示 $\boldsymbol{x}_s^{\mathrm{ref}}(n)$ 的第 j 個過程變量，$z_{s,j}^{\mathrm{ref}}$ 為 $\boldsymbol{z}_s^{\mathrm{ref}}=(\sigma_s^{\mathrm{ref}})^{-2}(\boldsymbol{A}_s^{\mathrm{ref}})^{-1}\boldsymbol{X}_s^{\mathrm{refT}}\boldsymbol{y}_s^{\mathrm{ref}}$ 的第 j 個元素；$\boldsymbol{A}_s^{\mathrm{ref}}=(\sigma_s^{\mathrm{ref}})^{-2}\boldsymbol{X}_s^{\mathrm{refT}}\boldsymbol{X}_s^{\mathrm{ref}}+(\boldsymbol{\Sigma}_s^{\mathrm{ref}})^{-1}$，$\boldsymbol{\Sigma}_s^{\mathrm{ref}}$ 是 $\boldsymbol{X}_s^{\mathrm{ref}}$ 和 $\boldsymbol{y}_s^{\mathrm{ref}}$ 之間迴歸模型參數所服從的高斯分布的共變異數矩陣，σ_s^{ref} 為參考數據 $\boldsymbol{y}_s^{\mathrm{ref}}$ 中樣本雜訊的標準差。

5.2.6.2 過渡模態的非優原因追溯

在過渡模態 st 中，將狀態等級優的歷史數據集合作為非優原因追溯的參考數據，並記為 $\{(\widetilde{\boldsymbol{X}}_{st\_\mathrm{ref}}^r,\widetilde{y}_{st\_\mathrm{ref}}^r)\}_{r=1}^{R_{st\_\mathrm{ref}}}$，其中 $\widetilde{\boldsymbol{X}}_{st\_\mathrm{ref}}^r=[\boldsymbol{x}_{st\_\mathrm{ref}}^r(1),\boldsymbol{x}_{st\_\mathrm{ref}}^r(2),\cdots,\boldsymbol{x}_{st\_\mathrm{ref}}^r(N_{st\_\mathrm{ref}}^r)]$，$R_{st\_\mathrm{ref}}$ 表示參考數據集合中包含的歷史過渡批次數，$N_{st\_\mathrm{ref}}^r$ 表示第 r 次過渡包含的過程樣本數；$N_{st\_\mathrm{ref}}^{\max}=\max\limits_{1\leqslant r\leqslant R_{st\_\mathrm{ref}}}\{N_{st\_\mathrm{ref}}^r\}$ 表示所有參考過渡中過渡持續時間的最大值。

通常情況下，優和非優運行狀態下的過渡軌跡具有顯著的差異，導致這種差異的原因是由於某些過程變量偏離其最優運行軌跡。為了識別導致運行狀態非優的原因變量，將在線過渡數據 $\widetilde{\boldsymbol{X}}_k=[\boldsymbol{x}(1),\boldsymbol{x}(2),\cdots,$

$\boldsymbol{x}(k)]^{\mathrm{T}}$ 與最優參考過渡批次數據進行比較，計算它們之間的偏差，然後計算過程變量對該偏差的貢獻率。$\widetilde{\boldsymbol{X}}_k$ 與最優參考過渡在不同情況下的偏差 $\Delta\widetilde{y}_{st\_c,k}$ 可表示如下：

當 $k \leqslant N_{st\_ref}^{\max}$ 時

$$\begin{aligned}\Delta\widetilde{y}_{st\_c,k} &= \sum_{\widetilde{k}=1}^{k} [\boldsymbol{x}(\widetilde{k}) - \overline{\boldsymbol{x}}_{st\_ref}(\widetilde{k})]^{\mathrm{T}} \boldsymbol{W} [\boldsymbol{x}(\widetilde{k}) - \overline{\boldsymbol{x}}_{st\_ref}(\widetilde{k})] \\ &= \sum_{\widetilde{k}=1}^{k} \sum_{j=1}^{J} w_j [\boldsymbol{x}_j(\widetilde{k}) - \overline{\boldsymbol{x}}_{st\_ref,j}(\widetilde{k})]^2 \end{aligned} \tag{5-27}$$

其中，$\boldsymbol{W}=\mathrm{diag}(w_1,w_2,\cdots,w_J)$ 為對角矩陣，其對角元素為過程變量對評價指標的權重係數，即不同過程變量對綜合經濟指標的重要性，可事先根據過程知識或專家經驗確定；$\overline{\boldsymbol{x}}_{st\_ref}(\widetilde{k}) = \dfrac{\sum_{n=1}^{R_{\widetilde{k}}^{\mathrm{ref}}} \boldsymbol{x}_{st\_ref}^{n}(\widetilde{k})}{R_{\widetilde{k}}^{\mathrm{ref}}}$ 為所有參考過渡批次數據中第 $\widetilde{k}$ 個樣本的均值向量，$R_{\widetilde{k}}^{\mathrm{ref}}$ 為參考過渡中過渡持續時間不少於 $\widetilde{k}$ 個時刻的過渡批次數；$x_j(\widetilde{k})$ 和 $\overline{x}_{st\_ref,j}(\widetilde{k})$ 分別為 $\boldsymbol{x}(\widetilde{k})$ 和 $\overline{\boldsymbol{x}}_{st\_ref}(\widetilde{k})$ 中第 j 個過程變量。將變量 j 對偏差 $\Delta\widetilde{y}_{st\_c,k}$ 的貢獻定義為

$$\begin{aligned}\mathrm{Contr}_{st\_c,k,j}^{\mathrm{raw}} &= \left| \frac{\partial \Delta\widetilde{y}_{st\_c,k}}{\partial v_j} \right| \\ &= \left| \frac{\partial \left\{ \sum_{\widetilde{k}=1}^{k} [\boldsymbol{x}(\widetilde{k}) \odot \boldsymbol{v} - \overline{\boldsymbol{x}}_{st\_ref}(\widetilde{k})]^{\mathrm{T}} \boldsymbol{W} [\boldsymbol{x}(\widetilde{k}) \odot \boldsymbol{v} - \overline{\boldsymbol{x}}_{st\_ref}(\widetilde{k})] \right\}}{\partial \boldsymbol{v}_j} \right| \\ &= \left| \frac{\partial \left\{ \sum_{\widetilde{k}=1}^{k} \sum_{j=1}^{J} w_j [x_j(\widetilde{k}) \boldsymbol{v}_j - \overline{x}_{st\_ref,j}(\widetilde{k})]^2 \right\}}{\partial \boldsymbol{v}_j} \right| \\ &= \left| 2w_j \sum_{\widetilde{k}=1}^{k} [x_j(\widetilde{k}) \boldsymbol{v}_j - \overline{x}_{st\_ref,j}(\widetilde{k})] x_j(\widetilde{k}) \Big|_{\boldsymbol{v}_j=1} \right| \\ &= \left| 2w_j \sum_{\widetilde{k}=1}^{k} [x_j(\widetilde{k}) - \overline{x}_{st\_ref,j}(\widetilde{k})] x_j(\widetilde{k}) \right| \end{aligned} \tag{5-28}$$

基於上述公式，變量 j 對偏差 $\Delta\widetilde{y}_{st\_c,k}$ 的貢獻率定義為：

$$\mathrm{Contr}_{st\_c,k,j} = \frac{\mathrm{Contr}_{st\_c,k,j}^{\mathrm{raw}}}{\overline{C}_{st\_c,k,j}} \tag{5-29}$$

其中，$\overline{C}_{st\_c,k,j}=\dfrac{\sum_{r=1}^{R_{\tilde{k}}^{\text{ref}}}\left|2w_j\sum_{\tilde{k}=1}^{k}\left[x_{st\_\text{ref},j}^{r}(\tilde{k})-\overline{x}_{st\_\text{ref},j}(\tilde{k})\right]x_{st\_\text{ref},j}^{r}(\tilde{k})\right|}{R_{\tilde{k}}^{\text{ref}}}$ 是 $R_{\tilde{k}}^{\text{ref}}$ 個參考過渡中第 j 個過程變量對偏差的貢獻的平均值。

考慮到優運行狀態下過渡過程的運行時間應小於等於 $N_{st\_\text{ref}}^{\max}$ 個時刻，而非優的運行狀態是由於某些過程變量在正常時間範圍内並沒有到達最優設定值所致。因此，當 $k>N_{st\_\text{ref}}^{\max}$ 時

$$
\begin{aligned}
\Delta\tilde{y}_{st\_c,k}=&\sum_{\tilde{k}=1}^{N_{st\_\text{ref}}^{\max}-1}\left[\boldsymbol{x}(\tilde{k})-\overline{\boldsymbol{x}}_{st\_\text{ref}}(\tilde{k})\right]^{\mathrm{T}}\boldsymbol{W}\left[\boldsymbol{x}(\tilde{k})-\overline{\boldsymbol{x}}_{st\_\text{ref}}(\tilde{k})\right]+\\
&\sum_{\tilde{k}=N_{st\_\text{ref}}^{\max}}^{k}\left[\boldsymbol{x}(\tilde{k})-\overline{\boldsymbol{x}}_{st\_\text{ref}}(N_{st\_\text{ref}}^{\max})\right]^{\mathrm{T}}\boldsymbol{W}\left[\boldsymbol{x}(\tilde{k})-\overline{\boldsymbol{x}}_{st\_\text{ref}}(N_{st\_\text{ref}}^{\max})\right]\\
=&\sum_{\tilde{k}=1}^{N_{st\_\text{ref}}^{\max}-1}\sum_{j=1}^{J}w_j\left[x_j(\tilde{k})-\overline{x}_{st\_\text{ref},j}(\tilde{k})\right]^2+\\
&\sum_{\tilde{k}=N_{st\_\text{ref}}^{\max}}^{k}\sum_{j=1}^{J}w_j\left[x_j(\tilde{k})-\overline{x}_{st\_\text{ref},j}(N_{st\_\text{ref}}^{\max})\right]^2
\end{aligned}
\tag{5-30}
$$

變量貢獻定義為如下形式：

$$
\begin{aligned}
\text{Contr}_{st\_c,k,j}^{\text{raw}}=&\left|\frac{\partial\Delta\tilde{y}_{st\_c,k}}{\partial v_j}\right|\\
=&\left|\frac{\partial\left\{\sum_{\tilde{k}=1}^{N_{st\_\text{ref}}^{\max}-1}\left[\boldsymbol{x}(\tilde{k})\odot\boldsymbol{v}-\overline{\boldsymbol{x}}_{st\_\text{ref}}(\tilde{k})\right]^{\mathrm{T}}\boldsymbol{W}\left[\boldsymbol{x}(\tilde{k})\odot\boldsymbol{v}-\overline{\boldsymbol{x}}_{st\_\text{ref}}(\tilde{k})\right]\right\}}{\partial v_j}+\right.\\
&\left.\frac{\partial\left\{\sum_{\tilde{k}=N_{st\_\text{ref}}^{\max}}^{k}\left[\boldsymbol{x}(\tilde{k})\odot\boldsymbol{v}-\overline{\boldsymbol{x}}_{st\_\text{ref}}(N_{st\_\text{ref}}^{\max})\right]^{\mathrm{T}}\boldsymbol{W}\left[\boldsymbol{x}(\tilde{k})\odot\boldsymbol{v}-\overline{\boldsymbol{x}}_{st\_\text{ref}}(N_{st\_\text{ref}}^{\max})\right]\right\}}{\partial v_j}\right|\\
=&\left|\frac{\partial\left\{\sum_{\tilde{k}=1}^{N_{st\_\text{ref}}^{\max}-1}\sum_{j=1}^{J}w_j\left[x_j(\tilde{k})v_j-\overline{x}_{st\_\text{ref},j}(\tilde{k})\right]^2\right\}}{\partial v_j}+\right.\\
&\left.\frac{\partial\left\{\sum_{\tilde{k}=N_{st\_\text{ref}}^{\max}}^{k}\sum_{j=1}^{J}w_j\left[x_j(\tilde{k})v_j-\overline{x}_{st\_\text{ref},j}(N_{st\_\text{ref}}^{\max})\right]^2\right\}}{\partial v_j}\right|
\end{aligned}
$$

$$=\left|2w_j\left\{\begin{array}{l}\sum_{\tilde{k}=1}^{N_{st\_ref}^{\max}-1}\left[x_j(\tilde{k})v_j-\overline{x}_{st\_ref,j}(\tilde{k})\right]x_j(\tilde{k})+\\ \sum_{\tilde{k}=N_{ij\_ref}^{\max}}^{k}\left[x_j(\tilde{k})v_j-\overline{x}_{st\_ref,j}(N_{st\_ref}^{\max})\right]x_j(\tilde{k})\end{array}\right\}\Bigg|_{v_j=1}\right|$$

$$=\left|2w_j\left\{\begin{array}{l}\sum_{\tilde{k}=1}^{N_{st\_ref}^{\max}-1}\left[x_j(\tilde{k})-\overline{x}_{st\_ref,j}(\tilde{k})\right]x_j(\tilde{k})+\\ \sum_{\tilde{k}=N_{ij\_ref}^{\max}}^{k}\left[x_j(\tilde{k})-\overline{x}_{st\_ref,j}(N_{st\_ref}^{\max})\right]x_j(\tilde{k})\end{array}\right\}\right| \tag{5-31}$$

該情況下，貢獻率的定義與式(5-29) 相同。此時，參考過渡中第 j 個過程變量對偏差貢獻的平均值 $\overline{C}_{st\_c,k,j}$ 定義為

$$\overline{C}_{st\_c,k,j}=\frac{\sum_{r=1}^{R_{N_{st\_ref}^{\max}}^{ref}}\left|\begin{array}{l}2w_j\sum_{\tilde{k}=1}^{N_{st\_ref}^{\max}}\left[x_{st\_ref,j}^{r}(\tilde{k})-\overline{x}_{st\_ref,j}(\tilde{k})\right]x_j(\tilde{k})+\\ 2w_j(k-N_{st\_ref}^{\max})\left[x_{st\_ref,j}^{r}(N_{st\_ref}^{\max})-\overline{x}_{st\_ref,j}(N_{st\_ref}^{\max})\right]x_j(N_{st\_ref}^{\max})\end{array}\right|}{R_{N_{st\_ref}^{\max}}^{ref}} \tag{5-32}$$

其中，$R_{N_{st\_ref}^{\max}}^{ref}$ 是參考過渡中過渡持續時間為 $N_{st\_ref}^{\max}$ 的過渡批次數。

針對不同的模態識別結果，最終的變量貢獻率分別定義如下。

① 如果 $\boldsymbol{x}(k)$ 屬於穩定模態 s，則

$$\text{Contr}_j=\text{Contr}_{s,j} \tag{5-33}$$

② 如果 $\boldsymbol{x}(k)$ 屬於過渡模態 st，則

$$\text{Contr}_j=\text{Contr}_{st\_c,k,j} \tag{5-34}$$

③ 如果 $\boldsymbol{x}(k)$ 屬於穩定模態 s 和過渡模態 st 的模糊區域，則

$$\text{Contr}_j=P(s|\boldsymbol{x}(k))\text{Contr}_{s,j}+\sum_{t=1}^{T_s}\sum_{c=1}^{C}P(st\_c|\boldsymbol{x}(k))\text{Contr}_{st\_c,k,j} \tag{5-35}$$

④ 如果 $\boldsymbol{x}(k)$ 屬於過渡模態 st 和穩定模態 t 的模糊區域，則

$$\text{Contr}_j=\sum_{c=1}^{C}P(st\_c|\boldsymbol{x}(k))\text{Contr}_{st\_c,k,j}+P(t|\boldsymbol{x}(k))\text{Contr}_{t,j} \tag{5-36}$$

最後，將本章提出的非高斯多模態過程運行狀態在線評價方法步驟

總結如下。

① 收集各個穩定模態和過渡模態的建模數據用於建立評價模型。

② 在每個穩定模態中，建立 GMM-GPR 模型，作為穩定模態運行狀態評價模型；建立每個過渡模態中各個狀態等級的 GMM，用於在線模態識別及運行狀態評價。

③ 在線評價時，首先計算新樣本相對於各個相關模態的後驗機率，辨識其所屬模態類別。

④ 調用相應評價模型評價當前過程的運行狀態。

⑤ 如果當前過程運行狀態是優的，返回步驟③繼續評價下一時刻過程運行狀態；否則，前往步驟⑥。

⑥ 當運行狀態非優時，計算每個過程變量對評價指標的貢獻率，並認定其中貢獻率較大的過程變量即為導致過程運行狀態非優的原因變量。

5.3 田納西-伊士曼過程中的仿真研究

5.3.1 過程描述

田納西-伊士曼過程（TE）是一個標準的化工過程仿真包，且已經廣泛應用於各種演算法測試中。本章所提的多模態過程運行狀態評價方法將在該過程中進行有效驗證。

田納西-伊士曼過程由 5 個主要操作單位構成，包括反應器、冷凝器、壓縮機、分離器和汽提塔。41 個過程變量和 12 個操作變量構成了過程變量集合。將氣體成分 A、C、D 和 E 以及惰性組分 B 送入反應器，並形成液態產物 G 和 H。反應器的產品流通過冷凝器冷卻，然後送入到汽/液分離器。從分離器出來的蒸汽通過壓縮機再循環送入反應器。為了防止過程中惰性組分和反應副產品的積聚，必須排放一部分再循環分流。來自分離器的冷凝成分（流 10）被泵送到汽提塔。流 4 用於汽提流 10 中的剩餘反應物，這些剩餘反應物通過流 5 與再循環流結合，從汽提塔底部出來的產品 G 和 H 被送到下游過程。副產品主要從汽液分離器中以氣體的形式從系統中排空。TE 過程的流程如圖 5-3 所示，關於該過程的詳細介紹可參見文獻［22，23］。本仿真實驗中，將生產過程操作成本作為評價過程運行狀態優劣的依據，可見操作成本越低對應的過程運行狀態越好。另外，選擇 15 個與操作成本密切相關的過程變量作為過程運行狀態評價的變量，並將其列於表 5-1 中。所有變量的採樣間隔均為 0.01h。

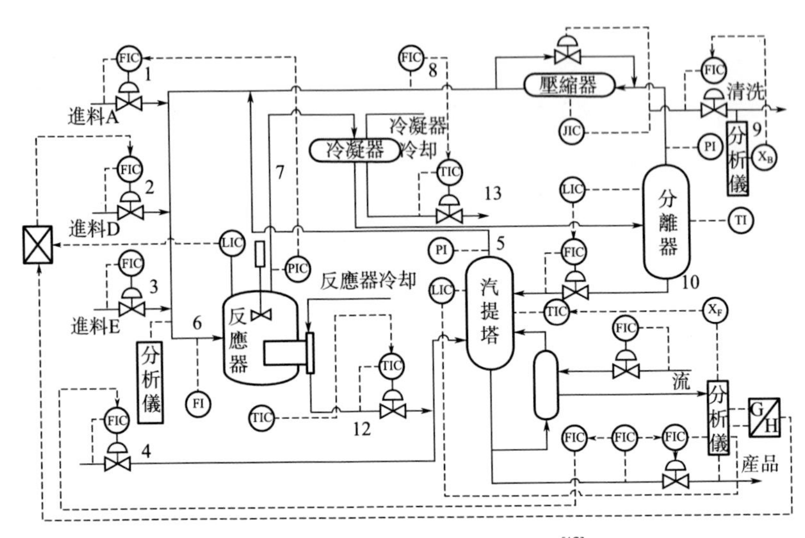

圖 5-3 田納西-伊士曼過程流程 [13]

表 5-1 用於運行狀態評價的過程變量

序號	變量名稱	序號	變量名稱
1	A 進料量(流 1)(km^3/h)	9	產品分離器溫度(℃)
2	D 進料量(流 2)(kg/h)	10	產品分離器壓力(kPa)
3	E 進料量(流 3)(kg/h)	11	產品分離器底流流量(流 10)(m^3/h)
4	A、C 混合物料流量(流 4)(km^3/h)	12	汽提塔壓力(kPa)
5	再循環流量(流 8)(km^3/h)	13	汽提塔溫度(℃)
6	反應器進料速度(流 6)(km^3/h)	14	反應器冷卻水出口溫度(℃)
7	反應器溫度(℃)	15	分離器冷卻水出口溫度(℃)
8	净化率(流 9)(km^3/h)		

5.3.2 實驗設計和建模數據

透過對 TE 過程的深入分析，共模擬四種穩定模態(1,2,3,4)和三種過渡模態(12,14,23)以驗證本書所提方法的有效性。其中，過渡模態 12 表示從穩定模態 1 向穩定模態 2 的過渡過程，同理，過渡模態 14 和 23 也具有相似的含義。Tan 等人[13] 在文獻中透過改變反應器壓力和反應器液位的設定值來模擬不同的穩定生產工況。本書中將依照同樣的方式進行設計，並將不同穩定模態對應的上述兩個變量的設定值列於表 5-2 中。另外，無論是穩定模態還是過渡模態，均設置 $C=2$，即兩個狀態等級，分別為狀態等級「優」和狀態等級「非優」。由於反應器溫度能夠影響反應器中化學反應的充分程度，並進而影響到生產過程的操作成本，這裡透過調節反應器溫度來模擬生產過程「優」和「非優」狀態等級。圖 5-4 中展示了四種不同的穩定模態下，隨著反應器溫度的改變，過程操作成本的變化情況。由圖 5-4 可知，反應器溫度越低，操作成本越高，此時過程運行在「非優」狀態下。

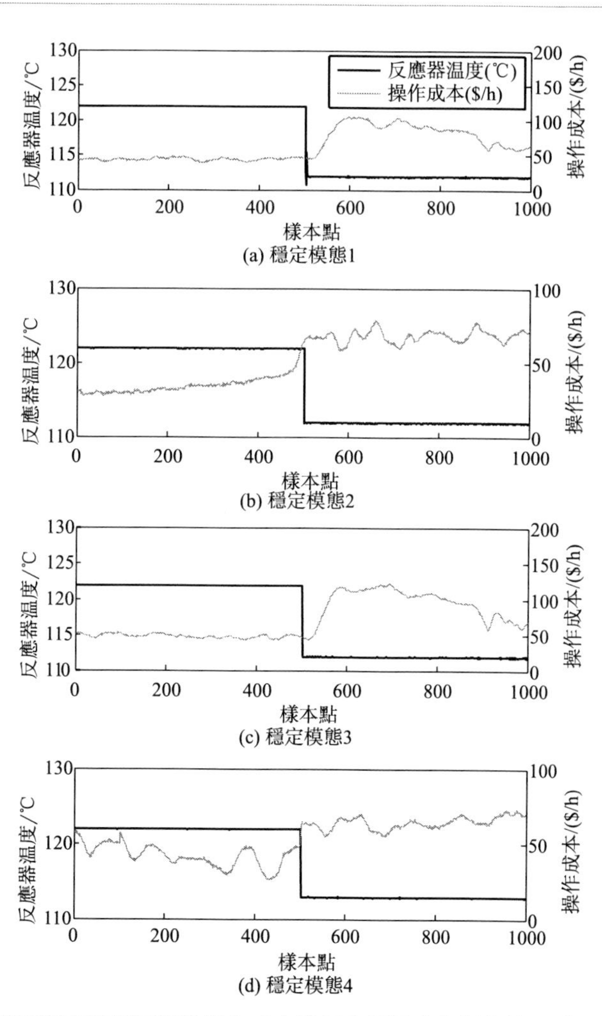

圖 5-4　四種穩定模態下過程操作成本隨反應器溫度的變化情況（見電子版）

表 5-2　TE 過程的四種穩定模態

穩定模態	反應器壓力/kPa	反應器液位/%	反應器溫度/℃		操作成本/($/h)
			優	非優	
1	2800	65	121.6	111.9	38.29～105.09
2	2705	65	121.7	111.9	26.89～79.16
3	2705	75	121.5	111.9	42.59～122.45
4	2600	65	121.9	112.9	39.88～116.35

值得注意的是，對於大多數多模態工業過程，不同穩定模態的操作變量設定值相差較大，而同一個穩定模態內部那些能夠影響過程運行狀態的過程變量通常在一個較小的範圍內波動，即不同狀態等級過程變量的工作點相距較近。因此，針對 TE 過程，透過大幅度地調整反應器壓力或液位來模擬不同的操作模態，而對反應器溫度只作了小幅度的調節以模擬穩定模態內部不同的狀態等級。

表 5-3　TE 過程的三種過渡模態

過渡模態	狀態等級	調整方式	持續時間(採樣時刻)	操作成本/($/tra)
12	優	P:2800-2705 L:65	216～240	176.88～196.53
	非優	P:2800-2750-2705 L:65	346～399	329.04～365.6
14	優	P:2800-2725-2600 L:65	525～580	421.63～457.37
	非優	P:2800-2600 L:65	648～712	615.91～684.35
23	優	P:2705 L:65-75	530～585	276.96～310.76
	非優	P:2705 L:65-70-75	650～717	497.32～552.57

表 5-3 中給出了過渡模態下的不同調整策略以模擬優與非優運行狀態，其中，$/tra 表示一次完整的過渡過程的操作成本。從表中可以看出，透過對反應器壓力和反應器液位實施不同的調整策略，同一過渡模態下不同的過渡過程持續時間和操作成本都有較大的差異。將其中具有相對較低操作成本的過渡數據作為優運行狀態下的參考數據。以過渡模態 12 為例，若將反應器壓力由穩定模態 1 的 2800kPa 直接調整到穩定模態 2 的 2705kPa，則整個過渡過程的操作成本在 176.88～196.53 $ 之間波動。如果首先將反應器壓力由 2800kPa 調整到 2750kPa，當運行平穩

後再調整到 2705kPa，則整個過渡過程的操作成本將在 329.04～365.6＄之間波動。由此可以看出，對於過渡模態 12，前一種調整策略下過渡過程的運行狀態是優的，而後一種調整策略產生非優運行狀態的過渡數據。

從過渡模態 12 的歷史數據中分別選取「優」和「非優」運行狀態下的過渡數據各一次，其中優運行狀態過渡數據包含 238 個樣本，非優運行狀態過渡數據包含 397 個樣本。圖 5-5 為兩次過渡過程中 15 個過程變量的過渡軌跡。從圖中可以看出，由於不同的調整策略，使得「優」與「非優」狀態等級下過程變量軌跡完全不同。類似地，其他兩種過渡模態下「優」與「非優」狀態等級對應的過渡軌跡和持續時間也存在較大差異。

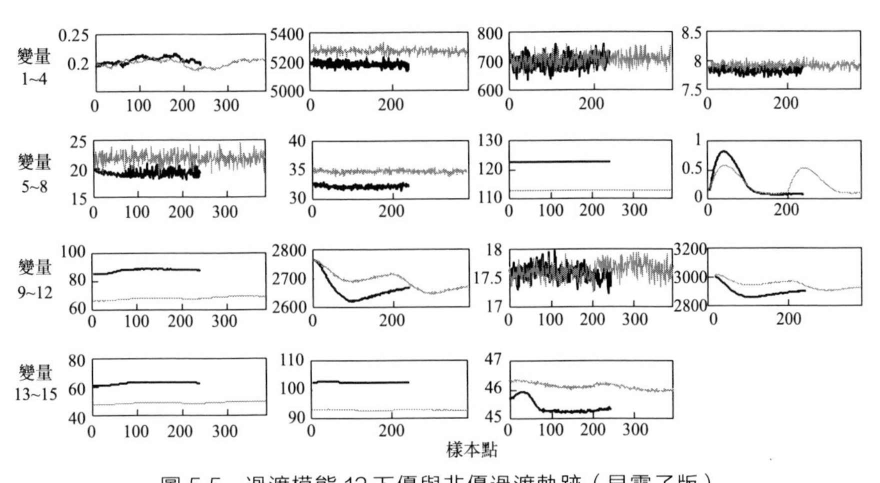

圖 5-5　過渡模態 12 下優與非優過渡軌跡（見電子版）
（「—」表示優運行狀態過渡軌跡，「—」表示非優運行狀態過渡軌跡）

從每個穩定模態歷史數據中分別選取包含「優」與「非優」運行狀態的 1000 個樣本，用於建立每個穩定模態的評價模型。圖 5-6 為四個穩定模態建模數據分別沿再循環流量（變量 5）、反應器進料速度（變量 6）以及產品分離器溫度（變量 9）三個方向的空間分布情況，從中可以看出，不同的穩定模態建模數據占據了不同的分布區域。另外，針對每種過渡模態下的各個狀態等級，分別選取 50 次歷史過渡數據構成相應的建模數據集合，並分別建立 GMM 以描述不同過渡模態的各個狀態等級的數據分布情況。

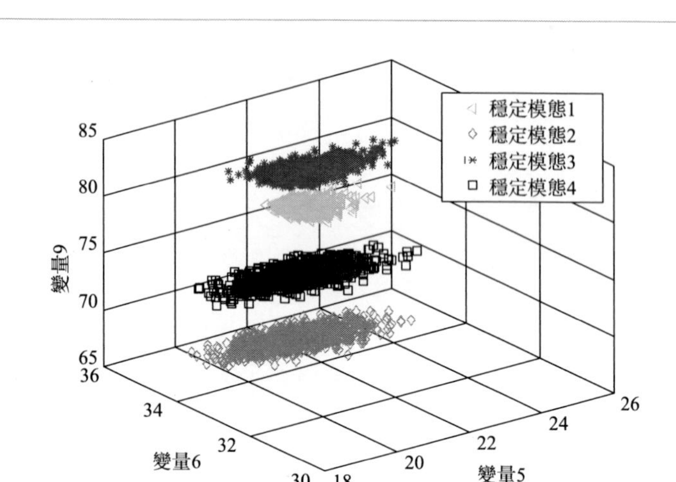

圖 5-6　四個不同穩定模態的三維空間數據分布（見電子版）

為了定量地衡量各個模態評價模型的準確性和可靠性，本書選用如下兩個指標。

① 均方根誤差：

$$\mathrm{RMSE}=\sqrt{\frac{\sum_{n_t=1}^{N_t}(y(n_t)-\hat{y}(n_t))^2}{N_t}} \tag{5-37}$$

② 最大相對誤差：

$$\mathrm{MRE}=\max_{1\leqslant n_t\leqslant N_t}\left\{\left|\frac{y(n_t)-\hat{y}(n_t)}{y(n_t)}\right|\right\} \tag{5-38}$$

其中，N_t 是測試樣本總數；$y(n_t)$ 和 $\hat{y}(n_t)$ 分別表示第 n_t 個測試樣本對應的綜合經濟指標實際值和預測值。

分別將建模數據和測試數據的均方根誤差記為 RMSEC 和 RMSEP，並利用 MREC 和 MREP 表示建模數據和測試數據的最大相對誤差。表 5-4 為 TE 過程中四種穩定模態和三種過渡模態建模數據的均方根誤差和最大相對誤差。由表可知，基於建模數據所獲得的各個模態評價模型的均方根誤差和最大相對誤差都很小，表明所建立的評價模型預測性能較好。

表 5-4　建模數據的均方根誤差和最大相對誤差

模態類型	均方根誤差	最大相對誤差
穩定模態 1	0.0199	0.0663

續表

模態類型	均方根誤差	最大相對誤差
穩定模態 2	0.0207	0.1015
穩定模態 3	0.0258	0.1266
穩定模態 4	0.0287	0.1360
過渡模態 12	0.0015	0.0103
過渡模態 14	0.0045	0.0296
過渡模態 23	0.0037	0.0265

5.3.3 演算法驗證及討論

從 TE 過程中另外生成 4258 個樣本作為在線測試數據。在線數據模擬從穩定模態 1 的優運行狀態轉變為非優運行狀態，然後進入過渡模態 12 且運行狀態仍然是非優，最後進入穩定模態 2 且過程運行狀態由初始的非優轉化為優的過程。在線模態識別和運行狀態評價的相關參數設置如下：$L=20$，$\psi=0.9$，$\delta=0.75$，$z=3$，$d=3$，$\boldsymbol{W}=\mathrm{diag}(0.0034,0.0117,0.0528,0.0510,0.0031,0.0606,0.2062,0.0996,0.1395,0.0560,0.0213,0.0086,0.1315,0.1186,0.0055)$。

接下來，對本書所提出的在線模態識別及評價方法進行驗證。圖 5-7 為測試數據相對於各穩定模態以及每個過渡模態下不同狀態等級的後驗機率變化情況。從圖 5-7 可以看出，後驗機率值能夠很好地跟蹤和刻畫過程操作模態的變化。更加詳細的在線模態識別結果與實際情況的對比列於表 5-5 中。透過對比可知模態識別結果與實際情況基本相符，同時能夠有效地識別出穩定模態和過渡模態的模糊區域，證明了本書所提在線識別方法的有效性。

表 5-5 在線模態識別結果與實際情況的對比

模態類型	實際情況(樣本)	模態識別結果(樣本)
穩定模態 1	1～1984	1～1981
穩定模態 1 與過渡模態 12 的模糊區域	—	1982～1988
過渡模態 12	1985～2381	1989～2378
過渡模態 12 與穩定模態 2 的模糊區域	—	2379～2385
穩定模態 2	2382～4258	2386～4258

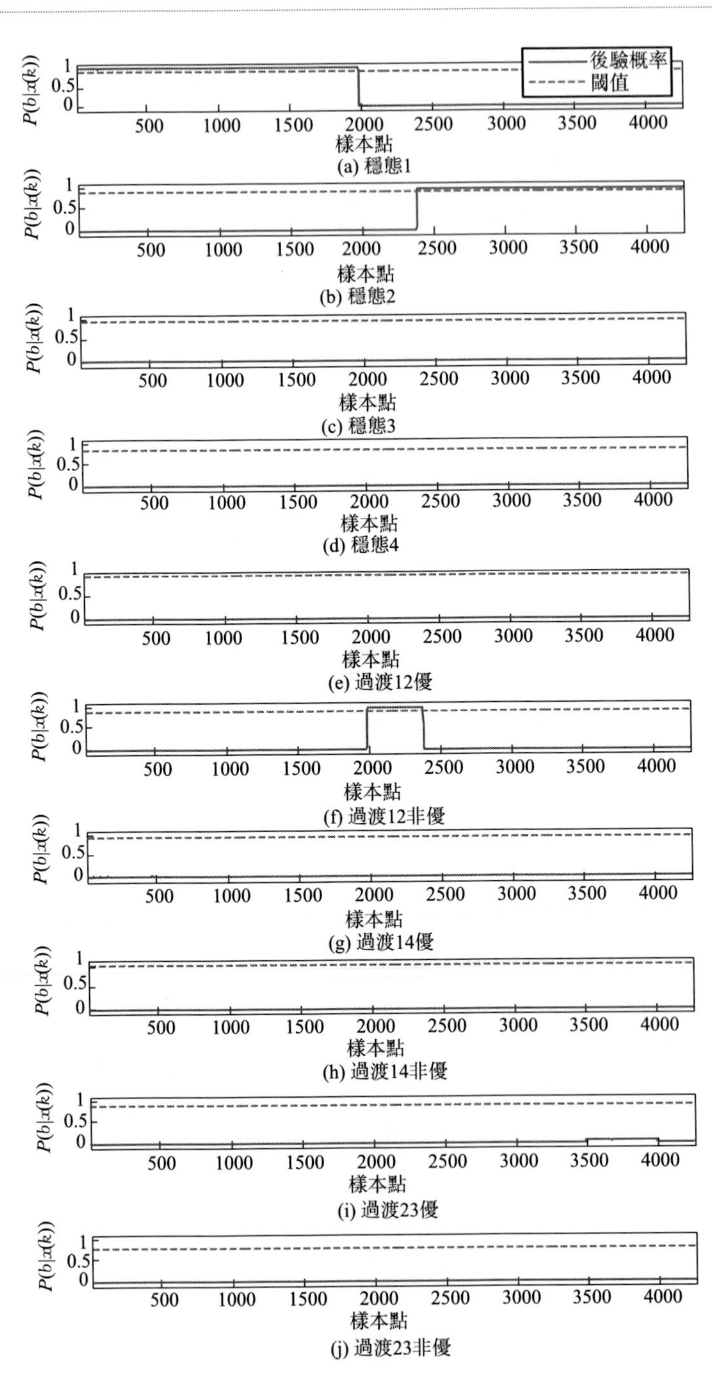

圖 5-7　測試數據相對於每個模態的後驗機率

各個模態下測試數據的綜合經濟指標預測結果及其相對誤差如圖 5-8～圖 5-10 所示。其中，相對誤差計算公式為

$$RE_{n_t}=[y(n_t)-\hat{y}(n_t)]/y(n_t) \tag{5-39}$$

從圖 5-8～圖 5-10 可以看出，不論是穩定模態 1 和 2，還是過渡模態 12，綜合經濟指標預測值都與實際測量值非常接近。表 5-6 中給出了在線測試數據的均方根誤差和最大相對誤差，從中可以看出，在各種模態識別結果下，均方根誤差和最大相對誤差都很小，説明綜合經濟指標預測結果準確可靠，可以利用其評價過程運行狀態。

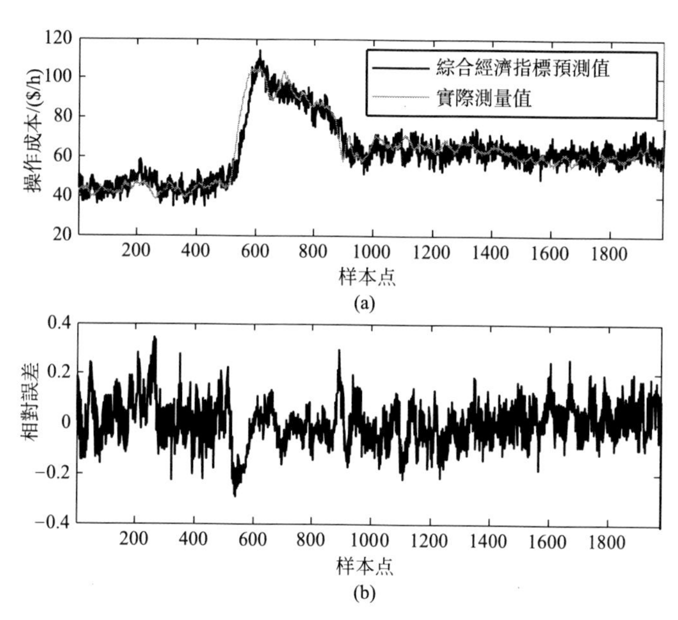

圖 5-8　穩定模態 1 下綜合經濟指標預測值與相對誤差（1～1981）（見電子版）

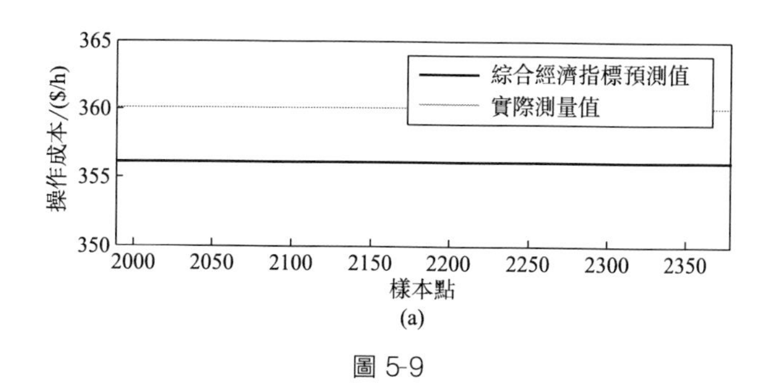

圖 5-9

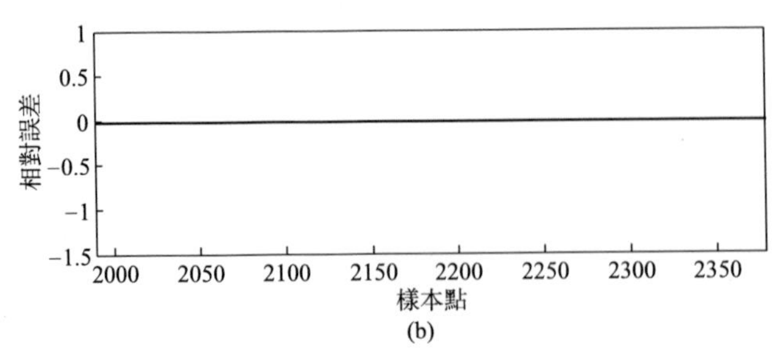

圖 5-9 過渡模態 12 下綜合經濟指標預測值與相對誤差（1989～2378）

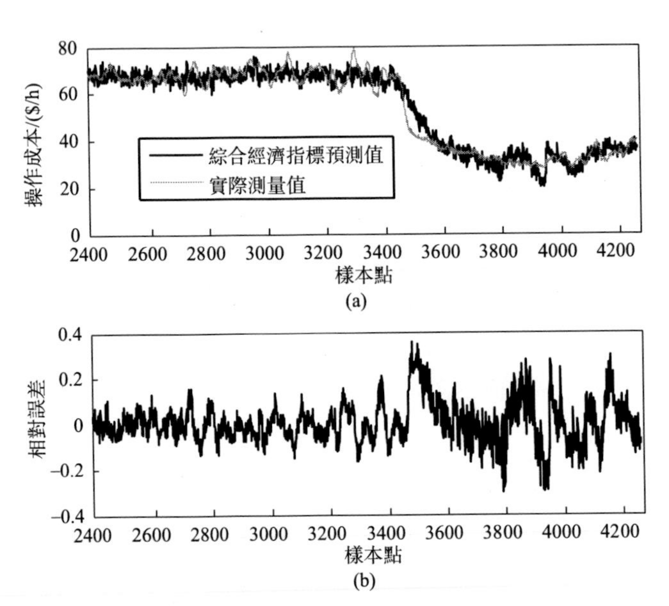

圖 5-10 穩定模態 2 下綜合經濟指標預測值與相對誤差（2386～4258）（見電子版）

表 5-6 在線測試數據的均方根誤差和最大相對誤差

模態類型	均方根誤差	最大相對誤差
穩定模態 1	0.0883	0.3449
穩定模態 1 與過渡模態 12 的模糊區域	0.2565	0.9887
過渡模態 12	0.0511	0.2111
過渡模態 12 與穩定模態 2 的模糊區域	0.2176	0.9622
穩定模態 2	0.0925	0.3589

運行狀態在線評價和非優原因追溯結果如圖 5-11～圖 5-13 所示。由

圖 5-11(a) 可知，在穩定模態 1 中，評價指標值從開始到第 538 個採樣時刻均高於評價閾值，而從第 539 個採樣時刻開始逐漸減小並小於閾值，說明過程運行狀態在第 539 個採樣時刻由「優」轉化為「非優」。過程運行狀態在線評價結果與實際運行狀態的對比如表 5-7 所示。從中可以看出，在線評價結果與實際情況基本一致。另外，圖 5-11(b) 展示了第 539 個採樣時刻的非優原因追溯結果，其中變量 7、8、9、12、13 和 14 的貢獻率相對較大。由 TE 過程機理可知，反應器溫度與變量 8、9、12、13 和 14 具有較強的相關關係。根據阿累尼烏斯公式[24]，反應速率是一個關於溫度的函數。因此，當反應器溫度偏離最優設定值時，將會影響反應速率，從而導致反應器中成分比例在未達到生產要求之前，反應物就流向下一個生產單位。為了適應這種改變，隨後的生產單位，如分離器、汽提塔等，將會進行自適應調節，而該調節過程將表現於產品分離器溫度（變量 9)、汽提塔壓力（變量 12)、汽提塔溫度（變量 13）和反應器冷卻水出口溫度（變量 14）等變量上，並最終影響生產過程的净化率(變量 8)。上述過程變量都與最終的生產成本有著直接或間接的聯繫，因此可以認為非優原因追溯結果與實際情況相符。

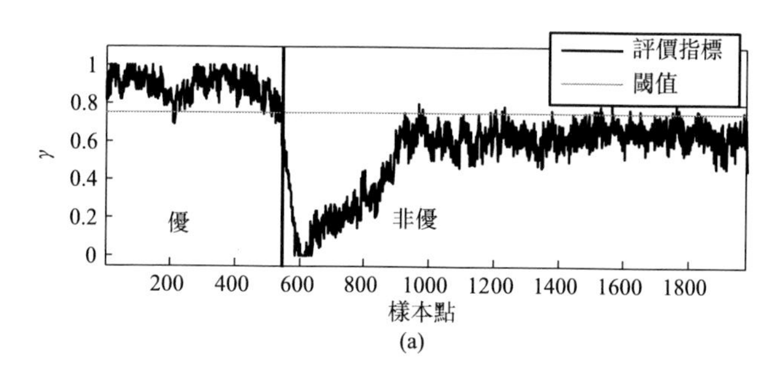

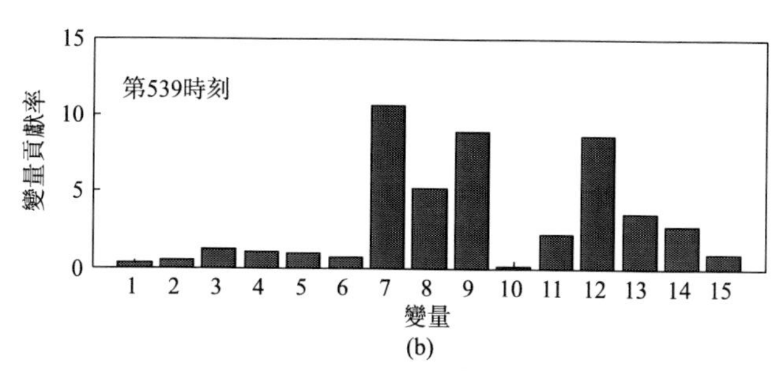

圖 5-11　穩定模態 1 的在線評價和非優原因追溯結果

表 5-7　運行狀態在線評價結果與實際情況對比

模態類型	狀態等級	實際情況	在線評價結果
穩定模態 1	優	1～527	1～538
	非優	528～1984	539～1981
穩定模態 1 與過渡模態 12 的模糊區域	非優	—	1982～1988
過渡模態 12	非優	1985～2381	1989～2378
過渡模態 12 與穩定模態 2 的模糊區域	非優	—	2379～2385
穩定模態 2	非優	2382～3568	2386～3580
	優	3569～4258	3581～4258

在穩定模態 1 和過渡模態 12 的模糊區域中，由於該區域第一個採樣時刻的實際模態類型是穩定模態 1，因此其在線評價和非優原因追溯結果與穩定模態 1 時的結果類似，為了避免贅述，仿真結果在此省略。

過渡模態 12 的在線評價和非優原因追溯結果如圖 5-12 所示。圖 5-12(a) 中顯示，從第 1989 到第 2378 個採樣時刻，評價指標始終低於評價閾值，表明在過渡模態 12 下，過程運行狀態始終為「非優」。圖 5-12(b) 為第 1989 時刻的非優原因追溯結果。從中可以看出，過程變量 7、9、13 和 14 的貢獻率明顯大於其他變量，因此有理由認為它們是導致過程運行狀態非優的原因變量，而該非優原因追溯結果的正確性也可以由圖 5-6 得到進一步驗證。

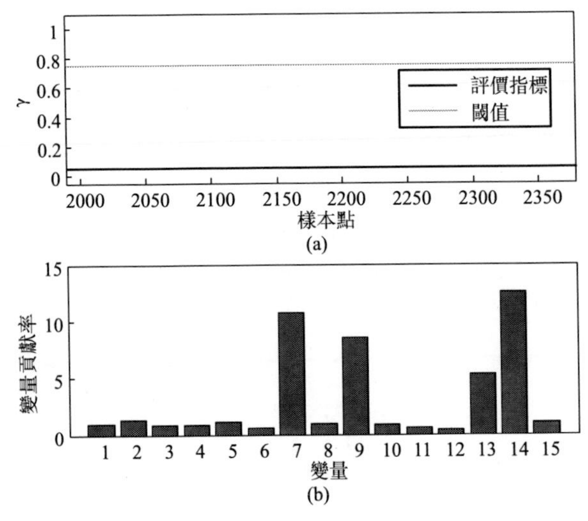

圖 5-12　過渡模態 12 的在線評價和非優原因追溯結果

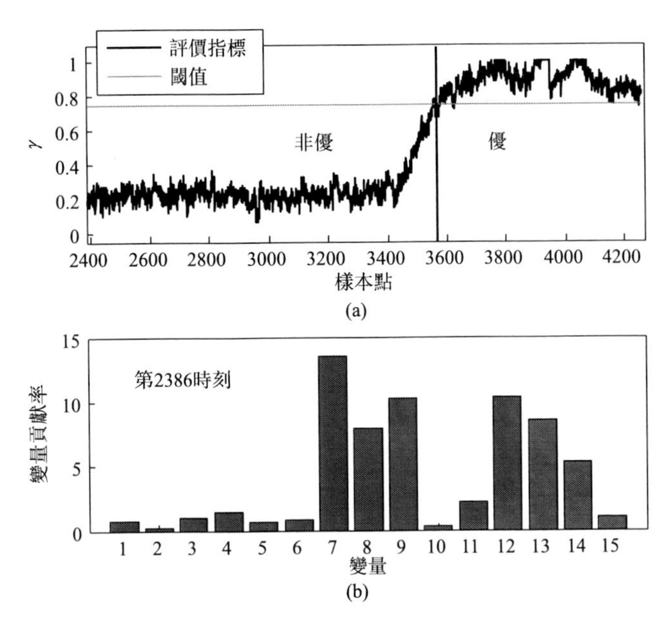

圖 5-13　穩定模態 2 的在線評價和非優原因追溯結果

在過渡模態 12 和穩定模態 2 的模糊區域中，由於其初始時刻的實際模態類型是過渡模態 12，因此其在線評價和非優原因追溯結果與過渡模態 12 的分析結果類似。圖 5-13 為穩定模態 2 下的在線評價和非優原因追溯結果。由圖 5-13(a) 可知，評價指標從第 3581 個採樣時刻開始大於評價閾值，說明過程運行狀態從此刻開始由「非優」轉化為「優」。圖 5-13(b) 中顯示在穩定模態 2 初始時刻（第 2386 時刻）的非優原因追溯結果。與穩定模態 1 時的追溯結果類似，過程變量 7、8、9、12、13 和 14 被確定為導致運行狀態非優的原因變量，識別結果與實際情況相符。

參考文獻

[1] ZHAO C H. Concurrent phase partition and between-mode statistical analysis for multimode and multiphase batch process monitoring[J]. AIChE Journal, 2014, 60(6): 2048-2062.

[2] TONG C, PALAZOGLU A, YAN X. An

adaptive multimode process monitoring strategy based on mode clustering and mode unfolding[J]. Journal of Process Control, 2013, 23(10): 1497-1507.

[3] ZHANG S M, ZHAO C H. Stationarity test and Bayesian monitoring strategy for fault detection in nonlinear multimode processes[J]. Chemometrics & Intelligent Laboratory Systems, 2017, 168: 45-61.

[4] QIN Y, ZHAO C H, ZHANG S M, et al. Multimode and multiphase batch processes understanding and monitoring based on between-mode similarity evaluation and multimode discriminative information analysis[J]. Industrial & Engineering Chemistry Research, 2017, 56 (34): 9679-9690.

[5] YE L, LIU Y, FEI Z, et al. Online probabilistic assessment of operating performance based on safety and optimality indices for multimode industrial processes[J]. Industrial & Engineering Chemistry Research, 2009, 48 (24): 10912-10923.

[6] HAND D J, MANNILA H, SMYTH P. Principles of data mining [M]. Cambridge: MIT press, 2001.

[7] BAKSHI B R. Multiscale PCA with application to multivariate statistical process monitoring[J]. AIChE Journal, 1998, 44 (7): 1596-1610.

[8] KRAMER M A. Autoassociative neural networks[J]. Computers & Chemical Engineering, 1992, 16(4): 313-328.

[9] YU J, QIN S J. Multimode process monitoring with Bayesian inference-based finite Gaussian mixture models [J]. AIChE Journal, 2008, 54(7): 1811-1829.

[10] YU J, QIN S J. Multiway Gaussian mixture model based multiphase batch process monitoring[J]. Industrial & Engineering Chemistry Research, 2009, 48(18): 8585-8594.

[11] YU J. Online quality prediction of nonlinear and non-Gaussian chemical processes with shifting dynamics using finite mixture model based Gaussian process regression approach [J]. Chemical Engineering Science, 2012, 82(1): 22-30.

[12] YU J, CHEN K, RASHID M M. A Bayesian model averaging based multi-kernel Gaussian process regression framework for nonlinear state estimation and quality prediction of multiphase batch processes with transient dynamics and uncertainty [J]. Chemical Engineering Science, 2013, 93(4): 96-109.

[13] TAN S, WANG F, PENG J, et al. Multimode process monitoring based on mode identification[J]. Industrial & Engineering Chemistry Research, 2011, 51 (1): 374-388.

[14] XIAO D, PAN X, MAO Z, et al. Quality prediction of tube hollow based on step-by-step staged MICR[J]. Chinese Journal of Scientific Instrument, 2007, 28(12): 2190-2196.

[15] NOMIKOS P, MACGREGOR J F. Multi-way partial least squares in monitoring batch processes[J]. Chemometrics and Intelligent Laboratory Systems, 1995, 30(1): 97-108.

[16] WANG F, TAN S, PENG J, et al. Process monitoring based on mode identification for multi-mode process with transitions[J]. Chemometrics and Intelligent Laboratory Systems, 2012, 110(1): 144-155.

[17] GE Z, GAO F, SONG Z. Mixture probabilistic PCR model for soft sensing of

multimode processes[J]. Chemometrics and Intelligent Laboratory Systems, 2011, 105(1): 91-105.

[18] GE Z, SONG Z, WANG P. Probabilistic combination of local independent component regression model for multimode quality prediction in chemical processes [J]. Chemical Engineering Research and Design, 2014, 92(3): 509-521.

[19] CHEN W C, WANG M S. A fuzzy c-means clustering-based fragile watermarking scheme for image authentication [J]. Expert Systems with Applications, 2009, 36(2): 1300-1307.

[20] SEBZALLI Y M, WANG X Z. Knowledge discovery from process operational data using PCA and fuzzy clustering[J]. Engineering Applications of Artificial Intelligence, 2001, 14 (5): 607-616.

[21] PENG K, ZHANG K, LI G, et al. Contribution rate plot for nonlinear quality-related fault diagnosis with application to the hot strip mill process[J]. Control Engineering Practice, 2013, 21(4): 360-369.

[22] DOWNS J J, VOGEL E F. A plant-wide industrial process control problem [J]. Computers & Chemical Engineering, 1993, 17(3): 245-255.

[23] RICKER N L. Decentralized control of the Tennessee Eastman challenge process [J]. Journal of Process Control, 1996, 6(4): 205-221.

[24] LAIDLER K J. The development of the Arrhenius equation [J]. Journal of Chemical Education, 1984, 61(6): 494-499.

第6章

基於線性評估與線性變量組劃分的過程分層建模與在線監測

前面主要針對工業過程的正常運行狀態進行了評估，將其運行的優劣等級進行了細分。本章主要進行過程運行狀態正常與否的監測，即故障檢測。目前，工業過程日益複雜和大規模化，所獲取的過程數據往往蘊含了混合的變量相關性，這意味著線性關係和非線性關係可能同時存在。混合的變量相關性給過程監測帶來了一系列的挑戰。然而，現有的一些多元統計分析的方法往往忽略了混合相關性問題而對過程採用單一的線性或非線性方法進行分析，從而可能導致模型精度降低以及監測性能下降。考慮到混合變量相關性在實際工業過程中普遍存在，本章提出一種基於線性評估以及線性變量組劃分的分層建模與過程監測的方法，透過分離具有不同類型相關性的變量並分別建模，實現過程特性的精確分析和有效提取，從而改善在線監測性能。

6.1 概述

隨著近年來科學技術的飛速發展，工業過程越發往大規模、大數據的複雜系統方向發展。這為保證工業過程的運行安全和產品品質一致性帶來了巨大的挑戰。由於傳感器和物聯網技術的不斷提高，採集到的過程數據也越來越豐富，因此數據驅動方法[1-10] 在實際應用和學術界都得到了廣泛的關注。其中，多元統計分析方法作為代表性方法，能夠有效處理高維度且相互耦合的數據。而作為多元統計分析的基本方法，主成分分析（Principal Component Analysis，PCA）被廣泛用於分析數據的相關性。前人提出了很多基於 PCA 的過程監測方法[11-22]。其中，MacGregor 等[11] 提出了多向主成分分析（Multi-way Principal Component Analysis，MPCA）方法，將 PCA 的應用領域從傳統的連續過程拓展到了批次過程中。透過構建包含歷史樣本和當前樣本的增廣分析矩陣，動態 PCA（Dynamic PCA）[12] 則可以提取過程中的動態特徵。同時，為了進一步探索過程特性，多塊 PCA（multi-block PCA）[13-16] 和基於時段的子 PCA[17-22] 方法也分別在近年來被提出。總的來說，儘管這些方法已經在過程監測領域中有所成效，但是它們僅僅能夠評估過程變量之間的線性關係，這對於如今具有典型非線性特徵的複雜工業過程而言顯然是遠遠不夠的。因此，各種非線性方法[23-26] 被用於分析非線性系統。其中，神經網路是最先被採用的訓練非線性模型的方法[23-25]。基於神經網路的方法可以解耦變量之間的非線性，但是在線應用時求解優化問題計算成本過高。此外，基於核的方法也被用於處理過程變量之間的非線性關係。與基於神經網路的方法相比，基於核的方法只需要在高維特徵空間進行相應的線性計算，提高了運算效率。此外，核函數具有多種形式，使得基於核的方法適用於處理不同的非線性關係。基於這些優點，核主成分分析（KPCA）方法[26] 被廣泛應用於具有非線性特徵的過程的狀態監測。

考慮到不同的工業過程包含不同類型的變量相關性（線性或非線性）以及非線性程度不同，在實際應用中選擇適當的監測方法是非常重要的。譬如，針對線性過程可以使用基於 PCA 的線性方法，對非線性過程則使用基於 KPCA 的非線性方法。然而，傳統的監測方法[11-26] 往往假設過程是線性或非線性的，而這些假設沒有嚴格依據支撐，往往與實際不符。這直接導致選擇的方法可能並不適合所分析的過程，從而降低了模型精度和在線監測性能。因此，考慮到假設的不可靠性或者難以獲取的情況，對實際過程線性和非線性關係的判斷顯得至關重要。Kruger 等[27] 透過對不同樣本區域的 PCA 模型的誤差方差進行估計，提出了一種基於 PCA 模型的非線性測量方法。Zhang 等[28] 定義了一種基於皮爾森相關和互資訊的非線性係數來判斷系統的非線性。這些方法根據分析的主導變量關係對過程進行了理想化的簡化。也就是說，如果判斷過程由非線性主導，則將過程簡化為非線性系統，只用非線性方法進行分析。相反，如果判斷線性特徵處於主導地位，則只採用線性方法來分析過程。

然而，對於大規模工業過程，過程變量具有混合的變量相關性，這裡的混合變量相關性指的是線性和非線性特徵同時存在。因此，過程不能簡單地被認為是純線性或非線性的：①線性特徵和非線性特徵可能具有同等重要性；②雖然過程由線性或非線性特徵主導，但非主導特徵也可能包含關鍵過程運行資訊。混合變量相關性給過程監測帶來了新的挑戰：一方面，單純的線性方法無法有效捕獲非線性變化；另一方面，單純的非線性方法（以 KPCA 等方法為代表）缺乏對數據的直觀解釋能力，且對核函數的選擇也較為敏感，無法正確分析線性關係。一言以蔽之，單一的線性模型或者非線性模型均無法準確充分表徵混合變量相關關係。因此，線性和非線性變量相關性應該被分別建模和監測，其中的關鍵問題是，如何有效區分具有線性關係的變量和具有非線性關係的變量。因此，本章針對具有混合變量相關性的複雜過程提出了一種基於線性評估和線性變量組劃分的分層建模和監測的策略[29]。首先，透過識別線性變量組，分離線性和非線性變量相關關係。其次，基於分離出來的線性變量組和非線性變量組，提出了一種分層建模和監測策略，分別採用線性和非線性演算法用於對不同的變量相關模式進行建模和監測。這裡，我們簡單採用 PCA[1,10,19-21] 和 KPCA[26,28] 作為基本的線性建模方法和非線性建模方法，但所提出的策略可以很容易地擴展到其他線性和非線性演算法。

6.2 基於 PCA 和 KPCA 的過程監測

PCA 是一種線性特徵提取技術，它用於提取相互正交的投影方向，使得測量數據在所提取的方向上的投影具有最大的波動。在第 2 章，已經介紹了基本的 PCA 監測方法。這裡不重復闡述。值得注意的是，PCA 作為一種線性的數據特徵提取方法，它無法有效分析和處理具有非線性數據特徵的過程[26]。因此，對於監測非線性過程，非線性特徵提取的方法是十分必要的。

和 PCA 在原始數據空間提取主成分相比，KPCA 透過核映射在高維特徵空間中提取主成分。假設從原數據空間到特徵空間的映射函數為 Φ，則在特徵空間數據的共變異數矩陣可以表示為$\boldsymbol{C}^{\mathrm{F}}=\Phi(\boldsymbol{X})^{\mathrm{T}}\Phi(\boldsymbol{X})/n$，其中，$n$ 是樣本的個數，$\Phi(\boldsymbol{X})$ 表示在特徵空間中的數據。同 PCA 一樣，KPCA 需要對共變異數矩陣 $\boldsymbol{C}^{\mathrm{F}}$ 進行特徵根分解求取投影方向，然而，由於映射後得到的數據是未知的，投影方向無法直接求得。對此，將 $\boldsymbol{C}^{\mathrm{F}}$ 特徵根分解的問題轉化為

$$\Phi(\boldsymbol{X})\boldsymbol{C}^{\mathrm{F}}\boldsymbol{p}=\lambda\Phi(\boldsymbol{X})\boldsymbol{p} \tag{6-1}$$

令$\boldsymbol{C}^{\mathrm{F}*}=\Phi(\boldsymbol{X})\Phi(\boldsymbol{X})^{\mathrm{T}}/n$ 表示經過核映射後的樣本維度的共變異數矩陣，$\boldsymbol{t}=\Phi(\boldsymbol{X})\boldsymbol{p}$ 則表示特徵空間的主成分，則上述特徵值分解的問題轉化為$\boldsymbol{C}^{\mathrm{F}*}\boldsymbol{t}=\lambda\boldsymbol{t}$。可以看出，無須計算投影方向 $\boldsymbol{p}$ 即可得到主成分 $\boldsymbol{t}$，因此，$\Phi(\boldsymbol{X})$ 亦可以被分解為正交的兩部分：

$$\Phi(\boldsymbol{X})=\sum_{r=1}^{R_k}\boldsymbol{t}_r\boldsymbol{p}_r^{\mathrm{T}}+\sum_{r=R_k+1}^{n}\boldsymbol{t}_r\boldsymbol{p}_r^{\mathrm{T}} \tag{6-2}$$

其中，R_k 表示在特徵空間中所保留的主成分的個數，n 是樣本的個數。

為了進行過程監測，計算 T^2 和 SPE 兩個統計量：

$$T^2=(t_1,t_2,\cdots,t_{R_k})\boldsymbol{\Sigma}^{-1}(t_1,t_2,\cdots,t_{R_k})^{\mathrm{T}}$$

$$\mathrm{SPE}=\sum_{j=1}^{n}t_j^2-\sum_{j=1}^{R_k}t_j^2 \tag{6-3}$$

其中，t_j 是第 j 個主成分的得分；$\boldsymbol{\Sigma}$表示主成分的共變異數矩陣；T^2 和 SPE 的控制限可以根據數據的分布情況求得。當獲得新樣本的時候，則

調用已經建立好的 KPCA 模型計算新的 T^2 和 SPE 指標，監測新樣本的運行狀況。在線監測策略與基於 PCA 的過程監測類似，在這裡不贅述。相關細節可以參考前人工作[26,28]。

6.3 變量相關性評估

對於監測具有混合變量相關性的工業過程，其中一個關鍵問題在於如何衡量變量間的相關性以區分線性變量和非線性變量。因此，我們提出了一個變量相關性評估方法，透過定義一個衡量指標以及基於該指標的變量相關性的評估策略，可以有效指示線性相關變量。

6.3.1 最大相關性潛變量（Maximum-Correlation Latent Variable，MCLV）

對於變量相關性的分析，傳統方法往往針對所有變量兩兩進行分析，計算相關係數，但是計算繁瑣且無法綜合考慮所有變量間關係。對此，我們定義了最大相關性潛變量 MCLV[29]，用於綜合評估變量相關性。

首先，我們的方法是基於對過程變量的以下認識。

① 對於線性相關的變量，它們的波動可以由一個虛擬變量表徵，這個虛擬變量和所有的變量都是線性相關的。

② 對於非線性相關變量，無法提取一個公共虛擬變量對這些變量進行精確表徵。

在案例研究部分將對上述說明進行解釋和例證。因此，可以定義一個最大相關性潛變量（MCLV），該變量趨近於具有某種線性相關性的變量，因而可以作為相關性衡量指標。透過分析該指標與過程變量的相關關係可以指示具有相同線性關係的變量，從而可以避免繁瑣地兩兩分析變量相關性。MCLV 具體的構造步驟如下：

$$\boldsymbol{t}_{\mathrm{g}} = \operatorname{argmax} \sum_{j=1}^{J} \left(\frac{\boldsymbol{X}_j^{\mathrm{T}} \boldsymbol{t}_{\mathrm{g}}}{n-1} \right)^2 \quad \text{s.t.} \quad \boldsymbol{t}_{\mathrm{g}}^{\mathrm{T}} \boldsymbol{t}_{\mathrm{g}} = n-1 \tag{6-4}$$

其中，J 是變量的維度，$\boldsymbol{X}_j$ 表示第 j 個標準化的變量（這裡標準化是指透過數據預處理使變量具有零均值單位標準差），n 是樣本的個數。

上述優化問題可以使用拉格朗日乘數法進行求解，最後轉化為一個特徵根分解的問題：

$$\boldsymbol{X}\boldsymbol{X}^{\mathrm{T}}\boldsymbol{t}_{\mathrm{g}}/(n-1)^2=\lambda\boldsymbol{t}_{\mathrm{g}}$$
$$\text{s.t. } \boldsymbol{t}_{\mathrm{g}}^{\mathrm{T}}\boldsymbol{t}_{\mathrm{g}}=n-1 \tag{6-5}$$

可以看出，MCLV 實質上是單位化的 PCA 第一主成分，它是變量的線性組合。MCLV 的線性特徵使得它們無法表徵非線性波動，因而它將趨近於具有某種線性相關性的變量。

6.3.2 基於彈性網和重採樣的變量相關性評估

在上一節，我們定義了最大相關性潛變量 MCLV 作為相關性衡量指標，透過分析 MCLV 和過程變量間的相關關係可以指示具有相同線性關係的變量。為了有效評估變量相關性，我們進一步提出一種基於彈性網和重採樣策略的相關性衡量方法[29]，該方法基於對線性相關變量的以下兩點認識：

① 變量之間應當具有較大的相關係數；

② 變量之間的相關係數應當不會隨著時間的變化而發生顯著變化。

顯而易見，線性相關變量滿足第一點。對於第二點，在本節提供了反例進行說明（見圖 6-1 及其相應說明）。因此，首先建立 MCLV 和過程變量間的彈性網迴歸模型，透過計算迴歸係數自動評估變量間的線性關係，隨後基於重採樣的方法對變量間的相關係數在時間上的波動進行衡量。具體方法如下。

① 建立 MCLV 和過程變量矩陣 $\boldsymbol{X}$ 之間的彈性網迴歸模型[30]，$\boldsymbol{t}_{\mathrm{g}}=\boldsymbol{X}\boldsymbol{b}+\boldsymbol{e}$，求解稀疏化的迴歸係數 $\boldsymbol{b}$。其中，稀疏化的迴歸係數指的是某些變量對應的迴歸係數為零，該迴歸係數可以透過求解如下的帶懲罰項的優化問題得到：

$$\boldsymbol{b}=\operatorname{argmin}\left\|\boldsymbol{t}_{\mathrm{g}}-\boldsymbol{X}\boldsymbol{b}\right\|_2^2+\lambda_1\left\|\boldsymbol{b}\right\|_1+\lambda_2\left\|\boldsymbol{b}\right\|_2^2 \tag{6-6}$$

其中，λ_1 和 λ_2 是拉格朗日乘子係數，$\|\cdot\|_1$ 表示一範數約束，$\left\|\cdot\right\|_2^2$ 表示二範數約束。一範數約束具有稀疏化的作用，它使得某些變量對應的迴歸係數為零；二範數約束在 $\lambda_2>0$ 時是一個凸優化問題，它的作用是平滑線性相關變量的迴歸係數，從而可以看成是對線性相關性的一種衡量[30]。因而，透過一範數約束和二範數約束的共同作用，所得到的稀疏化迴歸係數可以衡量變量間的相關性，即相關係數較大的變量具有同等大小的迴歸係數。此外，透過調節 λ_1 和 λ_2 的值，可以得到不同的稀

疏化迴歸係數 $\boldsymbol{b}$，即不同的衡量結果。關於具體參數調節和如何確定最合適的衡量結果將在 6.4 對 λ_1 和 λ_2 的討論部分進行説明，這裡不再闡述。

② 基於滑動窗的方法，定義重要性指標 SF 並衡量變量之間的相關係數在時序上的變化情況。

在介紹該步驟之前，先看圖 6-1 中的例子。如圖 6-1 所示，變量 x 和 y 存在一種單調的非線性關係，而它們的相關係數高達 0.8014。如果僅僅根據相關係數進行判斷，則會錯誤地指示 x 和 y 之間存在著線性相關關係。透過對時序上的局部樣本進行分析，發現這兩個變量的相關係數隨時間變化的波動十分顯著，這可能是導致錯誤指示的原因。

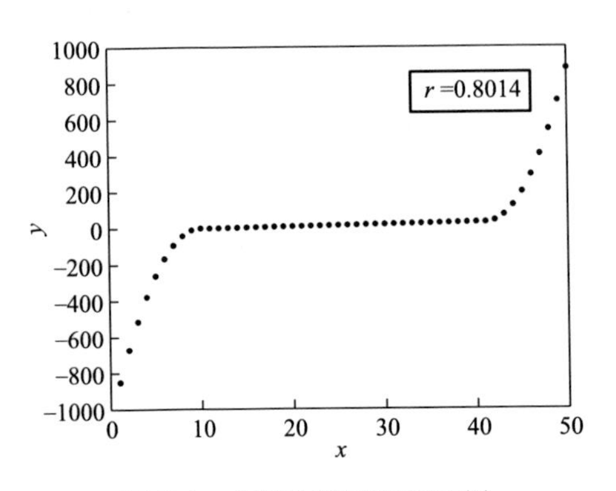

圖 6-1　非線性變量關係示例

該例子説明相關係數可能不足以指示真正的線性相關關係，線性相關變量間的相關係數應當不隨時間的變化而發生顯著變化。因此，我們基於滑動窗口的方法定義了 SF 指標，進一步衡量變量的相關係數隨時間變化的波動水準，從而確定真正的線性相關變量。具體的 SF 定義及變量相關性衡量的步驟如下。

① 透過滑動窗口技術，將過程變量 $\boldsymbol{X}$ 和 $\boldsymbol{t}_{\mathrm{g}}$ 的樣本劃分為 M 個子塊。

② 對於每個變量 $\boldsymbol{X}_j$ 和 $\boldsymbol{t}_{\mathrm{g}}$，求取它們的每個子塊的相關係數，得到向量 $\boldsymbol{r}_j(M\times1)$，並計算每個變量的 SF 指標：$\mathrm{SF}_j=\left|\dfrac{\mathrm{mean}(\boldsymbol{r}_j)}{\mathrm{std}(\boldsymbol{r}_j)}\right|$。

③ 比較 SF_j 和 SF 指標閾值的大小。若 SF_j 小於閾值，則可以認為 $\boldsymbol{X}_j$ 與 $\boldsymbol{t}_{\mathrm{g}}$ 所指示的其他變量的線性相關性很弱。若 SF_j 大於閾值，則説明 $\mathbf{X}_j$ 與 $\boldsymbol{t}_{\mathrm{g}}$ 所指示的其他變量是線性相關的。

在上述步驟中，SF 的閾值十分重要，它決定了線性關係的顯著水準及每個線性組包含的變量個數。從 SF 的表達式可以看出，SF 越大則變量間的線性關係越顯著，SF 越小則變量間的線性關係越弱。因此，我們希望 SF 的閾值能反映線性關係下相關係數隨時間變化的最大波動情況。當變量間相關係數隨時間變化的波動超過最大值時，則 SF 小於閾值，此時可以認為變量間不滿足線性關係。因此，可以按如下步驟確定 SF 的閾值。

首先，確定線性關係下 $|\mathrm{mean}(\boldsymbol{r})|$ 的最小值 $\mathrm{Ctrl}_{|\mathrm{mean}(\boldsymbol{r})|}$。由於線性相關變量的相關係數應當不隨時間的變化而發生顯著變化，故 $|\mathrm{mean}(\boldsymbol{r})| \approx |R| = \sqrt{R^2}$，其中 R 是相關性係數。根據前人工作[31] 可知 $R^2/(1-R^2) \sim F_\alpha(1, n-2)/(n-2)$，其中 n 表示變量中的樣本個數，從而可以求得 R^2 的控制限 Ctrl_{R^2} 以及 $\mathrm{Ctrl}_{|\mathrm{mean}(\boldsymbol{r})|}$。接下來，SF 的閾值可以定義為 $\mathrm{Ctrl}_{\mathrm{SF}} = \left| \dfrac{\mathrm{Ctrl}_{|\mathrm{mean}(\boldsymbol{r})|}}{\beta \cdot \max\limits_j(\mathrm{std}(\boldsymbol{r}_j))} \right|$，其中，$\max\limits_j(\mathrm{std}(\boldsymbol{r}_j))$ 表示已選的線性變量中的相關係數波動的標準差的最大值。β 是可調係數，它決定了線性關係的顯著水準。關於如何選取 β，將在 6.4 的討論部分進行說明。

6.4 基於變量相關性評估的線性變量組劃分

在 6.3 小節，提出了最大相關性潛變量 MCLV 以及變量相關性評估的方法用於指示具有相同線性關係的變量。考慮到過程變量間往往存在著多種線性關係以及非線性關係，本節在 6.3 小節的基礎上，提出了一種線性變量組迭代劃分的演算法[29]，透過不斷迭代評估變量相關關係選取出一個線性變量組，並將該線性組從過程變量中剔除進行下一個線性變量組識別，如此循環，直至所有線性變量組均被劃分出來。該演算法的具體步驟如下。

(1) 初始 MCLV 提取

輸入原始數據 $\boldsymbol{X}(N \times J)$，並按照公式(6-4) 求取初始的最大相關性潛變量 $\boldsymbol{t}_\mathrm{g}$。

(2) 基於相關係數的初步評估

計算每個變量和 $\boldsymbol{t}_\mathrm{g}$ 的 R^2 指標，並和控制限 Ctrl_{R^2} 比較。如果少於兩個指標超限，則說明變量中沒有線性變量，演算法中止；反之，選取超限的變量 $\boldsymbol{X}_\mathrm{s}$，執行步驟 (3)。

（3）確定初始線性變量組

建立 $\boldsymbol{t}_{\mathrm{g}}$ 和 $\boldsymbol{X}_{\mathrm{s}}$ 之間的彈性網迴歸模型，並選取 $\boldsymbol{t}_{\mathrm{g}}$ 所指示的兩個變量作為初始線性變量組，將其放入 $\boldsymbol{X}_{L,c}$。隨後，根據 $\boldsymbol{X}_{L,c}$ 確定 SF 的閾值。

（4）線性關係評估

基於 $\boldsymbol{X}_{L,c}$ 重新計算 MCLV（$\boldsymbol{t}_{\mathrm{g,new}}$）以及 $\boldsymbol{X}$ 中剩餘變量的 R^2 指標。如果沒有 R^2 指標超限，演算法終止；否則，透過彈性網迴歸模型重新選取 $\boldsymbol{t}_{\mathrm{g,new}}$ 所指示的三個變量，並計算它們的 SF 指標。比較它們的 SF 和步驟（3）求得的閾值的大小，其結果分為以下三種情況：①只有一個 SF 大於閾值，說明初始線性變量組選取是不準確的，當前過程變量中不存在線性相關變量，終止演算法；②只有上一步所選取的兩個變量的 SF 大於閾值，說明當前線性變量組已經確定完畢，跳轉至步驟（7）；③所選取的三個變量的 SF 指標均大於閾值，說明這三個變量線性相關，將其放入 $\boldsymbol{X}_{L,c}$，執行步驟（5）。

（5）基於相關係數進行評估

基於 $\boldsymbol{X}_{L,c}$ 重新計算 $\boldsymbol{t}_{\mathrm{g,new}}$ 以及剩餘變量的 R^2 指標。如果沒有 R^2 超限，則當前線性變量組選取完畢，跳轉至步驟（7）；否則，執行步驟（6）。

（6）確定線性變量組

建立 $\boldsymbol{t}_{\mathrm{g,new}}$ 和 R^2 超限變量之間的彈性網迴歸模型。在步驟（4）的基礎上多選取一個變量並計算其 SF 指標。比較這些變量的 SF 與閾值，將所選取的變量放入 $\boldsymbol{X}_{L,c}$，並重復步驟（5）和步驟（6）直到當前線性變量組的所有變量都被選取出來。

（7）迭代執行

移除所確定的線性變量組 $\boldsymbol{X}_{L,c}$，將剩餘變量作為新的輸入，重復執行步驟（1）～（6）直到所有的線性變量組被確定。需要注意的是，在上述迭代過程中，為了保證對 SF 及 R^2 的衡量都使用統一的標準，一旦確定了一個線性變量組，則 SF 的閾值以及 R^2 的控制限固定不變。

線性變量組迭代劃分演算法流程如圖 6-2 所示。演算法的輸入是具有混合變量相關性的過程變量，輸出為分離開的線性變量組（$\boldsymbol{X}_{L,s}$）和非線性變量組（$\boldsymbol{X}_{\mathrm{NL}}$）。每個線性變量組內部的變量是線性相關的，而不同變量組間是非線性相關的。顯而易見，本章所提出的線性變量組迭代劃分演算法存在兩種極端情況：若過程變量只存在著線性關係，則所劃分的均為線性變量組；若過程變量間均呈非線性關係，則本演算法劃分出一個非線性變量組。

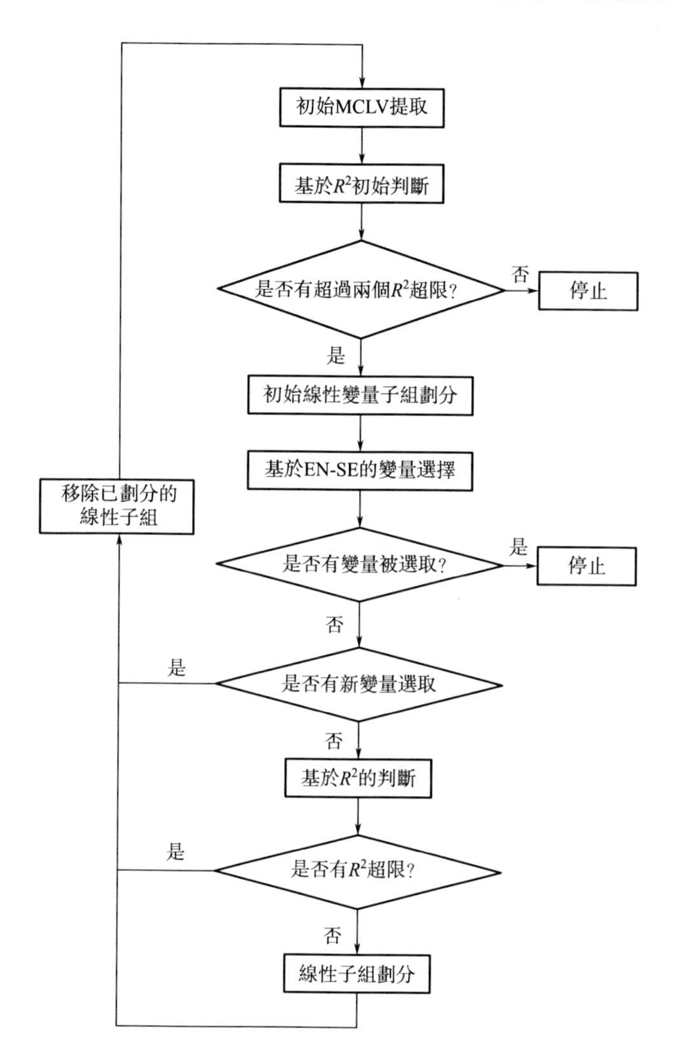

圖 6-2　線性變量組迭代劃分演算法流程

在上述變量組迭代劃分過程中，考慮到線性變量組至少包含兩個線性相關變量，我們選取兩個變量作為每個線性變量組的初始變量。在每個線性變量組的後續變量的確定過程中，之前所選取的變量都被放回備選集進行重新評估，從而可以糾正初始線性變量的不準確所導致的偏差。相關係數的平方 R^2 在本演算法中是一個初步的判斷指標，用於選取那些有可能線性相關的變量，從而減少彈性網的計算複雜度。此外，有以下幾點需要重點注意和討論。

(1) 參數 λ_1 和 λ_2 的作用和選擇方法

首先，分析參數 λ_1 和 λ_2 的作用。參數 λ_1 和 λ_2 在基於彈性網和重採樣的相關性衡量方法中發揮著不同的作用。λ_1 是主要參數，它決定了迴歸係數中零係數的個數。λ_1 越大則零係數的個數越多；若 λ_1 趨近於零，則公式 (6-6) 所示的目標函數則變成一個嶺迴歸問題而無法得到稀疏化的迴歸係數。λ_2 主要作用是平滑線性相關變量的係數。λ_2 越大則線性相關變量的迴歸係數變得更平滑；若 λ_2 趨近於零，公式 (6-6) 所示的目標函數則轉化為一個 LASSO 形式的問題而不能充分考慮變量間的相關性[30]。更詳細的分析可以參考 Zou 等的工作[30]。

其次，對於參數 λ_1 和 λ_2 的選取，Zou 等人提出了比較完備的方法[30]。他們建議首先以一定的間距給 λ_2 確定一組備選值，如[0.01, 0.1, 1.0, 10]。在本章，我們透過試湊法將 λ_2 的備選值設為[0.1, 0.5, 1.0, 1.5, 2.5, 5.0, 10]。然後，對於每個 λ_2，由大到小調節 λ_1，使得每次由 MCLV 所指示的線性相關變量逐個增加，直到選擇出所有的滿足條件的線性相關變量。此時，可以確定相應的 λ_1 和迴歸方程的預測誤差。因此，透過上述步驟，每個 λ_2 都對應著一個 λ_1 和預測誤差。最後，可以將 λ_1 和 λ_2 確定為最小預測誤差所對應的值。同時，也可以確定當前選取的線性相關變量為預測誤差最小時 MCLV 所指示出的變量。

(2) 調節因子 β 的作用

調節因子 β 決定了線性關係的顯著水準。調節因子越大，則線性關係越不顯著，從而更多的變量被劃分到線性變量組；調節因子越小，則意味著所選取的變量具有越顯著的線性關係。調節因子的選取對線性變量組的劃分是十分重要的，不恰當的調節因子會導致線性變量組包含過多或者過少的變量，從而使得每一種線性關係無法被精確表徵。然而，關於如何選取調節因子，至今仍沒有一個準確的準則。一般來說，根據過程特性和應用目的經驗性地選取。在本文，則採用試湊法選取調節因子 β，選取的原則是：獲得最小的漏報率並同時使得誤報率維持在可接受的範圍內。

6.5 分層建模與在線監測

在進行了變量組的劃分之後，過程變量被劃分成不同的線性變量組和非線性變量組。每個線性組內的變量線性相關，而在線性組間以及非線性組內的變量則具有非線性關係。為了精確表徵過程的線性和非線性特徵，準確判斷過程的運行狀態，提出了一種分層建模與在線監測的策略[29]。

6.5.1 基於 PCA-KPCA 的分層建模

為了綜合分析每個變量組的局部特性和不同變量組間的相關關係以獲取完備的過程資訊，我們提出了一種兩層建模策略，在不同層分別對線性特徵和非線性特徵進行分析建模。在底層，在每一個線性組建立 PCA 模型，分析局部線性特徵；在上層，建立一個 KPCA 模型，分析全局的非線性特徵。因此，本章所建立的分層模型稱為分層 PCA-KPCA 模型（Hierarchical-PCA-KPCA，H-PCA-KPCA），其具體步驟如下。

在底層建模過程中，對每個線性組建立 PCA 模型：

$$\boldsymbol{X}_{L,s}=\boldsymbol{T}_{L,s}\boldsymbol{P}_{L,s}^{\mathrm{T}}+\boldsymbol{E}_{L,s} \tag{6-7}$$

其中，$\boldsymbol{T}_{L,s}$ 和 $\boldsymbol{P}_{L,s}$ 表示第 s 個線性組所保留的主成分和負載，$\boldsymbol{E}_{L,s}$ 是相應的模型殘差。基於每個組的殘差，計算 SPE 監測統計量：

$$\mathrm{SPE_L}=\sum_{s=1}^{S}\boldsymbol{e}_{m,L,s}^{\mathrm{T}}\boldsymbol{e}_{m,L,s} \tag{6-8}$$

其中，S 表示線性組的個數，m 指示樣本的序列，$\boldsymbol{e}_{m,L,s}$ 是 $\boldsymbol{E}_{L,s}$ 的第 m 行，它表示第 m 個樣本的殘差。$\mathrm{SPE_L}$ 揭示了過程的線性相關關係，它的控制限可以用核密度估計（Kernel Density Estimation，KDE）的方法[32] 求得。其中，控制限［置信度為 $(1-\alpha)\%$］定義為累積機率密度為 $\alpha\%$的點。

在上層的建模過程中，把每個線性組的主成分和非線性組的變量組合起來構成上層的樣本，建立一個全局的 KPCA 模型。對於每個上層樣本，可以獲得核得分向量 $\boldsymbol{t}_m^{\mathrm{T}}=(t_{m,1},t_{m,2},\cdots,t_{m,R_k})$，其中，$R_k$ 表示所保留的主成分的個數。具體方法可參考前人工作[26,28]，這裡不再闡述。隨後，求取兩個監測統計量：

$$T_{m,\mathrm{NL}}^2=\boldsymbol{t}_m^{\mathrm{T}}\boldsymbol{\Sigma}_{\mathrm{NL}}^{-1}\boldsymbol{t}_m$$

$$\mathrm{SPE}_{m,\mathrm{NL}}=\sum_{j=1}^{n}t_{m,j}^2-\sum_{j=1}^{R_k}t_{m,j}^2 \tag{6-9}$$

其中，n 表示樣本的個數，$\boldsymbol{t}_m$ 表示第 m 個上層樣本的得分向量，$\boldsymbol{\Sigma}_{\mathrm{NL}}$則表示上層樣本所提取的主成分的共變異數矩陣。上述兩個指標的控制限同樣可以用 KDE 的方法[32] 求得。

綜上，我們對整個過程進行了兩層建模。如圖 6-3 所示，在底層，對每個線性變量組建立了 PCA 模型表徵過程局部的線性特徵，並計算了 SPE 指標進行評估線性關係的變化；在上層，建立了全局的 KPCA 模型表徵整個過程的非線性特徵，並使用 T^2 和 SPE 指標分別衡量系統的非線性波動和非線性關係。

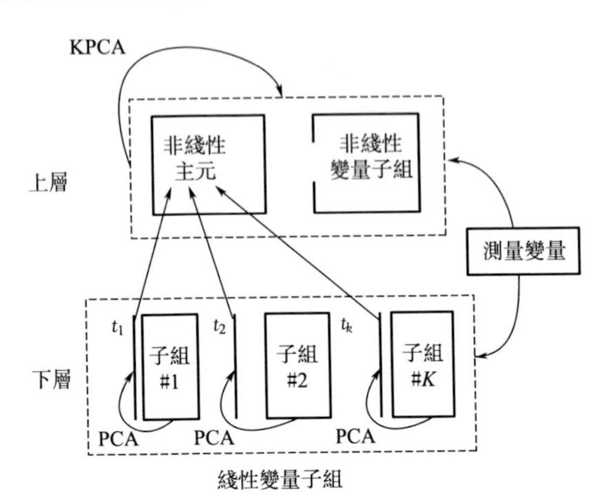

圖 6-3　基於 H-PCA-KPCA 的分層建模方法示意圖

6.5.2 分層在線監測

在上節所建立的兩層過程模型的基礎上，我們提出了分層在線監測的策略。在底層，監測過程的線性相關性是否被破壞；在上層，監測全過程的非線性特徵是否發生顯著變化。該監測策略具體步驟如下。

① 當獲得新樣本 $\boldsymbol{x}_{\text{new}}$（$J\times1$）的時候，用訓練數據的均值和方差資訊對其進行標準化，並按照變量組劃分的結果將其分為 $\boldsymbol{x}_{\text{new}}^{\text{T}}=(\boldsymbol{x}_{\text{new},L,1}^{\text{T}},\boldsymbol{x}_{\text{new},L,2}^{\text{T}},\cdots,\boldsymbol{x}_{\text{new},L,s}^{\text{T}},\boldsymbol{x}_{\text{new},\text{NL}}^{\text{T}})$。

② 調用底層的監測模型監測其線性特徵：

$$\boldsymbol{e}_{\text{new},L,s}^{\text{T}}=\boldsymbol{x}_{\text{new},L,s}^{\text{T}}(\boldsymbol{I}-\boldsymbol{P}_{L,s}\boldsymbol{P}_{L,s}^{\text{T}})$$

$$\text{SPE}_{\text{new},L}=\sum_{s=1}^{S}\boldsymbol{e}_{\text{new},L,s}^{\text{T}}\boldsymbol{e}_{\text{new},L,s} \tag{6-10}$$

其中，$\boldsymbol{e}_{\text{new},L,s}$ 是 PCA 模型解釋後所得到殘差；S 是線性組的個數；$\text{SPE}_{\text{new},L}$ 衡量了新樣本變量間的線性關係。

③ 調用 KPCA 模型對新樣本的非線性特徵進行衡量：

$$T_{\text{new},\text{NL}}^{2}=\boldsymbol{t}_{\text{new},\text{NL}}^{\text{T}}\boldsymbol{\Sigma}_{\text{NL}}^{-1}\boldsymbol{t}_{\text{new},\text{NL}}$$

$$\text{SPE}_{\text{new},\text{NL}}=\sum_{j=1}^{n}t_{\text{new},j}^{2}-\sum_{j=1}^{R_k}t_{\text{new},j}^{2} \tag{6-11}$$

其中，$t_{new,NL}$ 是上層樣本得到的主成分得分；$T^2_{new,NL}$ 衡量新樣本的非線性波動；$SPE_{new,NL}$ 衡量新樣本的非線性相關性。

透過比較新樣本的三個統計指標與它們相應的控制限的大小，可以判斷過程的運行狀態：如果沒有報警（即新指標超過控制限），過程運行正常，否則，可能發生了故障。更準確地說，如果底層的 PCA 模型的 SPE 超限，則表示正常的線性關係被破壞；如果上層的 KPCA 模型的 T^2 超限，則表示非線性波動發生了顯著變化；如果 KPCA 模型的 SPE 超限，則意味著非線性相關性受到破壞。

6.6 捲菸製絲過程中的應用研究

6.6.1 過程描述

製絲是捲菸生產過程中的關鍵工藝，其標誌著捲菸加工企業的先進水準。製絲過程包括菸葉的加工、菸絲的加工以及混合添香。菸絲加工在整個製絲過程中又有著舉足輕重的地位，其主要任務是將菸葉製作為菸絲。該過程主要用到兩個運行機器：SIROX 加熱加濕機（膨化並加濕菸絲）和滾筒式乾燥機（KLD）（用加熱桶將菸絲的含水量由 20%減小到 12%），它們的具體結構如圖 6-4 所示。本次試驗採用的是某捲菸公司的製絲過程數據，包括 1 個正常數據集以及 2 個故障數據集，採樣間隔為 10s。每個數據集中都包含 23 個變量，具體資訊如表 6-1 所示。

表 6-1 捲菸製絲過程變量描述

變量	描述	變量	描述	變量	描述
#1	烘前葉絲流量(kg/h)	#9	KLD 排潮風門開度(%)	#17	KLD 熱風溫度(℃)
#2	烘前水分(%)	#10	KLD 總蒸汽壓力(bar)	#18	KLD 熱風風速(m/s)
#3	SIROX 閥前蒸汽壓力(bar)	#11	1 區蒸汽壓力(bar)	#19	KLD 除水量(L/h)
#4	SIROX 溫度(℃)	#12	1 區筒壁溫度(℃)	#20	KLD 烘後水分(%)
#5	SIROX 蒸汽體積流量(m^3/h)	#13	2 區蒸汽壓力(bar)	#21	KLD 烘後溫度(℃)
#6	SIROX 蒸汽品質流量(kg/h)	#14	2 區筒壁溫度(℃)	#22	冷卻水分(%)
#7	SIROX 薄膜閥開度(%)	#15	1 區冷凝水溫度(℃)	#23	冷卻溫度(℃)
#8	KLD 排潮負壓(μbar)	#16	2 區冷凝水溫度(℃)		

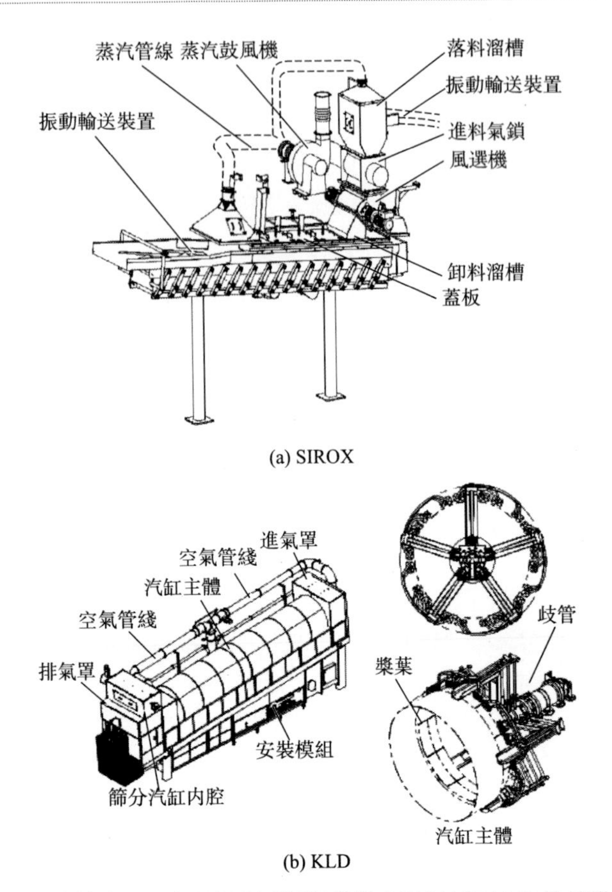

(a) SIROX

(b) KLD

圖 6-4 捲菸製絲過程中兩個主要運行機器 SIROX 和 KLD 的結構示意圖

在本研究中，所有變量都參與建模。訓練數據由包含 150 個樣本的正常數據組成，進行數據標準化處理後具有零均值和單位方差。每組測試數據集具有 300 個樣本，其中一組數據來源於正常運行狀態，其餘測試集來源於兩個典型故障狀態。

故障＃1：2 區蒸汽閥發生故障，2 區蒸汽壓力發生斜坡變化，閥門開度從第 200 個採樣點逐漸增加。

故障＃2：KLD 熱風溫度的設定點從第 201 個採樣點起，以微小的幅值逐步偏高，從而造成過程異常。

6.6.2 演算法驗證及討論

對於正常的訓練樣本，採用所提出的線性變量組迭代劃分演算法對線性變量組和非線性變量組進行分離。首先，為了探討參數 β 對變量組劃分的影響，將參數 λ_2 設定為 2.5（此時彈性網迴歸方程具有最小的預測誤差），其結果如表 6-2 所示。可以看出，當 β 值增大時線性組將包含更多的變量。然後，採用漏報率（Missed Alarm Rate，MAR）和誤報率（False Alarm Rate，FAR）兩個指標評估不同的 β 值下測試數據集的監測性能。評估結果如表 6-3 所示，其中虛線標示的樣本表示未檢測到故障，此時的比較是沒有意義的。結合表 6-2 和表 6-3 的結果可知，隨著 β 的增大，本方法的監測性能呈現出先上升後下降的趨勢，而當 β 值接近 1.5 時，監測性能達到最佳。這可能是由於當 β 值接近 1.5 時，具有不同相關性的過程變量被有效地分離開來，從而使得過程表徵更精確。此外，為了討論參數 λ_2 對變量選擇的影響，將 β 的值固定為 1.5，λ_2 的備選取值為[0.1,0.5,1.0,2.5,5.0,10]，變量組劃分結果如表 6-4 所示。從表 6-4 可知，隨著 λ_2 值增加，變量組劃分結果將不發生變化。

表 6-2　β 取不同值時捲菸製絲過程的變量組劃分結果

β		1	1.5	4	8.5
線性子組	#1	x_6, x_7	x_5, x_6, x_7	x_5, x_6, x_7, x_{23}	$x_1 \sim x_{23}$
	#2	x_{11}, x_{12}	x_{11}, x_{12}, x_{15}	$x_{11} \sim x_{16}, x_{21}$	—
	#3	x_{13}, x_{14}	x_{13}, x_{14}, x_{16}	x_2, x_{19}	—
	#4	—	x_2, x_{19}	—	—

表 6-3　β 取不同值時本書所提出演算法對捲菸製絲過程的監測結果

β			1	1.5	4	8.5
			正常			
上層	SPE	FAR	0.05	0.05	0.07	0.08
下層	T^2	FAR	0.08	0.06	0.08	0.07
	SPE	FAR	0.02	0.04	0.07	0.08
			故障 1			
上層	SPE	MAR	0.05	0.03	0.06	0.08
下層	T^2	MAR	0.08	0.08	0.10	0.12
	SPE	MAR	0.08	0.09	0.15	0.15
			故障 2			
上層	SPE	MAR	—	—	—	0.05
下層	T^2	MAR	0.08	0.02	0.07	0.18
	SPE	MAR	0.06	0.06	0.12	0.21

表 6-4 當 β 值固定（1.5）和 λ_2 變化時捲菸製絲過程的變量組劃分結果

λ_2 \ 線性子組	#1	#2	#3	#4
0.1	x_5, x_6, x_{11}	x_7, x_{12}, x_{13}	x_{14}, x_{15}, x_{16}	—
0.5	x_5, x_6, x_{11}	x_7, x_{12}, x_{13}	x_{14}, x_{15}, x_{16}	—
1.0	x_5, x_6, x_{11}	x_7, x_{12}, x_{13}	x_{14}, x_{15}, x_{16}	—
2.5	x_5, x_6, x_7	x_{11}, x_{12}, x_{15}	x_{13}, x_{14}, x_{16}	x_2, x_{19}
5.0	x_5, x_6, x_7	x_{11}, x_{12}, x_{15}	x_{13}, x_{14}, x_{16}	x_2, x_{19}
10.0	x_5, x_6, x_7	x_{11}, x_{12}, x_{15}	x_{13}, x_{14}, x_{16}	x_2, x_{19}

表 6-5 不同方法下捲菸製絲過程的故障檢測結果

方法	故障 1		故障 2	
	MAR	DD	MAR	DD
PCA	0.12	33	0.20	13
KPCA	0.45	43	0.48	38
分布式 PCA	0.06	20	0.08	12
H-PCA-KPCA	0.03	8	0.02	2

接下來，選取 $\beta=1.5$ 和 $\lambda_2=2.5$（此時可以獲得最好的監測性能），對比本方法和 PCA、KPCA 和分布式 PCA 這些傳統方法的在線監測性。為了保證對比結果的客觀性，同樣選取 PCA、KPCA 和分布式 PCA 的最佳監測結果。首先，用 300 個正常測試數據對不同方法進行了檢驗。對於正常數據，不同方法的誤報率均低於 8%，這表示它們具有相當的容納正常波動的能力。隨後，採用如上所述的兩種故障測試數據（每種 300 個樣本）評估不同方法對於故障檢測的靈敏度，其比較結果如表 6-5 所示。從中可以看出，本書所提出的方法比其他方法擁有更小的漏報率（MAR）和檢測延遲（Detection Delay，DD），說明本方法的監測性能更加優越。為了進一步說明本方法的有效性，圖 6-5 和圖 6-6 展示了利用 PCA、KPCA 和本章所提出的 H-PCA-KPCA 對故障#1 和故障#2 的監測結果。從圖 6-5(a) 可以看出，儘管故障#1 能被 PCA 模型的 T^2 和 SPE 檢測出來，但在第 200 個採樣點之前有著較高的誤報率（FAR）。KPCA 方法對故障#1 的監測結果如圖 6-5(b) 所示，可以看出只有少量的故障點被檢測到，說明 KPCA 的方法無法有效檢測該故障。從圖 6-5(c) 中可以看出，本書所建立的上層 KPCA 模型（H-KPCA）可以很好地檢測出故障#1，具有較好的在線監測性能。對於故障#2，由於初始切換流量的設定點發生變化，過程從第 201 個採樣點發生異常。然

而，如圖 6-6(a) 中的監測結果所示，基於 PCA 的 SPE 監測圖存在許多誤報警。圖 6-6(b) 中，基於 KPCA 的 T^2 和 SPE 均大約在第 240 個採樣點開始報警，具有較大的漏報率（MAR）和檢測延遲（DD）。相比之下，從圖 6-6(c) 中可以看出，在本方法所建立的上層監測系統中，兩個統計量及時地檢測到故障，說明瞭本方法的有效性。此外，結合本方法的底層和上層的監測結果，可以進一步發現該故障並未影響局部的線性結構，而是導致了過程的非線性關係被破壞。

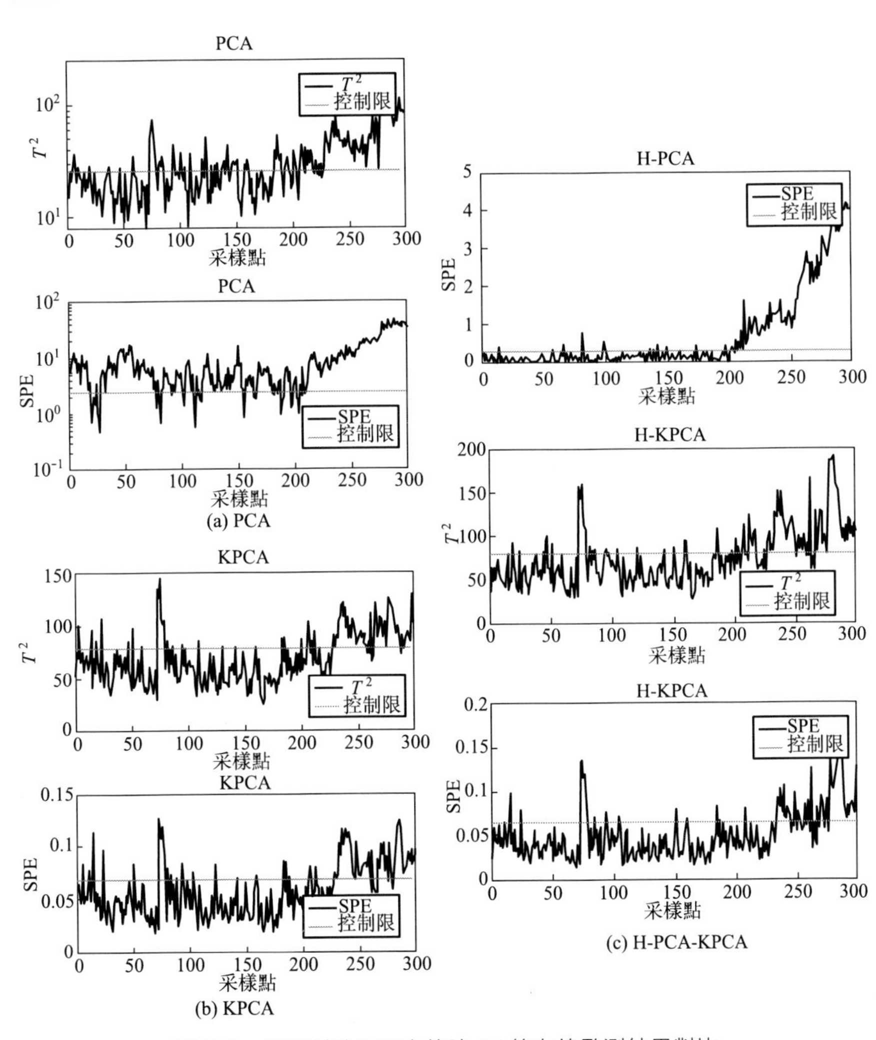

圖 6-5　捲菸製絲過程中故障＃1的在線監測結果對比

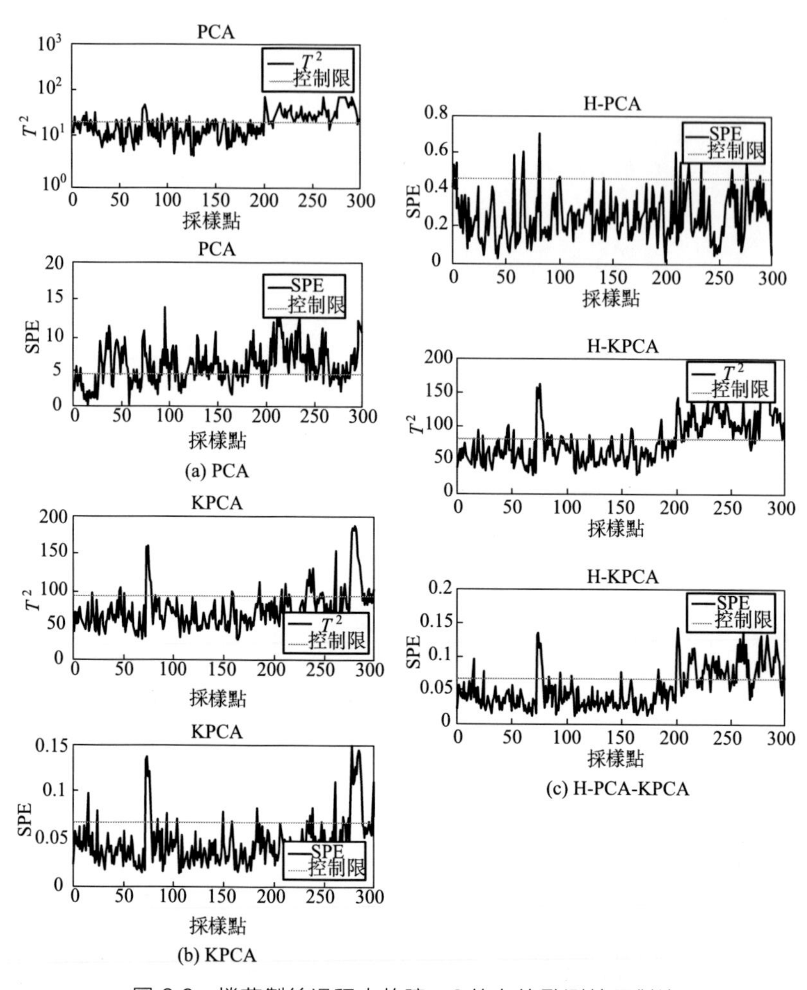

圖 6-6　捲菸製絲過程中故障 # 2 的在線監測結果對比

參考文獻

[1] JACKSON J E. Auser's guide to principal components[M]. NewYork: John Wiley & Sons，1991.

[2] EFRON B，TIBSHIRANI R. Statistical a-

nalysis data analysis in the computer age [J]. Science, 1991, 253 (5018): 390-395.

[3] MACGREGOR J F, KOURTI T. Statistical process control of multivariate processes[J]. Control Engineering Practice, 1995, 3(3): 403-414.

[4] YIN S, DING S X, XIE X, et al. A review on basic data-driven approaches for industrial process monitoring[J]. IEEE Transactions on Industrial Electronics, 2014, 61(11): 6418-6428.

[5] YIN S, GAO H, KAYNAK O. Data-driven control and process monitoring for industrial applications -Part I [J]. IEEE Transactions on Industrial Electronics, 2014, 61(11): 6356-6359.

[6] ZHAO C H, GAO F R. Critical-to-fault-degradation variable analysis and direction extraction for online fault prognostic [J]. IEEE Transactions on Control Systems Technology, 2017, 25 (3): 842-854.

[7] LIU Q, QIN S J, CHAI T. Multiblock concurrent PLS for decentralized monitoring of continuous annealing processes [J]. IEEE Transactions on Industrial Electronics, 2014, 61(11): 6429-6437.

[8] QIN Y, ZHAO C, WANG X, et al. Subspace decomposition and critical phase selection based cumulative quality analysis for multiphase batch processes [J]. Chemical Engineering Science, 2017, 166: 130-143.

[9] SUN H, ZHANG S, ZHAO C, et al. A sparse reconstruction strategy for online fault diagnosis in nonstationary processes with no priori fault information[J]. Industrial & Engineering Chemistry Research, 2017, 56(24): 6993-7008.

[10] ZHANG S, ZHAO C. Stationarity test and Bayesian monitoring strategy for fault detection in nonlinear multimode processes[J]. Chemometrics and Intelligent Laboratory Systems, 2017, 168: 45-61.

[11] NOMIKOS P, MACGREGOR J F. Monitoring batch processes using multiway principal component analysis [J]. AIChE Journal, 1994, 40 (8): 1361-1375.

[12] KU W, STORER R H, GEORGAKIS C. Disturbance detection and isolation by dynamic principal component analysis[J]. Chemometrics and intelligent Laboratory Systems, 1995, 30 (1): 179-196.

[13] LI X, YAO X. Multi-scale statistical process monitoring in machining [J]. IEEE Transactions on Industrial Electronics, 2005, 52(3): 924-927.

[14] CHERRY G A, QIN S J. Multiblock principal component analysis based on a combined index for semiconductor fault detection and diagnosis [J]. IEEE Transactions on Semiconductor Manufacturing, 2006, 19(2): 159-172.

[15] JIANG Q, HUANG B. Distributed monitoring for large-scale processes based on multivariate statistical analysis and Bayesian method[J]. Journal of Process Control, 2016, 46: 75-83.

[16] JIANG Q, YAN X, HUANG B. Performance-driven distributed PCA process monitoring based on fault-relevant variable selection and Bayesian inference[J]. IEEE Transactions on Industrial Electronics, 2016, 63(1): 377-386.

[17] LU N, GAO F, WANG F. Sub-PCA modeling and on-line monitoring strategy for batch processes[J]. AIChE Journal, 2004, 50(1): 255-259.

[18] LI W, ZHAO C, GAO F. Sequential time slice alignment based unequal-length phase identification and modeling for fault detection of irregular batches[J]. Industrial & Engineering Chemistry Research, 2015, 54(41): 10020-10030.

[19] QIN Y, ZHAO C, GAO F. An iterative two-step sequential phase partition (itspp) method for batch process analysis and online monitoring[J]. AIChE Journal, 2016, 62(7): 2358-2373.

[20] QIN Y, ZHAO C, ZHANG S, et al. Multimode and multiphase batch processes understanding and monitoring based on between-mode similarity evaluation and multimode discriminative information analysis[J]. Industrial & Engineering Chemistry Research, 2017, 56(34): 9679-9690.

[21] ZHAO C H, GAO F R. A sparse dissimilarity analysis algorithm for incipient fault isolation with no priori fault information[J]. Control Engineering Practice, 2017, 65: 70-82.

[22] ZHANG S, ZHAO C, WANG S, et al. Pseudo time-slice construction using a variable moving window k nearest neighbor rule for sequential uneven phase division and batch process monitoring[J]. Industrial & Engineering Chemistry Research, 2017, 56(3): 728-740.

[23] KRAMER M A. Nonlinear principal component analysis using auto associative neural networks[J]. AIChE Journal, 1991, 37(2): 233-243.

[24] DONG D, MCAVOY T J. Batch tracking via nonlinear principal component analysis[J]. AIChE Journal, 1996, 42(8): 2199-2208.

[25] HINTON G E, SALAKHUTDINOV R R. Reducing the dimensionality of data with neural networks[J]. Science, 2006, 313(5786): 504-507.

[26] LEE J M, YOO C K, CHOI S W, et al. Nonlinear process monitoring using kernel principal component analysis[J]. Chemical Engineering Science, 2004, 59(1): 223-234.

[27] KRUGER U, ANTORY D, HAHN J, et al. Introduction of a nonlinearity measure for principal component models[J]. Computers & Chemical Engineering, 2005, 29(11-12): 2355-2362.

[28] ZHANG S, WANG F, ZHAO L, et al. A novel strategy of the data characteristics test for selecting a process monitoring method automatically[J]. Industrial & Engineering Chemistry Research, 2016, 55(6): 1642-1654.

[29] LI W, ZHAO C, GAO F. Linearity evaluation and variable subset partition based hierarchical process modeling and monitoring[J]. IEEE Transactions on Industrial Electronics, 2018, 65(3): 2683-2692.

[30] ZOU H, HASTIE T. Regularization and variable selection via the elastic net[J]. Journal of the Royal Statistical Society: Series B (Statistical Methodology), 2005, 67(2): 301-320.

[31] GOLBERG M A, CHO H A. Introduction to regression analysis[M]. Southampton, UK Wit Press, 2004.

[32] GIANTOMASSI A, FERRACUTI F, IARLORI S, et al. Electric motor fault detection and diagnosis by kernel density estimation and Kullback-Leibler divergence based on stator current measurements[J]. IEEE Transactions on Industrial Electronics, 2015, 62(3): 1770-1780.

第7章

基於蒙特卡羅和嵌套迭代費雪判別分析的工業過程故障診斷方法

一般情況下，在每種故障工況中，並非所有變量都會受到嚴重影響，反映出和正常工況的差異性。對於不同的故障類型，受到故障影響的變量不同，其故障幅度也會有差異。這些故障變量也被認為是包含了顯著的故障分類資訊。如何將包含故障資訊的變量與一般測量變量區分並提取出來，成為提高故障診斷判別能力的關鍵。本章提出了一種基於變量選擇的判別分析方法及其機率故障診斷策略。該方法包括以下三個方面內容：①提出了一種定量的評價指標首先判斷所分析對象是否適用於判別分析；②克服建模樣本對故障變量選擇的影響；③提出機率診斷方法，克服簡單非 0 即 1 故障判定的缺點。為了實現上述目的，首先，基於蒙特卡羅方法進行故障中心變化的評估，用以判斷判別分析方法是否適用；其次，為了減少對建模數據的依賴，有效選取建模數據，定義基於蒙特卡羅的故障變量評價指標，實現故障變量選擇；第三，建立雙重故障診斷模型，實施在線機率故障診斷，採用貝氏規則計算故障樣本屬於各個故障類的機率值。最後，該方法在捲菸過程中得到了成功應用，證明了方法的可行性和有效性。

7.1 概述

近年來，故障診斷[1-9] 技術吸引了廣泛的關注，對於保證工業過程運行安全具有重要意義。當前的故障診斷方法分為定性方法和定量方法兩大類。其中，基於數據驅動的統計分析是定量方法中的重要組成部分，能夠依據大量的歷史過程數據建立統計學模型，找出數據的特徵，進而進行故障的檢測和診斷。由於過程變量之間高度的相關性，降維技術[10-14] 被廣泛採用。其中，具有代表性的方法有主成分分析(PCA)[10,11]、費雪判別分析（FDA)[12,14] 等，這些方法的共同特點是能夠將原始數據映射到低維的特徵空間，並能夠提取故障過程的主要波動[13]。費雪判別分析[12] 是一種廣為人知的故障分類和診斷方法。該方法由 Chiang 等人於 2000 年的時候最先研究[15]，之後被廣泛應用於化工過程的故障診斷[15-18]。從某種意義上來說，將每個故障當成一個類別，故障診斷就成為了典型的分類問題。費雪判別的主要思想是將觀測數據投影至判別空間，使得不同類別的樣本盡可能地遠離而相同類別的樣本則盡可能地靠近。然而，費雪判別分析本身存在的一些問題限制了它在故障診斷方面的應用。

首先，工業過程數據往往是高度耦合的，這可能導致類內散度矩陣是奇異的，從而無法進行奇異值分解提取過程數據潛在資訊。

其次，若類間散度矩陣奇異，有可能導致判別成分的個數小於類別的個數，從而使得散度矩陣無法提供充足的過程資訊。

最後，在每個類中，所提取的判別成分是線性相關的，這將導致所提取的過程資訊冗餘。

針對傳統費雪判別分析方法的不足，研究人員提出了一系列的改進方法[19-24]。總的來説，這些方法均採用兩步法解決高耦合數據帶來的散度矩陣奇異性問題，其關鍵在於如何在進行費雪判別分析之前進行數據降維。然而，前人的方法在解決奇異性問題時均存在一定程度的問題，如數據壓縮不當而導致無法提取出過程數據的關鍵潛在資訊，或者過程重要資訊缺失等，從而導致故障診斷精度欠缺。Zhao 等[25] 提出了一種嵌套迭代費雪判別分析演算法，該方法克服了傳統方法存在的類內散度矩陣奇異性問題、判別成分的個數局限問題、判別成分線性相關等一系列問題，充分發掘了過程數據所包含的潛在資訊，提高了分類的精度和效率。

除了演算法本身的問題，傳統的判別分析方法將所有的觀測變量視為一個單一的分析對象而不事先區分關鍵故障變量與正常變量。很顯然，正常變量不包含每種故障工況相對於正常過程的變化，將所有變量不加區別混為一談可能會影響分類效果。一般情況下，在每種故障工況中，並非所有變量都會受到嚴重影響，反映出和正常工況的差異性。對於不同的故障類型，受到故障影響的變量不同，其故障幅度也會有差異。這些故障變量也被認為是包含了顯著的故障分類資訊。如何將包含故障資訊的變量與一般測量變量區分並提取出來，成為提高故障診斷判別能力的關鍵。貢獻圖[26-28] 方法透過計算各個變量對監測指標的貢獻率，認為貢獻較大的變量則更可能是引起報警的原因，將其中貢獻較大的變量隔離出來視作故障變量。因為不需要先驗故障資訊，這種方法提出後得到了廣泛的應用。然而，由於變量的貢獻度大小難以有效衡量，這種方法的準確度也令人懷疑。此外，沿著傳統模型的監測方向計算貢獻值大小，僅僅能夠反映正常數據的波動資訊，並未反映故障資訊，從而對故障數據的分類沒有幫助。相比之下，判別分析考慮了正常和故障數據位置的相對變化用於提取其分類資訊，數據沿著判別方向投影後，能夠更好地區分正常狀態和故障影響。基於此，可以透過變量受故障影響後的不同特性來分離關鍵故障變量。Qin 等[17] 針對正常工況和每種故障工況進行判別分析，沿提取出的判別方向提取主要貢獻變量，代替了先前的沿正常數據主要波動方向提取主要貢獻變量的做法，改進了故障變量提取的精度，但是他們並沒有進一步探索主要貢獻變量之間的關係。與此同時，這種方法也受限於傳統費雪判別分析方法本身的問題。Verron 等[29] 將所有故障工況放到一起進行分析，利用變量間的互資訊實現關鍵變量選擇，這些關鍵變量被認為是能有效區分不同故障工況的變量，進而在所選的變量上進行判別分析，獲得不同故障工況之間良好的分類結果。然而，這種方法專注於降低故障工況的誤分率，側重提取的是各故障工況不同的故障變量，而非分析提取每個故障工況受影響的全部故障變量。因此，各故障工況共有的故障變量可能無法被有效提取出來。Zhao 和 Wang[30] 提出了嵌套迭代費雪判別分析方法，該方法利用預定義的故障評價指標來提取故障相關變量並進行排序，透過迭代變量選擇隔離出所有的故障變量。更進一步，Wang 等[31] 透過在實際工業案例上的應用驗證了上述方法的有效性，證實能夠使故障變量隔離結果和實際情況相吻合。

本文對之前的故障診斷工作進行了進一步的拓展[30,31]，重點解決以下幾個問題：①使用判別分析的前提是假設故障狀態和正常狀態之間存在偏差偏移，但並沒有定量的評價指標來判斷這個假設是否滿足，即首先需要判斷所分析對象是否適用於判別分析；②根據數據來分析判斷進行故障變量的選擇，其選擇結果往往受建模樣本選擇的影響，但並沒有適當的方法來分析評估這種影響；③基於重構的故障診斷技術只能用來判斷所建立的歷史故障模型是否符合當前故障特性，而不能提供更多的資訊。為了解決上述問題，首先，運用蒙特卡羅技術協助獲取故障變量，主要實現以下兩個目的：第一，利用蒙特卡羅隨機採樣方法建立中心偏差評價指標來確定數據中心的正常波動置信區域，從而判斷是否能夠進行判別分析；第二，定義一個穩定的指標來評價變量顯著性，並且選擇具有較高貢獻值的變量作為故障變量。其次，定義機率指標來決策當前故障樣本屬於各個故障類的具體程度。本文所提出的方法充分考慮了故障工況的變化以及建模樣本的影響，並透過在實際工業過程中的運用驗證了所提出的方法的實際效果。

7.2 嵌套迭代費雪判別分析方法

為解決傳統費雪判別分析演算法本身存在的問題，本章提出了一種嵌套迭代費雪判別分析演算法[25]，該方法克服了傳統方法存在的類內散布矩陣奇異性問題、判別成分的個數局限問題、判別成分線性相關等一系列問題，充分發掘過程數據所包含的潛在資訊，提高分類的精度和效率。

假設工業生產過程可獲得 J 個測量變量，則每一次採樣可得到一個 $1\times J$ 的向量，採樣 K 次後得到的數據表述為一個二維矩陣 $\boldsymbol{X}(K\times J)$，所述測量變量為運行過程中可被測量的狀態參數，譬如流量、溫度、速率等；分別獲取正常數據二維矩陣 $\boldsymbol{X}_{\mathrm{n}}(K\times J)$ 和故障數據二維矩陣 $\boldsymbol{X}_{\mathbf{f},m}(K\times J)$，其中，下標 n 表示正常數據，下標 f 表示故障數據，m 表示故障的類別；將正常數據和故障數據統一標示為 $\boldsymbol{X}_i(K\times J)$，其中下標 i 表示數據的類別。它的每行代表一個包含 J 個過程變量的測量樣本。一共有 C 類故障，每類故障對應一個特定類型的歷史故障。在沒有特殊說明的情況下，向量都指的是列向量。嵌套迭代費雪判別分析方法其基本思想是針對判別分析原理，設計了兩個新的優化函數，主要分為以下兩步。

第一步，考慮在內部循環的迭代過程中實現類間方差最大化。根據原始的類內共變異數矩陣的秩準備多個初始的判別成分，將類內共變異數矩陣轉化成一個對角矩陣。具體實現方法如下所示。

(1) 選取正常數據樣本和一類故障數據樣本作為總樣本 $\boldsymbol{X}\left(\sum_{i=1}^{2}K_i\times J\right)$

其中，$\boldsymbol{X}\left(\sum_{i=1}^{2}K_i\times J\right)$ 由 $\boldsymbol{X}_i(i=1,\ 2)$ 從上到下排列組成。

(2) 數據準備

分別計算總樣本均值向量 $\overline{\boldsymbol{x}}$、每類樣本均值向量$\overline{\boldsymbol{x}}_i$、總類內散布矩陣$\boldsymbol{S}_{\mathrm{w}}$ 和類間的散度矩陣$\boldsymbol{S}_{\mathrm{b}}$，計算公式如下：

$$
\begin{aligned}
\boldsymbol{S}_i &= \sum_{\boldsymbol{x}_i\in\boldsymbol{X}_i}(\boldsymbol{x}_i-\overline{\boldsymbol{x}}_i)(\boldsymbol{x}_i-\overline{\boldsymbol{x}}_i)^{\mathrm{T}} \\
\boldsymbol{S}_{\mathrm{w}} &= \sum_{i=1}^{2}\boldsymbol{S}_i \qquad (7\text{-}1) \\
\boldsymbol{S}_{\mathrm{b}} &= \sum_{\boldsymbol{x}_i\in\boldsymbol{X}_i}K_i(\overline{\boldsymbol{x}}_i-\overline{\boldsymbol{x}})(\overline{\boldsymbol{x}}_i-\overline{\boldsymbol{x}})^{\mathrm{T}}
\end{aligned}
$$

其中，$\boldsymbol{S}_i$ 是每個類的散度矩陣。

(3) 提取初始判別成分

該步驟由以下子步驟來實現。

1) 最大化類間散度：$\begin{array}{l} J_1(\boldsymbol{w})=\max(\boldsymbol{w}^{\mathrm{T}}\boldsymbol{S}_{\mathrm{b}}\boldsymbol{w}) \\ \mathrm{s.\,t.}\quad \boldsymbol{w}^{\mathrm{T}}\boldsymbol{w}=1 \end{array}$ 可以轉換為求解廣義特徵根分解問題。求取使類間散度最大的權重向量 $\boldsymbol{w}$，即相當於求

取類間散度矩陣$\boldsymbol{S}_\mathrm{b}$的最大特徵值所對應的特徵向量$\boldsymbol{w}$，所述類間散度為$\boldsymbol{w}^\mathrm{T}\boldsymbol{S}_\mathrm{b}\boldsymbol{w}$，獲取$\boldsymbol{w}$後，按公式(7-2）求取相應的總樣本初始判別成分$\boldsymbol{t}$：

$$\boldsymbol{t}=\overline{\boldsymbol{X}}\boldsymbol{w} \tag{7-2}$$

其中，$\overline{\boldsymbol{X}}$是減均值中心化後的總樣本，那麼對於每一類樣本，其所對應的類判別成分為$\boldsymbol{t}_i=\overline{\boldsymbol{X}}_i\boldsymbol{w}$，可知，$\boldsymbol{t}$由$\boldsymbol{t}_i$從上到下依次排列構成。

2）數據壓縮　對減均值中心化後的總樣本$\overline{\boldsymbol{X}}$根據下式進行數據壓縮：

$$\begin{gathered}\boldsymbol{p}^\mathrm{T}=(\boldsymbol{t}^\mathrm{T}\boldsymbol{t})^{-1}\boldsymbol{t}^\mathrm{T}\overline{\boldsymbol{X}}\\ \overline{\boldsymbol{E}}=\overline{\boldsymbol{X}}-\boldsymbol{t}\boldsymbol{p}^\mathrm{T}\end{gathered} \tag{7-3}$$

其中，$\boldsymbol{p}$表示總樣本的負載向量；$\overline{\boldsymbol{E}}$表示總樣本$\overline{\boldsymbol{X}}$中與$\boldsymbol{t}$無關的殘差。

同理，對於每類樣本$\overline{\boldsymbol{X}}_i$，都可以透過公式(7-4）得到與$\boldsymbol{t}_i$無關的殘差$\overline{\boldsymbol{E}}_i$，且$\overline{\boldsymbol{E}}$由$\overline{\boldsymbol{E}}_i$從上到下排列組成：

$$\overline{\boldsymbol{E}}_i=\overline{\boldsymbol{X}}_i-\boldsymbol{t}_i\boldsymbol{p}^\mathrm{T}=\overline{\boldsymbol{X}}_i-\overline{\boldsymbol{X}}_i\boldsymbol{w}\boldsymbol{p}^\mathrm{T} \tag{7-4}$$

最後，用上述數據壓縮關係$\boldsymbol{w}\boldsymbol{p}^\mathrm{T}$更新每一個類的資訊，以保證判別成分的正交性：

$$\boldsymbol{E}_i=\boldsymbol{X}_i-\boldsymbol{X}_i\boldsymbol{w}\boldsymbol{p}^\mathrm{T} \tag{7-5}$$

3）迭代更新過程數據

① 用步驟（3）中的2）獲得的$\boldsymbol{E}_i$代替步驟（2）中的$\boldsymbol{X}_i$，按步驟（2）重新計算總樣本均值$\bar{\boldsymbol{x}}$、每類樣本均值向量$\bar{\boldsymbol{x}}_i$、總類內散度矩陣$\boldsymbol{S}_\mathrm{w}$和類間的散度矩陣$\boldsymbol{S}_\mathrm{b}$，按步驟（3)的1)、2）再次提取初始判別成分。

② 重復步驟①直到所提取的初始判別成分的個數等於$\boldsymbol{S}_\mathrm{w}$的階數$N$；那麼，同時可以得到由權重向量$\boldsymbol{w}$組成的權重矩陣$\boldsymbol{W}(J\times N)$和相應的負載向量$\boldsymbol{p}$組成的負載矩陣$\boldsymbol{P}(J\times N)$、總樣本初始判別成分$\boldsymbol{t}$組成的總樣本的初始判別成分矩陣$\boldsymbol{T}\left(\sum_{i=1}^{2}n_i\times N\right)$；其中，$\boldsymbol{T}$由$\boldsymbol{T}_i$按從上至下排列構成，$\boldsymbol{T}_i$是每個類的判別成分矩陣；最後，用類似於偏最小二乘[32]的方法，求取初始判別成分的直接係數矩陣$\boldsymbol{R}=\boldsymbol{W}(\boldsymbol{P}^\mathrm{T}\boldsymbol{W})^{-1}$，且$\boldsymbol{T}$和$\boldsymbol{T}_i$可直接由係數矩陣根據公式(7-6）求出：

$$\begin{gathered}\boldsymbol{T}=\overline{\boldsymbol{X}}\boldsymbol{R}=\overline{\boldsymbol{X}}\boldsymbol{W}(\boldsymbol{P}^\mathrm{T}\boldsymbol{W})^{-1}\\ \boldsymbol{T}_i=\overline{\boldsymbol{X}}_i\boldsymbol{R}=\overline{\boldsymbol{X}}_i\boldsymbol{W}(\boldsymbol{P}^\mathrm{T}\boldsymbol{W})^{-1}\end{gathered} \tag{7-6}$$

第二步，同時最大化類間散度矩陣和最小化類內散度矩陣，提取符合兩種條件的判別成分。更進一步，在各個類中去除每個判別成分的資訊，從而保證提取的資訊之間沒有交疊。具體細節如下。

(4) 提取最終判別成分

該步驟透過以下子步驟來實現。

1) 過程數據預處理　使用$\boldsymbol{X}_i\boldsymbol{R}$代替每類初始數據集合$\boldsymbol{X}_i$，按步驟(2) 重新計算每類樣本均值$\overline{\boldsymbol{x}}_i$、總樣本均值$\overline{\boldsymbol{x}}$、總類內散度矩陣$\boldsymbol{S}_{\mathrm{w}}^*$以及類間散度矩陣$\boldsymbol{S}_{\mathrm{b}}^*$。

2) 確定最終判別成分　最終判別成分透過以下步驟來確定。

① 求取最優判別成分方向向量$\boldsymbol{w}^*$，使得類間散度矩陣與類內散度矩陣的比值$\boldsymbol{J}(\boldsymbol{\theta})$最大。其中，$\boldsymbol{J}(\boldsymbol{\theta})=\dfrac{\boldsymbol{w}^{*\mathrm{T}}\boldsymbol{S}_{\mathrm{b}}^*\boldsymbol{w}^*}{\boldsymbol{w}^{*\mathrm{T}}\boldsymbol{S}_{\mathrm{w}}^*\boldsymbol{w}^*}=\dfrac{\boldsymbol{w}^{*\mathrm{T}}\boldsymbol{R}^{\mathrm{T}}\boldsymbol{S}_{\mathrm{b}}\boldsymbol{R}\boldsymbol{w}^*}{\boldsymbol{w}^{*\mathrm{T}}\boldsymbol{R}^{\mathrm{T}}\boldsymbol{S}_{\mathrm{w}}\boldsymbol{R}\boldsymbol{w}^*}$，$\boldsymbol{w}^*$則可透過公式(7-7) 求取矩陣$\boldsymbol{S}_{\mathrm{w}}^{*-1}\boldsymbol{S}_{\mathrm{b}}^*$最大特徵值所對應的特徵向量得到：

$$\boldsymbol{S}_{\mathrm{w}}^{*-1}\boldsymbol{S}_{\mathrm{b}}^*\boldsymbol{w}^*=\lambda\boldsymbol{w}^* \tag{7-7}$$

② 求取每類的最終判別成分向量$\boldsymbol{t}_i^*$：

$$\boldsymbol{t}_i^*=\boldsymbol{X}_i\boldsymbol{R}\boldsymbol{w}^*=\boldsymbol{X}_i\boldsymbol{\theta}$$
$$\boldsymbol{\theta}=\boldsymbol{R}\boldsymbol{w}^* \tag{7-8}$$

③ 將$\boldsymbol{t}_i^*$從上至下依次排列構成總樣本的最終判別成分向量$\boldsymbol{t}^*\left(\sum_{i=1}^{2}n_i\times 1\right)$。

3) 壓縮過程數據　為了保證每類樣本的判別成分之間是正交的，進行如下處理：

$$\boldsymbol{p}_i^{*\mathrm{T}}=(\boldsymbol{t}_i^{*\mathrm{T}}\boldsymbol{t}_i^*)^{-1}\boldsymbol{t}_i^{*\mathrm{T}}\boldsymbol{X}_i$$
$$\boldsymbol{E}_i^*=\boldsymbol{X}_i-\boldsymbol{t}_i^*\boldsymbol{p}_i^{*\mathrm{T}} \tag{7-9}$$

其中，$\boldsymbol{p}_i^*(J\times 1)$是每類的負載向量；$\boldsymbol{E}_i^*$是與$\boldsymbol{t}_i^*$無關的殘差。

(5) 迭代更新過程數據

該步驟包括以下子步驟。

1) 用步驟 (4) 中的 3) 中$\boldsymbol{E}_i^*$代替步驟 (2) 中的$\boldsymbol{X}_i$，按步驟 (2) 重新計算每類樣本均值、總樣本均值，總類內散度矩陣$\boldsymbol{S}_{\mathrm{w}}^*$以及類間散布矩陣$\boldsymbol{S}_{\mathrm{b}}^*$，按步驟 (3) 和步驟 (4) 再次提取最終判別成分向量$\boldsymbol{t}_i^*$。

2) 重復步驟 1) 直至獲得足夠的最終判別成分$\boldsymbol{t}_i^*$並構成最終的判別成分矩陣$\boldsymbol{T}_i^*$，$\boldsymbol{T}_i^*$中所保留的最終判別成分個數為R，R透過交叉檢驗的方法確定；相應地，同時可以獲得權重矩陣$\boldsymbol{\Theta}$ $(J\times R)$ 和負載矩陣$\boldsymbol{P}_i^*$ $(J\times R)$。其中，$\boldsymbol{\Theta}(J\times R)$ 和$\boldsymbol{P}_i^*(J\times R)$ 分別由$\boldsymbol{\theta}(J\times 1)$ 和$\boldsymbol{p}_i^*(J\times 1)$ 構成。

3) 求取最終係數矩陣$\boldsymbol{R}_i^*(J\times R)$，這裡需要指出的是，符號$\boldsymbol{R}$是一個黑體字母，用於區分斜體字母$R$。

$$\boldsymbol{R}_i^* = \boldsymbol{\Theta}(\boldsymbol{P}_i^{*\mathrm{T}}\boldsymbol{\Theta})^{-1} \tag{7-10}$$

那麼最終判別成分矩陣$\boldsymbol{T}_i^*$ 可由最終係數矩陣按公式(7-11) 直接求出：

$$\boldsymbol{T}_i^* = \boldsymbol{X}_i\boldsymbol{\Theta}(\boldsymbol{P}_i^{*\mathrm{T}}\boldsymbol{\Theta})^{-1} = \boldsymbol{X}_i\boldsymbol{R}_i^* \tag{7-11}$$

至此，針對該類故障的最終判別成分矩陣$\boldsymbol{T}_{\mathrm{f},m}^*$ 及相應的最終係數矩陣$\boldsymbol{R}_{\mathrm{f},m}^*$ 和負載矩陣$\boldsymbol{P}_{\mathrm{f},m}^*$ 都被求取出來。

同樣，針對其他故障類，選取正常數據和每一類故障數據作為總樣本，重復步驟 (3)～(5)，獲得每類故障樣本的最終判別成分矩陣$\boldsymbol{T}_{\mathrm{f},m}^*$$(m=1,2,\cdots,M)$及相應的最終係數矩陣$\boldsymbol{R}_{\mathrm{f},m}^*(m=1,2,\cdots,M)$和負載矩陣$\boldsymbol{P}_{\mathrm{f},m}^*(m=1,2,\cdots,M)$。該演算法更多的細節可以參考文獻 [25]。

7.3 基於嵌套迭代費雪判別分析的故障變量隔離與故障診斷

本文基於嵌套迭代費雪判別分析方法[25]，進行了故障變量隔離和在線故障診斷。需要著重解決以下三個方面的問題：①建立預判策略用來判斷故障數據是否適用於判別分析；②解決建模樣本選擇對故障變量識別的影響；③解決簡單非 0 即 1 故障判定的缺點。下文主要針對這三個問題進行研究。

7.3.1 基於蒙特卡羅和嵌套迭代費雪判別分析的故障變量選擇

在本節中，透過迭代執行蒙特卡羅方法[33] 和嵌套迭代費雪判別分析[25]，實現故障變量的選擇。首先選取正常數據 $\boldsymbol{X}_{\mathrm{n}}(N_{\mathrm{n}}\times J)$和一類故障樣本 $\boldsymbol{X}_{\mathrm{f},i}(N_{\mathrm{f},i}\times J)$進行分析，其中 $\boldsymbol{X}_{\mathrm{f},i}(N_{\mathrm{f},i}\times J)$的下標 i 代表一類故障類型，下標 n 和 f 分別代表正常數據和故障數據，它們具有相同的變量數 J 和不同的觀測樣本數，分別是 N_{n} 和 $N_{\mathrm{f},i}$。

本文所用的蒙特卡羅方法又稱統計模擬法、隨機抽樣技術，是一種隨機模擬方法，以機率和統計理論方法為基礎的一種計算方法，是使用隨機數（或更常見的僞隨機數）來解決很多計算問題的方法。將所求解的問題同一定的機率模型相聯繫，用電子電腦實現統計模擬或抽樣，以

獲得問題的近似解。為象徵性地表明這一方法的機率統計特徵，故借用賭城蒙特卡羅命名。本文運用蒙特卡羅方法選擇故障變量，主要包括兩個方面。

(1) 首先，基於蒙特卡羅方法進行故障中心變化的評估用以判斷判別分析方法是否適用

從數據總體 $\boldsymbol{X}_{\mathrm{n}}(N_{\mathrm{n}} \times J)$ 中隨機選取一定量的樣本 $\boldsymbol{X}_{\mathrm{s}}(N_{\mathrm{s}} \times J)$ 作為正常數據的子集（一般子集中的數據量是正常數據集的 2/3）。同時計算各個正常數據子集的中心。重復執行上述隨機選擇 M 次（本文中 M 取值為 200）從而獲得一個中心矩陣 $\overline{\boldsymbol{X}}(M \times J)$，其中 $\overline{\boldsymbol{X}}$ 的每一列代表子數據集 $\boldsymbol{X}_{\mathrm{s}}(N_{\mathrm{s}} \times J)$ 的中心。然後，透過 $\overline{\boldsymbol{X}}(M \times J)$ 計算得到最終的中心位置 $\boldsymbol{\mu}$ 和方差 $\boldsymbol{\sigma}$，以及用以描述正常數據中心變化範圍的置信區間 $[\boldsymbol{\mu}-3\boldsymbol{\sigma}, \boldsymbol{\mu}+3\boldsymbol{\sigma}]$。該置信區間可以用來判斷某類故障數據的變化是否可以用判別分析方法來分析。只要故障樣本中心位置的任一變量超過控制限，就能對 $\boldsymbol{X}_{\mathrm{n}}$ 和 $\boldsymbol{X}_{\mathrm{f},i}$ 使用判別分析，從而選取故障變量。

(2) 為了減少對建模數據的依賴，有效選取建模數據，定義基於蒙特卡羅的故障變量評價指標。

首先用蒙特卡羅方法隨機選取 M 個正常數據子集，每個子集包含 2/3 的正常樣本 $\boldsymbol{X}_{\mathrm{n}}$。然後對每個正常數據子集和故障數據集兩兩使用判別分析，提取故障方向。沿著故障方向，不同變量的故障影響可以透過計算正常子集各個變量的相對貢獻值來計算，然後各個變量的穩定性指標可以隨之定義。具有高穩定性的變量被認為是故障變量。具體的評價指標定義如下。

① 判別成分指標　利用蒙特卡羅技術對數據集 $\boldsymbol{X}_{\mathrm{n}}(N_{\mathrm{n}} \times J)$ 隨機採樣，獲取 M 個正常數據的子集 $\boldsymbol{X}_{\mathrm{s}}(N_{\mathrm{s}} \times J)$。對正常數據子集和故障數據集兩兩執行嵌套迭代費雪判別分析，獲得正常數據類的權重矩陣 $\boldsymbol{R}_i^*$ $(J \times R)$（斜體的 R 代表嵌套迭代費雪判別分析的成分個數，注意區別於黑體的 $\boldsymbol{R}$）。用相同的方法計算每個故障類的權重，記作 $\boldsymbol{R}_{\mathrm{f},i}^*(J \times R)$。需要注意的是，正常數據和不同類型的故障數據進行嵌套迭代費雪判別分析，得到的投影方向 $\boldsymbol{R}_i^*$ 是不同的。用 $\boldsymbol{R}_i^*$ 作為監測方向，沿著監測方向，可以從每個故障類中提取多個判別成分，這些判別成分包含了每類故障相對於正常數據的主要變化資訊，反映了主要的故障影響：

$$\boldsymbol{T}_{\mathrm{f},i}^* = \boldsymbol{X}_{\mathrm{f},i} \boldsymbol{R}_i^* \tag{7-12}$$

對應的，用正常數據子集進行如下計算可以得到正常狀態下的判別成分：

$$\boldsymbol{T}_{\mathrm{s},i}^* = \boldsymbol{X}_{\mathrm{s}} \boldsymbol{R}_i^* \tag{7-13}$$

然後，用每類的最終判別成分 $\boldsymbol{T}_{\mathrm{f},i}^{*}$ 來替代原始的故障類別數據，用 $\boldsymbol{T}_{\mathrm{s},i}^{*}$ 來替代正常數據。簡單起見，上標 * 號在下文中將不再用於判別成分的標示。

② 相似度指標　正常樣本與正常樣本中心的相似度可以用馬氏距離[34] 來衡量：

$$\boldsymbol{t}_{\mathrm{s},i,m}=\boldsymbol{x}_{\mathrm{s},m}^{\mathrm{T}}\boldsymbol{R}_{i}^{*}$$
$$D_{\mathrm{s},i,m}^{2}=(\boldsymbol{t}_{\mathrm{s},i,m}-\bar{\boldsymbol{t}}_{\mathrm{s},i})^{\mathrm{T}}\boldsymbol{\Sigma}_{\mathrm{s},i}^{-1}(\boldsymbol{t}_{\mathrm{s},i,m}-\bar{\boldsymbol{t}}_{\mathrm{s},i}) \tag{7-14}$$

其中，$\boldsymbol{t}_{\mathrm{s},i,m}$ 是判別成分；$\bar{\boldsymbol{t}}_{\mathrm{s},i}$ 表示數據集 $\boldsymbol{T}_{\mathrm{s},i}$ 的均值，$\boldsymbol{\Sigma}_{\mathrm{s},i}$表示正交化後的成分 $\boldsymbol{T}_{\mathrm{s},i}$ 的共變異數矩陣。考慮到可能存在奇異性問題，$\boldsymbol{\Sigma}_{\mathrm{s},i}$內部分元素可能接近於 0，這裡面將接近於 0 的元素設置為 1，避免了奇異性問題的發生。統計量 D^2 代表著不同故障方向上的正常波動。

對於故障數據類，故障樣本對應的 D^2 統計量綜合了故障狀態沿提取的故障方向上的方差變化，計算如下：

$$\boldsymbol{t}_{\mathrm{f},i,m}=\boldsymbol{x}_{\mathrm{f},m}^{\mathrm{T}}\boldsymbol{R}_{i}^{*}$$
$$D_{\mathrm{f},i,m}^{2}=(\boldsymbol{t}_{\mathrm{f},i,m}-\bar{\boldsymbol{t}}_{\mathrm{s},i})^{\mathrm{T}}\boldsymbol{\Sigma}_{\mathrm{s},i}^{-1}(\boldsymbol{t}_{\mathrm{f},i,m}-\bar{\boldsymbol{t}}_{\mathrm{s},i}) \tag{7-15}$$

其中，$D_{\mathrm{f},i,m}^{2}$ 實際上反映了對應 $D_{\mathrm{s},i,m}^{2}$ 的故障波動。

③ 變量貢獻度指標　透過比較 $D_{\mathrm{f},i,m}^{2}$ 和 $D_{\mathrm{s},i,m}^{2}$，可以反映出從正常狀態到故障狀態的變化。這裡將挑選對正常和故障分類具有顯著貢獻的變量，用來進行故障分類。其中，各個變量對 D^2 統計量的貢獻值大小需要借由正常數據和故障數據來定義：

$$\boldsymbol{t}_{*,i,m}=\boldsymbol{x}_{*,m}^{\mathrm{T}}\boldsymbol{R}_{i}^{*}$$
$$C_{D^2,*,m,j}=(\boldsymbol{t}_{*,i,m}-\bar{\boldsymbol{t}}_{\mathrm{s},i})^{\mathrm{T}}\boldsymbol{\Sigma}_{\mathrm{s},i}^{-1}\boldsymbol{r}_{i,j}(x_{*,m,j}-\bar{x}_{\mathrm{s},j}) \tag{7-16}$$

其中，下標 * 可表示為 s 或 f，分別代表正常和故障的數據子集。$\boldsymbol{R}_{i}^{*}$ 中第 j 行向量 $\boldsymbol{r}_{i,j}$ 代表第 j 個變量的權重。$x_{*,m,j}$ 表示各個樣本中的第 j 個變量，$\bar{\boldsymbol{x}}_{\mathrm{s},j}$ 代表各個正常樣本子集的均值。不同變量的貢獻可以用下式統一表示：

$$\sum_{j=1}^{J}C_{D^2,*,m,j}=\sum_{j=1}^{J}(\boldsymbol{t}_{*,i,m}-\bar{\boldsymbol{t}}_{\mathrm{s},i})^{\mathrm{T}}\boldsymbol{\Sigma}_{\mathrm{s},i}^{-1}\boldsymbol{r}_{i,j}(x_{*,m,j}-\bar{x}_{\mathrm{s},j})$$
$$=(\boldsymbol{t}_{*,i,m}-\bar{\boldsymbol{t}}_{\mathrm{s},i})^{\mathrm{T}}\boldsymbol{\Sigma}_{\mathrm{s},i}^{-1}(\boldsymbol{t}_{*,m,j}-\bar{\boldsymbol{t}}_{\mathrm{s},j}) \tag{7-17}$$

對於每個正常數據子集，每個變量都可以計算獲得 $\boldsymbol{C}_{D^2,\mathrm{s},j}$（$N_{\mathrm{s}}\times 1$）。透過比較各個時刻 m 正常情況和故障情況的變量貢獻的比值來計算相對變量貢獻度：

$$\boldsymbol{RC}_{D^2,\mathrm{f},m,j}=\frac{\boldsymbol{C}_{D^2,\mathrm{f},m,j}}{\mathrm{ctr}(\boldsymbol{C}_{D^2,\mathrm{s},j})}=\frac{(\boldsymbol{t}_{*,i,m}-\bar{\boldsymbol{t}}_{\mathrm{s},i})^{\mathrm{T}}\boldsymbol{\Sigma}_{\mathrm{s},i}^{-1}\boldsymbol{r}_{i,j}(x_{*,m,j}-\bar{x}_{\mathrm{s},j})}{\mathrm{ctr}(\boldsymbol{C}_{D^2,\mathrm{s},j})} \tag{7-18}$$

其中，$\mathrm{ctr}(\boldsymbol{C}_{D^2,\mathrm{s},j})$ 代表 $\boldsymbol{C}_{D^2,\mathrm{s},j}$ 的控制限。因為無法獲取先驗分布資訊，這裡利用核密度估計[35] 來逼近 $\boldsymbol{C}_{D^2,\mathrm{s},j}$ 的分布。$(1-\alpha)\%$的置信水準意味著 $\alpha\%$的數據不在控制限內。因此，相對貢獻度可用來衡量各個變量的重要程度來揭示偏離正常狀態的故障影響。可以看到，指標 $\boldsymbol{RC}_{D^2,\mathrm{f},m,j}$ 的值越大，變量顯著性越強。在上述基礎上，利用蒙特卡羅方法隨機選取 M 個正常數據子集，計算出向量 $\boldsymbol{RC}_{D^2,\mathrm{f},m,j}(M\times1)$，計算如下顯著性指標用於衡量各個變量故障相關的顯著性大小：

$$S(\boldsymbol{RC}_{D^2,\mathrm{f},m,j})=\left|\frac{\mathrm{mean}(\boldsymbol{RC}_{D^2,\mathrm{f},m,j})}{\mathrm{std}(\boldsymbol{RC}_{D^2,\mathrm{f},m,j})}\right| \tag{7-19}$$

其中，$\mathrm{mean}(\boldsymbol{RC}_{D^2,\mathrm{f},m,j})$ 和 $\mathrm{std}(\boldsymbol{RC}_{D^2,\mathrm{f},m,j})$ 分別代表列向量 $\boldsymbol{RC}_{D^2,\mathrm{f},m,j}$ 的均值和標準差。$\mathrm{mean}(\boldsymbol{RC}_{D^2,\mathrm{f},m,j})$ 和 $\mathrm{std}(\boldsymbol{RC}_{D^2,\mathrm{f},m,j})$ 比值的絕對值用來衡量故障相關的變量顯著性大小。$S(\boldsymbol{RC}_{D^2,\mathrm{f},m,j})$ 值越大，意味著對應的正常數據子集的相對貢獻度平均值較大，而波動方差較小，因此可以用來表徵最顯著的故障相關變量。此外，針對所有故障樣本計算 $S(\boldsymbol{RC}_{D^2,\mathrm{f},m,j})$，則對於每個變量都可以獲得一個 $N_{\mathrm{f},i}$ 維的向量 $S(\boldsymbol{RC}_{D^2,\mathrm{f},m,j})$。其均值 $\overline{S}(\boldsymbol{RC}_{D^2,\mathrm{f},m,j})$ 則代表了每個變量的平均水準，最大的均值代表顯著性最強的故障變量。

根據上述指標的定義，具體的故障變量選擇方法如下。

(1) 基於蒙特卡羅的故障中心變化的評估

利用蒙特卡羅方法[33] 從 $\boldsymbol{X}_{\mathrm{n}}$ $(N_{\mathrm{n}}\times J)$ 中隨機選取正常樣本，獲得 M 個正常的子集 $\boldsymbol{X}_{\mathrm{s}}(N_{\mathrm{s}}\times J)$。然後，定義正常數據中心的置信區域為 $[\boldsymbol{\mu}-3\boldsymbol{\sigma},\ \boldsymbol{\mu}+3\boldsymbol{\sigma}]$，用來判斷能否用判別分析方法獲取故障變化。如果故障中心超出了置信區域，即表示無法用判別分析處理該類數據，停止選擇過程。否則執行步驟 (2)。

(2) 基於嵌套迭代費雪判別分析的故障方向提取

對正常數據子集 $\boldsymbol{X}_{\mathrm{s}}$ 和每類故障數據 $\boldsymbol{X}_{\mathrm{f},i}$ 兩兩使用嵌套迭代費雪判別分析[25]，提取故障方向。按照公式(7-12) 和公式(7-13) 將測量樣本沿著到故障方向投影，得到每類成分 $\boldsymbol{T}_{\mathrm{f},i}$ 和 $\boldsymbol{T}_{\mathrm{s},i}$。

(3) 故障數據監測

按照公式(7-14) 和公式(7-15)，計算正常數據子集和故障數據的統計指標 D^2。利用正常數據子集來定義置信限，並將故障數據的 D^2 值與之進行對比。如果超限報警的故障樣本的數量小於一個預定的閾值 β，表明兩類數據具有相似的特徵，此時，停止變量選擇程序。否則，繼續執行步驟（4）。

（4）相對變量貢獻度評價

按照公式(7-16)，變量貢獻度同時適用於正常數據子集和故障數據。然後，基於正常數據子集計算控制限，按公式(7-18）計算出每類故障變量的相對變量貢獻度 $\boldsymbol{RC}_{D^2,\mathrm{f},m,j}$。返回步驟（2），計算下一個正常數據子集和故障樣本的 $\boldsymbol{RC}_{D^2,\mathrm{f},m,j}$，直到所有正常樣本子集都被使用過。

（5）變量顯著性計算

可以透過公式(7-19）計算每個變量的顯著性指標 $S(\boldsymbol{RC}_{D^2,\mathrm{f},m,j})$。然後計算 $N_{\mathrm{f},i}$ 個故障樣本下的均值 $\overline{S}(\boldsymbol{RC}_{D^2,\mathrm{f},m,j})$，該均值用來表徵各個變量對於區分正常和故障數據的重要性。

（6）故障變量選擇

由上文可知，選擇最顯著的故障變量，也就是選擇 $\overline{S}(\boldsymbol{RC}_{D^2,\mathrm{f},m,j})$ 中最大值對應的變量 $\boldsymbol{x}_j^*$，挑選出來後存入候選故障變量庫。

（7）模型更新

從現有測量變量中移除故障變量 $\boldsymbol{x}_j^*$ 後，原數據集更新為正常數據集 $\widetilde{\boldsymbol{X}}_{\mathrm{s}}$ 和故障數據集 $\widetilde{\boldsymbol{X}}_{\mathrm{f},i}$ 兩部分。用更新後的正常數據子集 $\widetilde{\boldsymbol{X}}_{\mathrm{s}}$ 替代原始數據集，返回步驟（1）選擇下一個故障變量。

重復執行上述步驟直到找出所有故障變量。在步驟（1）和步驟（3）中分別給出了終止條件的指標。其中，步驟（1）中的終止條件用來評估數據中心的偏差，從而判斷該問題是否適合用判別分析來處理；步驟（3）中的終止條件用來檢查剩下的變量能否被由正常數據所建立的模型所涵蓋，即去掉故障變量後的數據是否包含了正常數據的相似特徵。如果所有變量都受到干擾，成為顯著故障變量，此程序將會將所有變量都挑選出來作為故障變量。一般來說，對於故障過程，只有部分變量受到影響，即為故障變量，它們和未受故障影響的正常變量具有不同的變量相關性。

圖 7-1 描述了故障變量選擇的流程，將每類故障數據分成了兩個子集，故障變量子集 $\widetilde{\boldsymbol{X}}_{\mathrm{f},i}(N_{\mathrm{f}}\times J_{\mathrm{f},i})$ 和正常變量子集 $\breve{\boldsymbol{X}}_{\mathrm{f},i}(N_{\mathrm{f}}\times J_{\mathrm{n},i})$。$J_{\mathrm{f},i}$ 和 $J_{\mathrm{n},i}$ 分別代表所選故障變量數和正常變量數。對應的，正常狀態的變量也被劃分成兩個不同的部分，分別定義為 $\widetilde{\boldsymbol{X}}_{\mathrm{n},i}(N_{\mathrm{n}}\times J_{\mathrm{f},i})$ 和 $\breve{\boldsymbol{X}}_{\mathrm{n},i}(N_{\mathrm{n}}\times J_{\mathrm{n},i})$。這裡，正常數據集對應不同故障類的變量劃分結果用下標 i 來區分。

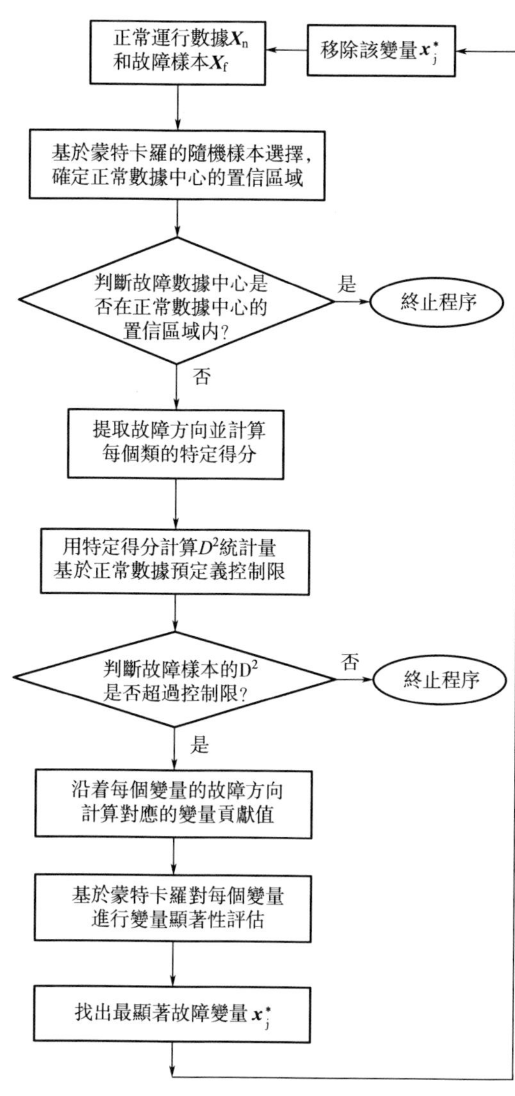

圖 7-1 故障變量選擇過程的示意圖

7.3.2 雙重故障診斷模型

考慮到兩種不同的故障類型可能具有相同的故障變量和一般變量，但是可能表示出不同的變量相關性，因此，僅僅根據選擇的故障變量進行判斷不足以清晰地區分不同的故障類型。為了探究它們的不同特性，對每類故障建立雙重故障診斷模型。

對於故障變量子集，首先對對應正常數據的部分 $\widetilde{\boldsymbol{X}}_{n,i}$ 進行數據標準化處理，並以同樣的方式處理故障樣本 $\widetilde{\boldsymbol{X}}_{f,i}$。用嵌套迭代費雪判別分析對正常數據 $\widetilde{\boldsymbol{X}}_{n,i}$ 和故障數據 $\widetilde{\boldsymbol{X}}_{f,i}$ 建模，提取可以表徵偏離正常狀態變化的故障方向。正常數據 $\widetilde{\boldsymbol{X}}_{n,i}$ 和故障數據 $\widetilde{\boldsymbol{X}}_{f,i}$ 的故障方向分別用 $\widetilde{\boldsymbol{R}}_{n,i}$ 和 $\widetilde{\boldsymbol{R}}_{f,i}$ 表示。這裡，利用重構思想，來判斷應該保留多少故障方向，才能最大程度地將對故障樣本修正後的監測統計量帶回到正常範圍內：

$$\begin{aligned}
&\widetilde{\boldsymbol{T}}_{fr,i}=\widetilde{\boldsymbol{X}}_{f,i}\widetilde{\boldsymbol{R}}_{f,i}\\
&\widetilde{\boldsymbol{P}}_{f,i}^{T}=(\widetilde{\boldsymbol{T}}_{fr,i}^{T}\widetilde{\boldsymbol{T}}_{fr,i})^{-1}\widetilde{\boldsymbol{T}}_{fr,i}^{T}\widetilde{\boldsymbol{X}}_{f,i}\\
&\widetilde{\boldsymbol{E}}_{f,i}=\widetilde{\boldsymbol{X}}_{f,i}-\widetilde{\boldsymbol{T}}_{fr,i}\widetilde{\boldsymbol{P}}_{f,i}^{T}
\end{aligned}\tag{7-20}$$

其中，$\widetilde{\boldsymbol{P}}_{f,i}$ 代表用於解釋 $\widetilde{\boldsymbol{X}}_{f,i}$ 的 $\widetilde{\boldsymbol{T}}_{fr,i}$ 對應的負載矩陣；$\widetilde{\boldsymbol{E}}_{f,i}$ 代表更新後的數據。

這裡，透過檢查報警樣本個數來決定 $\widetilde{\boldsymbol{R}}_{f,i}$ 中保留的方向個數。將更新後的數據集 $\widetilde{\boldsymbol{E}}_{f,i}$ 投影到由 $\widetilde{\boldsymbol{X}}_{n,i}$ 定義的 PCA 模型中，然後計算統計量 $\widetilde{D}_{f,i}^{2}$ 用來表徵沿著 PCA 方向 $\widetilde{\boldsymbol{P}}_{i}$ 上的故障變化。

$$\begin{aligned}
&\widetilde{\boldsymbol{T}}_{f,i}=\widetilde{\boldsymbol{E}}_{f,i}\widetilde{\boldsymbol{P}}_{i}\\
&\widetilde{D}_{f,i}^{2}=(\widetilde{\boldsymbol{t}}_{f,i}-\overline{\widetilde{\boldsymbol{t}}}_{n,i})^{T}\widetilde{\boldsymbol{\Sigma}}_{n,i}^{-1}(\widetilde{\boldsymbol{t}}_{f,i}-\overline{\widetilde{\boldsymbol{t}}}_{n,i})
\end{aligned}\tag{7-21}$$

其中，$\widetilde{\boldsymbol{t}}_{f,i}$ 是 $\widetilde{\boldsymbol{T}}_{f,i}$ 中的一個行向量，它的元素是從故障變量 $\widetilde{\boldsymbol{X}}_{f,i}$ 中提取的。$\overline{\widetilde{\boldsymbol{t}}}_{n,i}$ 代表從 $\widetilde{\boldsymbol{X}}_{n,i}$ 中提取的成分 $\widetilde{\boldsymbol{T}}_{n,i}$（$\widetilde{\boldsymbol{T}}_{n,i}=\widetilde{\boldsymbol{X}}_{n,i}\widetilde{\boldsymbol{P}}_{i}$）的均值，由於事先進行了標準化處理，$\overline{\widetilde{\boldsymbol{t}}}_{n,i}$ 其實是一個零向量。$\widetilde{\boldsymbol{\Sigma}}_{n,i}$ 是 $\widetilde{\boldsymbol{T}}_{n,i}$ 的共變異數矩陣。需要注意的是，$\widetilde{\boldsymbol{P}}_{i}$ 中保留的方向數量等於矩陣 $\widetilde{\boldsymbol{X}}_{n,i}$ 的秩。

假設測量數據服從多元正態高斯分布且樣本數量足夠多，那麼可以根據正常數據中變量子集的卡方分布[36] 來計算置信限 $\widetilde{D}_{f,i}^{2}$。當然也可以採用核密度估計[35]，利用非參數估計的方法來確定控制限。

其次，對於正常變量子集，其變化與正常狀態相似，因此能夠用一個統一的模型來進行描述。具體的建模過程是，首先建立組合數據集 $\breve{\boldsymbol{X}}_{i}=\begin{bmatrix}\breve{\boldsymbol{X}}_{n,i}\\ \breve{\boldsymbol{X}}_{f,i}\end{bmatrix}$ 並標準化，使得各個變量都具有零均值和單位標準差。然後，利用 PCA 演算法分析 $\breve{\boldsymbol{X}}_i$ 獲得監測方向 $\widetilde{\boldsymbol{P}}_i$，監測方向的數量等於 $\breve{\boldsymbol{X}}_i$ 的秩。投影之後，可以計算診斷統計量，如下式所示：

$$\begin{aligned}\breve{\boldsymbol{T}}_i&=\breve{\boldsymbol{X}}_i\breve{\boldsymbol{P}}_i\\ \breve{D}_i^2&=(\breve{\boldsymbol{t}}_i-\overline{\breve{\boldsymbol{t}}}_i)^{\mathrm{T}}\breve{\boldsymbol{\Sigma}}_i^{-1}(\breve{\boldsymbol{t}}_i-\overline{\breve{\boldsymbol{t}}}_i)\end{aligned}\tag{7-22}$$

其中，$\breve{\boldsymbol{T}}_i$ 是從 $\breve{\boldsymbol{X}}_i$ 中提取的主成分；$\breve{\boldsymbol{t}}_i$ 是 $\breve{\boldsymbol{T}}_i$ 中的一個行向量，$\overline{\breve{\boldsymbol{t}}}$ 表示 $\breve{\boldsymbol{T}}_i$ 的均值（因為之前的標準化處理，它實際上是一個零向量）；$\widetilde{\boldsymbol{\Sigma}}_i$ 是 $\breve{\boldsymbol{T}}_i$ 的共變異數矩陣。類似統計量 $\widetilde{D}_{\mathrm{f},i}^2$ 的計算，可以計算出統計量 $\breve{D}_i^2$ 的置信限。$\widetilde{D}_{\mathrm{f},i}^2$ 和 $\breve{D}_i^2$ 分別綜合了不同變量的變化。

基於上述的分析，每個故障類都可以用兩個變量子集來進行區分，包括各自的診斷模型和它們的置信限。在線故障診斷的時候，每個故障樣本將會透過預定義的雙重模型進行診斷以確定其所屬的故障類。

7.3.3 在線機率故障診斷

對於傳統的故障診斷而言，一般透過檢查候選故障類的模型能否解釋當前的故障樣本來確定故障原因。假設 0 代表當前故障樣本不能被重構回到預定義的正常波動範圍，1 代表當前的故障樣本能夠被很好地重構。也就是說，用簡單的布爾代數（0 或者 1）來實現基於重構的診斷。它僅能給出新樣本是否屬於某個故障類型（非 0 即 1），而不能說明這個樣本在多大程度上屬於這個故障類型。也就是說，如果能夠定義具體隸屬程度，它能夠給出更多的關於故障類別的資訊。本文定義了一個機率指標，來評價當前故障樣本屬於各個故障類的機率。在線機率故障診斷策略實施如下。

對於 k 時間段內的一個新來的樣本 $\boldsymbol{x}_{\mathrm{new}}(J\times1)$，首先可用基於 PCA 的統計模型監測它的狀態。若監測為異常樣本，接下來進行故障診斷，來確定它所屬的故障類型。

對於第 i 個候選故障類，需要同時考慮故障變量和正常變量兩個變量子集。對應的，將新的故障樣本構建成 $\boldsymbol{x}_{\mathrm{new}}(J\times1)=\begin{bmatrix}\widetilde{\boldsymbol{x}}_{\mathrm{new},i}(J_{\mathrm{n}}\times1)\\ \breve{\boldsymbol{x}}_{\mathrm{new},i}(J_{\mathrm{f}}\times1)\end{bmatrix}$ 的形式。在這基礎上，用雙重故障診斷模型來評價新的故障樣本和每個候選故障類的相似性。

第一，透過調用每個候選故障類 i 的故障變量對應的故障診斷模型，來對新樣本的故障變量進行衡量：

$$\tilde{\boldsymbol{t}}_{\text{new},i}=(\tilde{\boldsymbol{x}}_{\text{new},i}^{\mathrm{T}}-\tilde{\boldsymbol{x}}_{\text{new},i}^{\mathrm{T}}\tilde{\boldsymbol{R}}_{\mathrm{f},i}\tilde{\boldsymbol{P}}_{\mathrm{f},i}^{\mathrm{T}})\tilde{\boldsymbol{P}}_{i}$$

$$\tilde{D}_{\text{new},i}^{2}=(\tilde{\boldsymbol{t}}_{\text{new},i}-\bar{\tilde{\boldsymbol{t}}}_{\mathrm{n},i})^{\mathrm{T}}\tilde{\boldsymbol{\Sigma}}_{\mathrm{n},i}^{-1}(\tilde{\boldsymbol{t}}_{\text{new},i}-\bar{\tilde{\boldsymbol{t}}}_{\mathrm{n},i}) \tag{7-23}$$

其中，$\tilde{\boldsymbol{x}}_{\text{new},i}(J_{\mathrm{f},i}\times 1)$ 包含新故障樣本 $\boldsymbol{x}_{\text{new}}$ 中的故障變量部分，由候選的故障診斷模型（$\tilde{\boldsymbol{R}}_{\mathrm{f},i}$ 和 $\tilde{\boldsymbol{P}}_{\mathrm{f},i}$）進行重構。重構後的樣本被投影到預定義的監測模型 $\tilde{\boldsymbol{P}}_{i}$ 中計算 $\tilde{\boldsymbol{t}}_{\text{new},i}$ 以及對應的統計量 $\tilde{D}_{\text{new},i}^{2}$，用於表徵重構後的樣本沿 $\tilde{\boldsymbol{P}}_{i}$ 方向上的波動。

第二，透過調用每個候選故障類 i 的正常變量對應的故障診斷模型，來對新樣本的正常變量進行衡量：

$$\breve{\boldsymbol{t}}_{\text{new},i}=\breve{\boldsymbol{x}}_{\text{new},i}^{\mathrm{T}}\breve{\boldsymbol{P}}_{i}$$

$$\breve{D}_{\text{new},i}^{2}=(\breve{\boldsymbol{t}}_{\text{new},i}-\bar{\breve{\boldsymbol{t}}}_{i})^{\mathrm{T}}\breve{\boldsymbol{\Sigma}}_{i}^{-1}(\breve{\boldsymbol{t}}_{\text{new},i}-\bar{\breve{\boldsymbol{t}}}_{i}) \tag{7-24}$$

其中，$\breve{\boldsymbol{x}}_{\text{new},i}$（$J_{\mathrm{n},i}\times 1$）是新樣本 $\boldsymbol{x}_{\text{new}}$ 中的正常變量部分，被投影到預定義的監測模型 $\tilde{\boldsymbol{P}}_{i}$ 中計算 $\breve{\boldsymbol{t}}_{\text{new},i}$。對應的統計量 $\breve{D}_{\text{new},i}^{2}$ 代表新樣本中的正常變量部分沿 $\breve{\boldsymbol{P}}_{i}$ 方向上的波動。

分別對比兩個統計指標和各自對應的預定義的控制限。透過觀察哪個候選故障類型的模型能夠很好解釋當前的故障樣本，初步判斷故障原因。一般來說，如果任何指標都出現了明顯的失控現象，說明當前故障樣本在該變量子集下不屬於該候選的故障類，則繼續調用該故障診斷模型對接下來的新故障數據進行診斷。相反地，如果兩個統計量同時在某個故障類預定義的置信域內，說明該樣本的故障變量子集及正常變量子集和該候選故障類很相似，判斷該故障屬於調用的故障診斷模型所表示的類別。但是某些時候，異常情況可能同時被歸為多個故障類。為了進一步確定故障原因，本文定義了一個機率指標來計算監測統計量，以便更好地指示出故障隸屬的程度。

首先對每一個定義的統計量 x 使用貝氏理論[37]：

$$P(f_i\mid x)=\frac{P(x\mid f_i)P(f_i)}{\sum_{m=1}^{C}P(x\mid f_m)P(f_m)} \tag{7-25}$$

其中，$P(f_i\mid x)$ 代表樣本 x 屬於類別 f_i 的後驗機率；$P(f_i)$ 代表故障類 f_i 的先驗機率；C 是所考慮的故障類的總數；$P(x\mid f_i)$ 是 x 的條件機率。在沒有任何故障數據分布的資訊情況下，樣本的機率密度函數可以用核密度估計[35] 來計算。

假設 $P(f_i)$ 的值對於各個不同的故障類是一樣的，那麼公式(7-25)可以簡化成如下的形式：

$$P(f_i \mid x)=\frac{P(x \mid f_i)}{\sum_{m=1}^{C} P(x \mid f_m)} \tag{7-26}$$

其中，分母 $\sum_{m=1}^{C} P(x \mid f_m)$ 是相同的，所以上式條件機率其實就是由 $P(x \mid f_i)$ 來決定。

因此，對每一個故障相關的統計量，x 屬於類別 f_i 的後驗機率都能被計算出來。即用公式(7-23) 和公式(7-24) 中的任意監測統計量替換 x，都能利用上述貝氏規則計算出故障診斷統計量的後驗機率，從而確定當前樣本屬於各個故障類的機率。在傳統的基於重構的診斷方法裡，如果有多個候選故障類適合於當前樣本，那麼故障原因可能無法確定；而利用所提出方法，當前樣本最終會被歸到最大後驗機率對應的故障類裡。譬如，如果新樣本被發現同時在故障 1 和故障 2 的置信區域裡，機率值的大小可以進一步幫助判斷哪個故障類能夠更好地描述當前的故障樣本，換言之，對應於最大機率值的故障類被認為是樣本隸屬的故障類。

7.4 捲菸生產過程中的應用研究

在本章節中，透過捲菸生產過程對上述所提出的故障診斷方法進行測試，並與傳統的基於判別分析的故障診斷方法進行比較。關於捲菸生產過程在第 6 章中已經進行了詳細介紹，這裡不再贅述。本次試驗採用的是某捲菸公司的製絲過程數據，包括 1 個正常數據集以及 3 個故障數據集，採樣間隔為 10s。每個數據集中都包含 23 個變量，具體的建模變量以及故障描述見表 7-1 和表 7-2。

表 7-1 捲菸生產製絲過程變量描述

變量	描述	變量	描述
#1	烘前葉絲流量(kg/h)	#7	SIROX 薄膜閥開度(%)
#2	烘前水分(%)	#8	KLD 排潮負壓 (μbar)
#3	SIROX 閥前蒸汽壓力(bar)	#9	KLD 排潮風門開度(%)
#4	SIROX 溫度 (℃)	#10	KLD 總蒸汽壓力 (bar)
#5	SIROX 蒸汽體積流量(m^3/h)	#11	1 區蒸汽壓力 (bar)

續表

變量	描述	變量	描述
#6	SIROX 蒸汽品質流量(kg/h)	#12	1 區筒壁溫度（℃）
#13	2 區蒸汽壓力（bar）	#19	KLD 除水量（L/h）
#14	2 區筒壁溫度（℃）	#20	KLD 烘後水分(%)
#15	1 區冷凝水溫度（℃）	#21	KLD 烘後溫度（℃）
#16	2 區冷凝水溫度（℃）	#22	冷卻水分（%）
#17	KLD 熱風溫度（℃）	#23	冷卻溫度(℃)
#18	KLD 熱風風速(m/s)		

表 7-2　捲菸製絲過程中的故障描述和故障變量選擇結果

故障類型	故障描述	實際故障變量數(實際故障變量編號)
1	蒸汽壓力閥增大 25%	7(Nos. 11,12,15,20,21,22,23)
2	KLD 熱風速度的設定點發生階躍變化	6(Nos. 18,19,20,21,22,23)
3	未知故障	11(Nos. 10,11,12,13,14,15,16,17,20,21,22)

實驗開始前分別對這三種故障類型進行基於蒙特卡羅的故障中心變化的評估，結果表明這三種故障類型都適合用判別分析進行診斷。在離線建模階段，先對不同故障進行故障變量分離。這裡使用 595 個正常樣本作為參考，故障發生之後的 50 個樣本被用來當作故障樣本，假定故障特徵在所考慮的時間段內沒有發生顯著變化。不同方法識別出來的故障變量對比情況如表 7-3 所示。本文定義了兩個指標來評估故障變量選擇結果。正確變量選擇比（CVSR）表示正確選擇出來的故障變量個數和實際故障變量個數之比，錯誤變量選擇比（FVSR）則表示被誤判為故障變量的變量個數與實際故障變量個數之比。從表中可以看出，使用本文提出的演算法，所有的故障變量都被正確地分離出來，並且沒有被誤判的正常變量。相比之下，不採用基於蒙特卡羅評價的變量選擇方法[30]，一些正常變量會被錯誤地選擇為故障變量從而導致較大的 FVSR 值。因為該方法透過檢查剩餘變量是否在正常數據預定義的置信區間內來決定所選故障變量數量，因此，所有的故障變量均會被選擇，其 CVSR 指標為 100%。使用 Qin 等[17] 所提出的基於 FDA 故障診斷方向的貢獻圖方法，因為無法界定貢獻顯著的邊界，所以很難確定故障變量的數量。針對這一問題，本文對該方法[17] 作了適當修改，透過檢驗剩餘的變量在故障數據中和在正常數據中是否相近來確定所選故障變量的個數。同樣地，雖然所有的故障變量都能被選擇出來，但一些正常的變量被錯判為故障

變量，導致 FVSR 指標變差。Verron 等[29] 的基於互資訊的方法側重改進故障類間的誤分類誤差而不是識別每個故障類型的所有故障變量，因此，該方法選擇出來的故障變量可能與實際情況不一致。基於該方法，8 個故障變量被選擇用於對三種故障類型進行分類，具有良好的分類效果，但這 8 個故障變量與每種故障類的真實故障變量情況不符。對於那些不同故障類型共享的故障變量，如果不包含有效的分類資訊，則不能被準確選擇出來。為了提高變量選擇的性能，對正常數據和每類故障數據兩兩使用上述方法[29]，挑選出能更好地區分正常數據和故障數據的變量作為故障變量，但這些被選擇的故障變量可能只是該故障類型下所有故障變量的一部分。這種方法可以避免正常變量被錯誤地選擇為故障變量，因而具有較好的 FVSR 指標。然而其 CVSR 指標較小，這可能是因為該方法[29] 基於數據正態分布的假設，但在實際過程中，尤其是故障過程，該假設往往無法滿足。

表 7-3 捲菸製絲過程中的故障變量選擇結果

故障類型	CVSR/%				FVSR/%			
	本文所提出的方法	基於嵌套迭代的費舍爾判別分析[30]	基於 FDA 方向的貢獻圖方法[17]	基於互資訊的方法[29]	本文所提出的方法	基於嵌套迭代的費雪判別分析[30]	基於 FDA 方向的貢獻圖方法[17]	基於互資訊的方法[29]
1	100	100	100	85.71	0	0	57.14	0
2	100	100	100	83.33	0	16.67	50.00	0
3	100	100	100	81.81	0	18.18	36.36	0

對於故障＃1，將蒸汽壓力閥門開度增加 25％來對 1 區蒸汽壓力施加一個階躍變化。由於變量間的密切關聯，其他變量也將隨著 1 區蒸汽壓力的變化而變化。首先基於所提出的故障變量選擇方法，將故障變量與正常變量分離。可以選擇 7 個故障變量，分別是變量＃11、＃12、＃15、＃20、＃21、＃22 和＃23。選擇結果符合對實際過程機理的解釋。隨著壓力閥門開度的增加，首先，1 區蒸汽壓力（變量＃11）立即增加，導致更多的蒸汽噴射到筒壁上。因此，1 區筒壁溫度（變量＃12）和 1 區冷凝水溫度（變量＃15）也隨之增加。變量＃20（KLD 烘後水分）和變量＃21（KLD 烘後溫度）在 KLD 的輸出端進行測量，變量＃22（冷卻水分）和變量＃23（冷卻溫度）在 KLD 之後的風選冷卻機輸出端測量。因此，溫度變量 KLD 烘後溫度（變量＃21）和冷卻溫度（變量＃23）都會隨著筒壁溫度的升高而升高。而由於更多的水分從菸草中被蒸發出來，KLD

烘後水分（變量＃20）和冷卻水分（變量＃22）都會隨之減少。

對於故障＃2，KLD 熱風速度的設定值增加會導致 KLD 熱風風速的增加及其他與之相關變量的變化。基於所提出的故障變量選擇方法，可以獲得變量＃18、＃19、＃20、＃21、＃22 和＃23 這六個故障變量，其選擇結果也可以透過過程機理獲得合理的解釋：隨著 KLD 熱風風速（變量＃18）的增加，葉絲將更快地透過 KLD，KLD 除水量（變量＃19）變小，從葉絲中蒸發的水分減少，導致葉絲的水分含量無法達到預期的乾燥值；相對地，隨著剩餘水分含量增多，KLD 烘後水分（變量＃20）將超過正常值；由於葉絲在 KLD 中停留的時間較短，KLD 烘後溫度（變量＃21）將會低於參考值。隨著葉絲從 KLD 輸出送入到風選冷卻機，冷卻溫度（變量＃23）將高於正常值，而冷卻水分（變量＃22）將低於正常值。需要注意的是，由於干擾發生在 KLD 設備內，該設備位於 SIROX 加熱加濕機之後，因此不會影響 SIROX 處理單位。

對於故障＃3，故障原因是未知的，由於 2 區筒壁溫度超過正常區域的溫度，過程停止運行。在該故障類型中，有 11 個變量被挑選為故障變量。首先，1 區和 2 區內所有的測量變量（從變量＃11 到變量＃16）均被選擇。故障可能發生在 KLD 設備的前部。此外，筒壁溫度的升高可能是由蒸汽壓力變化引起的。另外，變量＃10、＃20、＃17 和＃21 描述了 KLD 機運行狀態的變化，可能是由於 1 區和 2 區的變化導致的。由於前述變化，變量＃22（冷卻水分）超過了設定值，也被選為故障變量。因此，根據所選的故障變量可以分析出故障原因為蒸汽壓力閥故障。在該例子中，由於蒸汽壓力閥發生了故障，導致蒸汽壓力、筒壁溫度和冷凝水溫度發生了變化。經驗豐富的工程師檢查壓力值後，也確認了該故障原因。

這裡所選挑選的故障變量有助於了解故障特性並診斷運行過程中發生故障的根本原因。此外，區分故障變量與正常變量還可以提高正常和故障數據間的分類效果。在圖 7-2 中，以故障＃1 為例，分別進行具有變量選擇和不具有變量選擇的嵌套迭代費雪判別分析，比較前兩個判別成分的分離能力。結果如圖 7-2(a) 所示，在沒有進行變量選擇的情況下，使用所有的變量進行嵌套迭代費雪判別分析，故障數據和正常數據不能清晰地分離開來，兩部分數據在一定程度上有重疊。相對地，如圖 7-2 (b) 所示，事先進行變量分離後，故障變量可使正常數據和故障數據更好地分離。而在排除掉故障變量後，正常和故障數據類的剩餘變量會變得更為相似。該結果證明了透過識別顯著的故障影響，可以提高正常和故障數據間的分類能力。

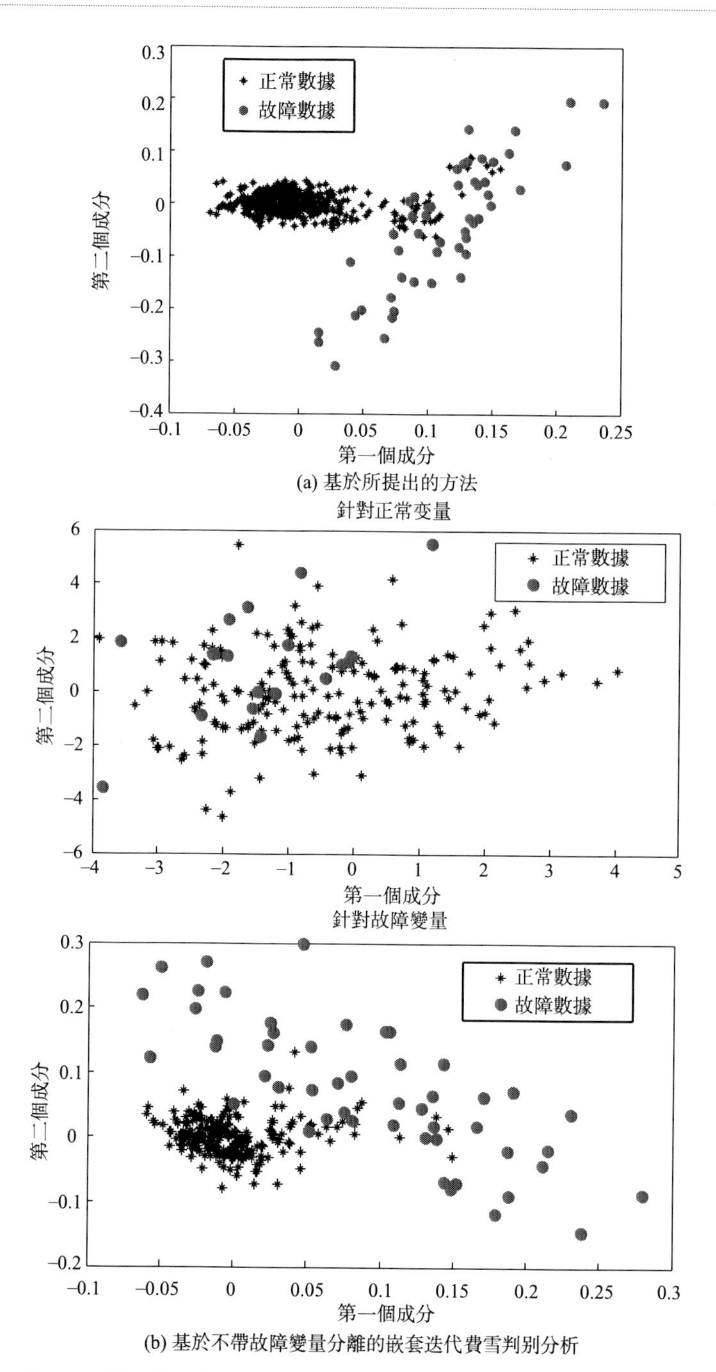

圖 7-2　對正常數據和故障數據所提取的前兩個判別成分的分布圖

基於上述變量分離結果，基於挑選出來的故障變量和正常變量，針對每種故障類型建立雙重診斷模型。為了測試模型性能，另用 50 個故障樣本作為測試樣本，分別調用雙重模型判斷當前樣本是否與某類或者某幾類故障類型的故障變量及正常變量有相似的特徵。

對故障＃1 的樣本使用基於故障＃1 建立的雙重模型進行測試，結果如圖 7-3 所示。很明顯，對於正常變量子集，統計量指標在控制限以內，説明測試數據具有和訓練數據相類似的特徵，如圖 7-3(a) 所示。而對於故障變量子集，重構前，其統計量指標超過了控制限。對於這部分數據，需要透過故障模型進行重構，重構以後的統計量將回到正常範圍，如圖 7-3(b) 所示。作為比較，基於故障＃2 所建立的雙重模型對屬於故障＃1 的樣本進行在線故障診斷，如圖 7-4 所示，正常變量子集和故障變量子集的統計量都不能保持在置信區域内，即使對故障變量進行重構其統計量指標依然超出了控制限。此外，計算每個故障樣本屬於故障＃1 的機率，結果如圖 7-5 所示。可以明顯地看到，對於正常變量部分和故障變量部分，屬於故障＃1 的機率都大於 0.5，且明顯大於其他故障的機率，指出了正確的故障原因。

從 7.3.3 節可以知道，針對新的故障樣本，將分別使用不同候選故障類型的雙重模型進行診斷，來確定哪個故障類的模型可以更好地解釋當前故障樣本。因此，對於來自故障＃i 的故障樣本，如果其還可以被其他故障類的故障模型所解釋，則可能會導致錯誤的故障診斷結果。這裡透過計算兩個指標來評估故障診斷的性能，分別是正確分類率（CCR）和錯誤分類率（FCR）：

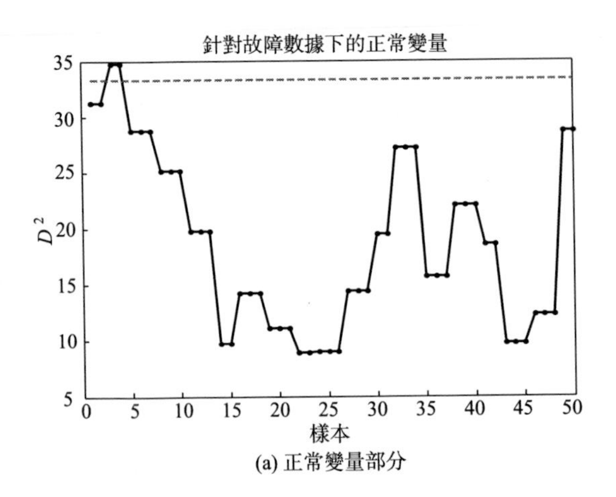

(a) 正常變量部分

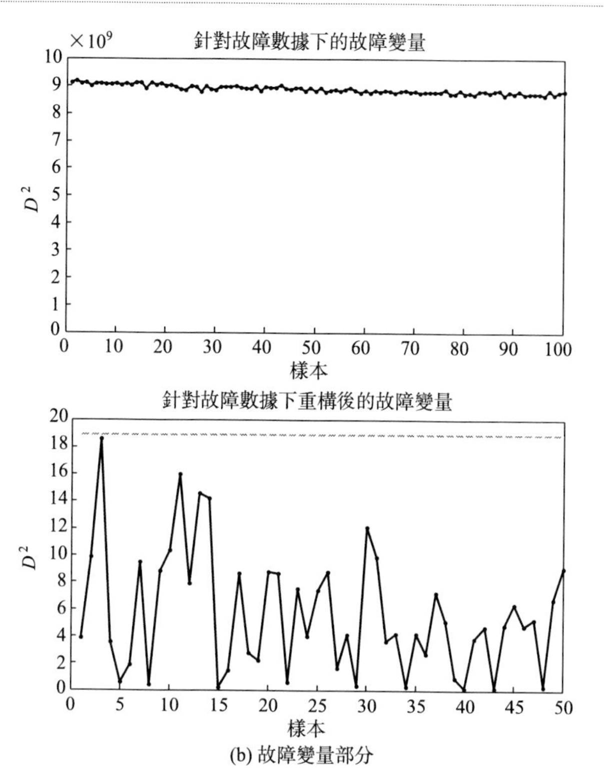

(b) 故障變量部分

圖 7-3　基於所提出的方法對屬於故障# 1的樣本進行在線故障診斷的結果（黑色點線：監測統計量；虛線： 99%的監測置信限）

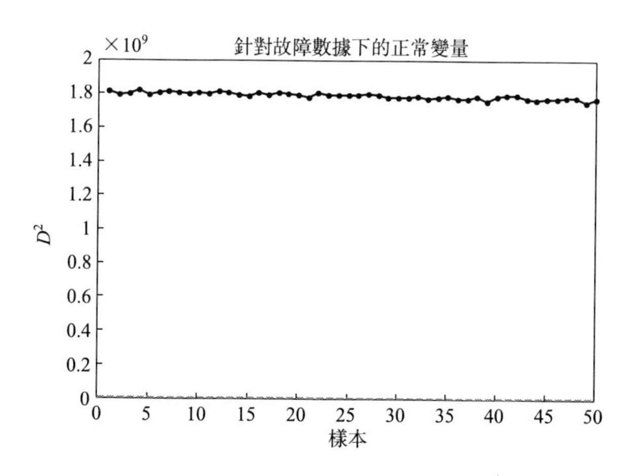

圖 7-4

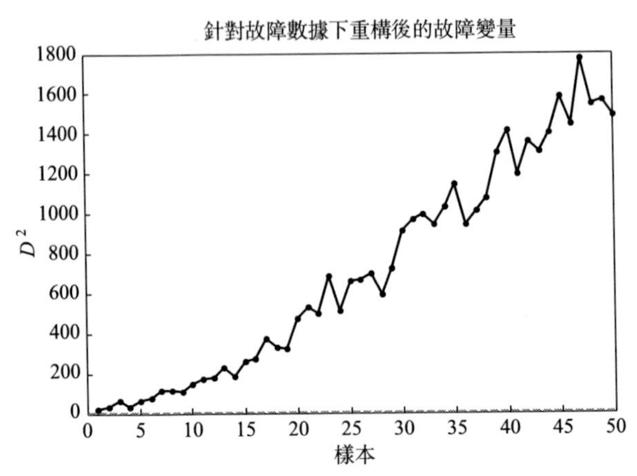

圖 7-4　基於故障# 2 所建立的模型對屬於故障# 1 的樣本進行在線故障診斷的結果（黑色點線：監測統計量；虛線：99% 的監測置信限）

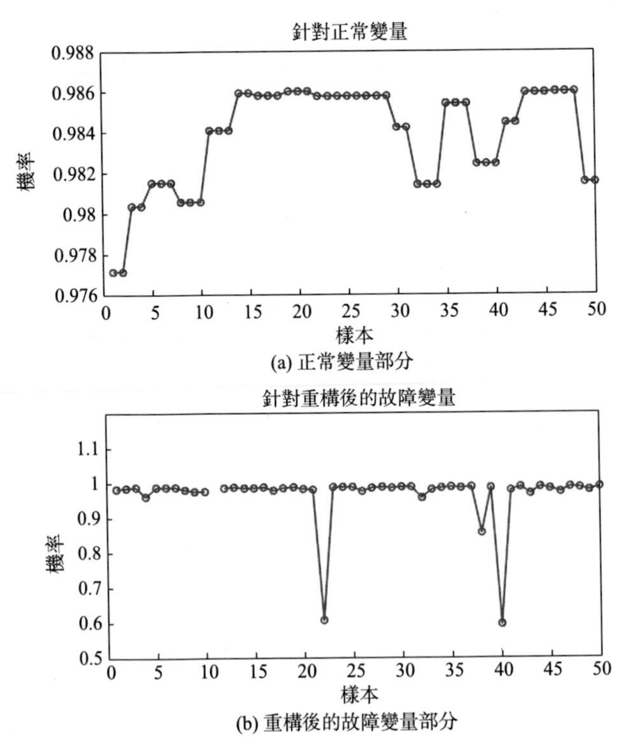

圖 7-5　基於故障# 1 所建立的模型對屬於故障# 1 的樣本進行在線診斷的機率值

$$\text{CCR}=\frac{\text{故障}\#i\text{ 置信區域内的樣本數}}{\text{任意故障置信區域内的樣本數和}}$$

$$\text{FCR}=\frac{\text{故障}\#i\text{ 置信區域外的樣本數}}{\text{真實的樣本數}}$$

其中，CCR 指標表示故障 #i 置信區域内的樣本數與任意故障置信區域内的樣本數和的比值；FCR 指標則表示超出故障 #i 置信區域内的樣本數與真實的樣本數之比。如果故障 #i 的 CCR 指標最大，則表示與其他故障相比，故障 #i 的模型可以更好地解釋故障樣本。FCR 指標則可以量化無法被正確識別的故障樣本數。

表 7-4 四種方法的故障診斷性能對比（CCR 與 FCR）

故障類型	方法							
	傳統的 FDA 演算法		無故障變量選擇的嵌套迭代費舍爾判別分析		具有故障變量選擇的嵌套迭代費舍爾判別分析		具有故障變量選擇的機率故障診斷	
	CCR	FCR	CCR	FCR	CCR	FCR	CCR	FCR
1	66.94	19.00	79.63	14.00	96.08	2.00	100	0
2	73.08	24.00	78.70	15.00	88.68	6.00	98.02	100
3	71.43	20.00	77.27	15.00	87.04	6.00	98.02	100

結果如表 7-4 所示，對來自三種故障類型的各 50 個測試樣本進行了四種方法的比較，使用 CCR 和 FCR 指標進行評估。使用配對 t 檢驗（$\alpha=0.05$）[38] 來量化兩種方法的差異。對於無故障變量選擇的嵌套迭代費雪判別分析方法和傳統 FDA 方法，CCR 和 FCR 兩個指標都顯示無故障變量選擇的嵌套迭代費雪判別分析在統計意義上優於傳統的費雪判別分析，這主要體現在它對判別效果的提升。此外，對比具有故障變量選擇的嵌套迭代費雪判別分析方法與無故障變量選擇的嵌套迭代費雪判別分析方法，前者具有更大的 CCR 指標和更小的 FCR 指標，這表明故障變量分離可以提高診斷的準確性。相比之下，傳統的 FDA 方法診斷性能最差，其原因可以從以下幾個方面進行說明。首先，當每個故障類與正常數據兩兩進行 FDA 分析時，只能提取單個判別成分，這可能不足以表徵不同故障類型間的差異。其次，如不進行故障變量選擇，故障變量與正常變量間的某些不同特性就不能被清楚地探勘出來。然而，即使是具有故障變量選擇的嵌套迭代費雪判別分析方法，針對有些故障樣本仍可能無法區分不同故障類型，特別是故障 #3 的一些樣本也能用故障 #2 建立的模型來解釋。這樣就需要使用機率故障診斷策略來進一步判斷故障原因。某類故障擁有較大的機率值，說明故障樣本更符合該故障類型的

分布，儘管它們可能也適應其他故障類型。使用機率診斷策略後，故障#2和故障#3之間的分類效果進一步增強。

參考文獻

[1] CHANG C C, YU C C. On-line fault diagnosis using the signed directed graph[J]. Industrial & Engineering Chemistry Research, 1990, 29(7): 1290-1299.

[2] ZHAO C, SUN Y, GAO F. A multiple-time-region (MTR)-based fault subspace decomposition and reconstruction modeling strategy for online fault diagnosis [J]. Industrial & Engineering Chemistry Research, 2012, 51(34): 11207-11217.

[3] KARIWALA V, ODIOWEI P E, CAO Y, et al. A branch and bound method for isolation of faulty variables through missing variable analysis [J]. Journal of Process Control, 2010, 20 (10): 1198-1206.

[4] VAN DEN KERKHOF P, VANLAER J, GINS G, et al. Analysis of smearing-out in contribution plot based fault isolation for statistical process control[J]. Chemical Engineering Science, 2013, 104: 285-293.

[5] ZHAO C, YAO Y, GAO F, et al. Statistical analysis and online monitoring for multimode processes with between-mode transitions[J]. Chemical Engineering Science, 2010, 65(22): 5961-5975.

[6] YU J, RASHID M M. A novel dynamic bayesian network-based networked process monitoring approach for fault detection, propagation identification, and root cause diagnosis[J]. AIChE Journal, 2013, 59(7): 2348-2365.

[7] ZHAO C, SUN Y. Comprehensive subspace decomposition and isolation of principal reconstruction directions for online fault diagnosis[J]. Journal of Process Control, 2013, 23(10): 1515-1527.

[8] ZHAO C, GAO F. Online fault prognosis with relative deviation analysis and vector autoregressive modeling[J]. Chemical Engineering Science, 2015, 138: 531-543.

[9] TONG C, EL-FARRA N H, PALAZOGLU A, et al. Fault detection and isolation in hybrid process systems using a combined data-driven and observer-design methodology [J]. AIChE Journal, 2014, 60(8): 2805-2814.

[10] WOLD S, ESBENSEN K, GELADI P. Principal component analysis [J]. Chemometrics and intelligent laboratory systems, 1987, 2(1-3): 37-52.

[11] JACKSON J E. Auser' s guide to principal components [M]. NewYork: John Wiley & Sons, 1991.

[12] DUDA R O, HART P E, STORK D G. Pattern classification [M]. New York: John Wiley & Sons, 1995.

[13] ZHAO C, GAO F. Fault-relevant principal component analysis (FPCA) method for multivariate statistical modeling and process monitoring[J]. Chemomet-

rics and Intelligent Laboratory Systems, 2014, 133: 1-16.

[14] MARTÍNEZ A M, KAK A C. PCA versus LDA[J]. IEEE transactions on pattern analysis and machine intelligence, 2001, 23(2): 228-233.

[15] CHIANG L H, KOTANCHEK M E, KORDON A K. Fault diagnosis based on Fisher discriminant analysis and support vector machines[J]. Computers &Chemical Engineering, 2004, 28(8): 1389-1401.

[16] CHIANG L H, RUSSELL E L, BRAATZ R D. Fault diagnosis in chemical processes using Fisher discriminant analysis, discriminant partial least squares, and principal component analysis[J]. Chemometrics andIntelligent Laboratory Systems, 2000, 50 (2): 243-252.

[17] HE Q P, QIN S J, WANG J. A new fault diagnosis method using fault directions in Fisher discriminant analysis [J]. AIChEJournal, 2005, 51 (2): 555-571.

[18] DU Z, JIN X. Multiple faults diagnosis for sensors in air handling unit using Fisher discriminant analysis[J]. Energy Conversion and Management, 2008, 49(12): 3654-3665.

[19] CHAKRABARTI S, ROY S, SOUNDALGEKAR M V. Fast and accurate text classification via multiple linear discriminant projections[J]. The VLDBJournal, 2003, 12(2): 170-185.

[20] YE J, JANARDAN R, PARK C H, et al. An optimization criterion for generalized discriminant analysis on undersampled problems[J]. IEEE Transactions on Pattern Analysis and Machine Intelligence, 2004, 26(8): 982-994.

[21] FRIEDMAN J H. Regularized discriminant analysis[J]. Journal of the American Statistical Association, 1989, 84 (405): 165-175.

[22] RAUDYS S, DUIN R P W. Expected classification error of the Fisher linear classifier with pseudo-inverse covariance matrix [J]. Pattern Recognition Letters, 1998, 19(5-6): 385-392.

[23] BELHUMEUR P N, HESPANHA J P, KRIEGMAN D J. Eigenfaces vs. fisherfaces: Recognition using class specific linear projection[J]. IEEE Transactions on Pattern Analysis and Machine Intelligence, 1997, 19(7): 711-720.

[24] YE J, LI Q. A two-stage linear discriminant analysis via QR-decomposition[J]. IEEE Transactions on Pattern Analysis and Machine Intelligence, 2005, 27 (6): 929-941.

[25] ZHAO C, GAO F. A nested-loop Fisher discriminant analysis algorithm [J]. Chemometrics and Intelligent Laboratory Systems, 2015, 146: 396-406.

[26] GERTLER J, LI W, HUANG Y, et al. Isolation enhanced principal component analysis [J]. AIChE Journal, 1999, 45(2): 323-334.

[27] WESTERHUIS J A, GURDEN S P, SMILDE A K. Generalized contribution plots in multivariate statistical process monitoring[J]. Chemometrics andIntelligent Laboratory Systems, 2000, 51 (1): 95-114.

[28] LIU J, CHEN D S. Fault isolation using modified contribution plots[J]. Computers & Chemical Engineering, 2014, 61: 9-19.

[29] VERRON S, TIPLICA T, KOBI A. Fault detection and identification with a new feature selection based on mutual

information[J]. Journal of Process Control, 2008, 18(5): 479-490.

[30] ZHAO C, WANG W. Faulty variable selection based fault reconstruction for industrial processes[C]// American Control Conference, 2016. Boston, USA: IEEE, 2016: 6845-6850.

[31] WANG W, ZHAO C H, SUN Y X Locating faulty variables by evaluating ratio of variable contribution based on discriminant analysis for online fault diagnosis[C]// Control Conference (CCC), 2015, Hangzhou: IEEE, 2015: 6366-6371.

[32] DAYAL B S, MACGREGOR J F. Improved PLS algorithms[J]. Journal of Chemometrics: A Journal of the Chemometrics Society, 1997, 11(1): 73-85.

[33] HASTINGS W K. Monte Carlo sampling methods using Markov chains and their applications[J]. Biometrika, 1970, 57 (1):97-109.

[34] MAHALANOBIS P C. On the generalized distance in statistics[C]// Proceedings of the National Institute of Sciences, 1936. Calcutta: National Institute of Science of India, 1936: 49-55.

[35] SILVERMAN B W. Density estimation for statistics and data analysis[M]. New York, USA: Routledge, 2018.

[36] NOMIKOS P, MACGREGOR J F. Multivariate SPC charts for monitoring batch processes[J]. Technometrics, 1995, 37(1): 41-59.

[37] CHIANG L H, RUSSELL E L, BRAATZ R D. Fault detection and diagnosis in industrial systems[M]. London: Springer Science & Business Media, 2000.

[38] MONTGOMERY D C, RUNGER G C. Applied statistics and probability for engineers[M]. New York: John Wiley & Sons, 2010.

第8章

基於協整分析的非平穩過程在線故障診斷

複雜工業過程受設備老化、變工況和未知擾動等因素影響，往往具有非平穩特性，即其中一部分過程變量具有非平穩趨勢，會導致目前基於平穩過程的監測方法失效，並給故障診斷帶來新的挑戰。在非平穩過程中，故障信號可能會被非平穩變量掩蓋，無法有效地識別出真正的故障變量。針對非平穩過程，傳統多元統計方法往往都是基於過程變量平穩這一假設，譬如主成分分析、偏最小二乘等，因此不能有效地描述非平穩變量間的關係。考慮到針對非平穩過程進行故障診斷的實際性和重要性，本章提出一種面向非平穩過程的故障診斷方法，建立基於協整分析的數據重構策略，有效地提取出非平穩變量關係，並同時隔離出故障變量。此外，本章提出的方法無須任何歷史故障數據用於離線分析和建模，可以直接在線執行實現即時故障診斷。

8.1 概述

傳統的多元統計分析方法[1-10]已經被廣泛地應用在過程監測與故障診斷領域，例如主成分分析（PCA）[11,12]、偏最小二乘（PLS）[13]、費雪判別分析（FDA）[14]等，這些方法及其擴展亦被用來解決非線性[15-17]以及多工況[18,19]問題。這些傳統多元統計方法往往假設過程是平穩的。然而，受設備老化、變工況、未知擾動和人為干擾等因素影響，實際工業過程中的變量往往呈現非平穩特性[20]。Box[21]等人認為，如果時間序列的統計特性例如均值、方差隨著時間改變，那麼該時間序列是非平穩的。對於非平穩過程，故障信號極易被非平穩信號的正常變化趨勢所掩蓋，無法滿足對故障檢測的靈敏性要求。針對非平穩過程的故障檢測及診斷極具挑戰性。關於工業過程的非平穩問題近年得到了研究學者的關注[22-26]。由於經典的統計檢驗理論大多都基於隨機過程平穩的前提假設，當過程為非平穩時，使用平穩假設下的分析方法可能會得到完全錯誤的結論。因此，針對非平穩過程的故障檢測及診斷亟需新的解決手段。

大部分方法在處理非平穩過程的時候往往透過簡單的差分運算來消除變量的非平穩特性，使其變為平穩信號。但是，簡單的差分處理往往會造成變量的動態資訊以及故障特性丟失，從而影響故障檢測及診斷的效果。Engle 和 Granger[27]提出了協整分析的方法，可以用來描述非平穩變量間的變量關係。目前，協整分析已經被廣泛和成功應用於經濟領域[28-31]。計量經濟學中的協整理論認為[20]，系統中的非平穩變量之間可能存在著長期的動態均衡關係。即各個變量圍繞著一個共同的長期趨勢隨機波動，而與各自的非平穩性質無關。這個長期均衡關係就是協整關係。協整關係是由變量所處系統所決定的，描述了變量之間內在本質的相互關係。根據這樣的理論觀點，如果能夠建立起工程系統變量之間的協整關係模型，那麼當系統發生故障而造成變量之間關係被改變時，相應的資訊便會反映在模型殘差（新息變量）中。因此透過分析模型殘差，便可以得到故障特徵和系統狀態資訊。Chen 等[20] 首次將協整分析引入到了過程監測領域，他們闡述了非平穩過程變量間具有一種協整關係，即長期的均衡關係。針對正常工況下這些非平穩過程變量建立協整模型，透過對這些變量的長期均衡關係的分析，可以得到一個平穩的殘差序列。如果過程當中有故障發生，非平穩變量間的長期均衡關係將被打破，透過對平穩的殘差序列的監測可以獲悉故障的發生。需要指出的是，他們的研究工作只提取和利用了單個平穩的殘差序列，但實際過程中可能會獲得多個平穩殘差序列，對均衡關係未完全提取和表徵會導致重要資訊的遺漏，影響故障檢測和診斷性能。Li 等[32] 做了進一步改進，透過對提取序列的平穩性進行判斷獲得多個平穩的殘差序列，並基於此建立監測模型以更全面有效地檢測異常情況的發生。雖然針對非平穩過程的過程監測研究已經得到關注並有一定進展，但是如何針對非平穩過程隔離其中的故障變量未見相關報導。考慮到故障信號可能被正常的非平穩變量變化趨勢所淹沒，導致針對非平穩過程的故障隔離十分困難。此外，雖然已有很多方法應用於平穩過程的故障診斷，譬如費雪判別分析（FDA）[4,33] 以及支持向量機（SVM）[18] 用於故障分類的研究，但是故障分類的方法要基於歷史故障數據，在實際過程中通常很難獲得充足的故障歷史數據。而基於貢獻圖的方法及其改進的方法[8,34,35] 可能會導致不正確的故障隔離結果。因此，如何針對非平穩過程實現在線故障診斷，這是一項極具挑戰性的任務，並具有極大的現實意義。

本章主要集中在針對非平穩過程的即時故障診斷研究，提出了一種基於協整分析的稀疏重構策略[36] 用於故障變量的隔離，同時不需要任何歷史故障資訊。首先，針對測量變量中的非平穩過程變量進行判斷並將其與平穩過程變量區分開。其次，針對非平穩變量建立協整模型用來描述這些非平穩變量間的長期均衡關係。最後，將 LASSO（Least Absolute Shrinkage and Selection Operator）算子融合到協整模型中用於在線隔離故障變量。與之前的故障診斷方法不同，本章提出的方法無須任何歷史故障數據，主要用於非平穩過程的在線故障診斷。並且所提出方法的有效性已經在實際火力發電過程中得到了驗證。

8.2 協整分析

20 世紀 70 年代以前，時間序列建模技術都是基於「經濟時間序列平穩」這一前提設計的。然而實踐發現，大多數宏觀經濟和金融時間序列數據呈現明顯的趨勢性和週期性，並不是平穩的。1974 年 Granger 和 Newbold 證明[37]，當經典的平穩隨機過程理論和模型用於非平穩時間序列數據的分析時，往往會推斷出毫不相關的變量在統計上卻顯著相關的結論，這一結論顯然是錯誤的。1978 年，Hendry 等[38] 基於對向量自迴歸過程（VAR）的長期研究，深入探討了非平穩過程的偽迴歸問題，提出了由非平穩序列獲得平穩序列的可能性，即非平穩序列之間的均衡誤差可以是平穩的，並且在上述分析基礎上正式提出了誤差校正機理（ECMs）的概念[38]。Granger 在 1981 年提出了協整的概念[39]，並提出了與 ECMs 相同的發現。Granger 認為：當將用於平穩時間序列的統計方法運用於非平穩的數據分析時，人們很容易作出錯誤的判斷。他的重大貢獻是把兩個以上非平穩的時間序列進行特殊組合後發現可能出現平穩性，即「協整」（cointegration）現象。1987 年，Engel 和 Granger 合作，共同證明了 ECMs 與協整在本質上是一致的，於是正式形成了協整理論的表述[27,40-42]，實質性地推動了協整理論及其應用的發展。協整分析作為一種有效的描述非平穩變量間關係的方法，能夠把時間序列分析中短期與長期模型的優點結合起來，為非平穩時間序列的建模提供了較好的解決方法。該方法已經被廣泛地應用在經濟領域，而 Engel 與 Granger 也因為該方面的研究獲得了 2003 年諾貝爾經濟學獎。為了便於理解，現將協整分析的具體思想方法描述如下。

如果一個非平穩時間序列$\boldsymbol{\omega}_t$ 經過 d 次差分後變成平穩時間序列，那麼該時間序列即為 d 階單整的，記為$\boldsymbol{\omega}_t \sim I(d)$。Engel 和 Granger[27] 提出如果一組時間序列，$\boldsymbol{z}_t=(z_1,z_2,\cdots,z_N)^{\mathrm{T}}$ 具有長期均衡關係，其中 N 為非平穩時間序列的個數，M 為採樣點數，那麼存在一個向量 $\boldsymbol{\beta}=(\beta_1,\beta_2,\cdots,\beta_N)^{\mathrm{T}}$，非平穩變量的線性組合可以有如下描述：

$$\boldsymbol{\zeta}_t=\beta_1 z_1+\beta_2 z_2+\cdots+\beta_N z_N=\boldsymbol{\beta}^{\mathrm{T}}\boldsymbol{z}_t,t=1,\cdots,M \tag{8-1}$$

其中，$\boldsymbol{\zeta}_t$ 表示殘差序列，並且滿足$\boldsymbol{\zeta}_t=\boldsymbol{\beta}^{\mathrm{T}}\boldsymbol{z}_t \sim I(d-b),d\geqslant b>0$，那麼 $\boldsymbol{z}_t$ 為(d,b)階協整，記為$\boldsymbol{z}_t \sim CI(d,b)$，$\boldsymbol{\beta}$ 即為協整向量，z_i 為協整變量。所以，協整分析的目的為求出協整向量 $\boldsymbol{\beta}$。Johansen[43] 提出了一種基於

向量自迴歸模型（VAR）的方法用於求取協整向量。給定一組非平穩時間序列 $\boldsymbol{X}(M\times N)=[\boldsymbol{x}_1,\boldsymbol{x}_2,\cdots,\boldsymbol{x}_N]$，$\boldsymbol{x}_t=(x_1,x_2,\cdots,x_N)^{\mathrm{T}}$，假設 $\boldsymbol{x}_t\sim I(1)$，即所有時間序列為同階單整，其中 N 為非平穩時間序列的個數，M 為採樣點數。建立 $\boldsymbol{x}_t$ 的 VAR 模型：

$$\boldsymbol{x}_t=\boldsymbol{\Pi}_1\boldsymbol{x}_{t-1}+\cdots+\boldsymbol{\Pi}_p\boldsymbol{x}_{t-p}+\boldsymbol{c}+\boldsymbol{\mu}_t \tag{8-2}$$

其中，$\boldsymbol{\Pi}_i(N\times N)$ 為係數矩陣；$\boldsymbol{\mu}_t(N\times 1)$ 為白雜訊向量，服從以下分布 $N(0,\ \boldsymbol{\Xi})$；$\boldsymbol{c}(N\times 1)$ 為常數向量；p 為 VAR 模型階次。

透過在公式(8-2) 兩端減去 $\boldsymbol{x}_{t-1}$ 可以得到誤差糾正模型：

$$\Delta\boldsymbol{x}_t=\sum_{i=1}^{p-1}\boldsymbol{\Omega}_i\Delta\boldsymbol{x}_{t-i}+\boldsymbol{\Gamma}\boldsymbol{x}_{t-1}+\boldsymbol{\mu}_t \tag{8-3}$$

其中，$\boldsymbol{\Gamma}=-\boldsymbol{I}_N+\sum_{i=1}^{p}\boldsymbol{\Pi}_i$，$\boldsymbol{\Omega}_i=-\sum_{j=i+1}^{p}\boldsymbol{\Pi}_j$，$i=1,2,\cdots,p-1$。

$\boldsymbol{\Gamma}$ 可以分解為兩個列滿秩矩陣 $\boldsymbol{\Gamma}=\boldsymbol{A}\boldsymbol{B}^{\mathrm{T}}$，且有 $\boldsymbol{A}(N\times R)$，$\boldsymbol{B}(N\times R)$。然後公式(8-3) 轉化為

$$\Delta\boldsymbol{x}_t=\sum_{i=1}^{p-1}\boldsymbol{\Omega}_i\Delta\boldsymbol{x}_{t-i}+\boldsymbol{A}\boldsymbol{B}^{\mathrm{T}}\boldsymbol{x}_{t-1}+\boldsymbol{\mu}_t \tag{8-4}$$

根據公式(8-4)，可以得到殘差序列 $\boldsymbol{\gamma}_{t-1}$：

$$\boldsymbol{\gamma}_{t-1}=\boldsymbol{B}^{\mathrm{T}}\boldsymbol{x}_{t-1}=(\boldsymbol{A}^{\mathrm{T}}\boldsymbol{A})^{-1}\boldsymbol{A}^{\mathrm{T}}(\Delta\boldsymbol{x}_t-\sum_{i=1}^{p-1}\boldsymbol{\Omega}_i\Delta\boldsymbol{x}_{t-i}-\boldsymbol{\mu}_t) \tag{8-5}$$

由於 $\boldsymbol{x}_t$ 是一階單整的，所以 $\Delta\boldsymbol{x}_t$ 及 $\Delta\boldsymbol{x}_{t-i}$ 為平穩的。顯然公式(8-5) 右邊為平穩的。$\boldsymbol{B}^{\mathrm{T}}\boldsymbol{x}_{t-1}$ 表示非平穩變量的線性組合，根據公式(8-5) $\boldsymbol{B}^{\mathrm{T}}\boldsymbol{x}_{t-1}$ 中的元素都為平穩的，因此，矩陣 $\boldsymbol{B}$ 中的列向量即為協整向量。Johansen[43] 發展和完善了協整檢驗和協整向量的極大似然估計，用於求取協整向量，則 $\Delta\boldsymbol{x}_t$ 的機率密度函數為

$$f(\Delta\boldsymbol{x}_t)=\prod_{i=1}^{N}f(\Delta x_i)=(2\pi)^{-N/2}\,|\boldsymbol{\Xi}|^{-1/2}\exp\left[-\frac{1}{2}\boldsymbol{\mu}_t^{\mathrm{T}}\boldsymbol{\Xi}^{-1}\boldsymbol{\mu}_t\right] \tag{8-6}$$

那麼針對非平穩變量所有採樣點的機率密度函數為

$$\begin{aligned}f(\Delta\boldsymbol{X}_M)&=\prod_{t=1}^{M}f(\Delta\boldsymbol{x}_t)=\prod_{t=1}^{M}\prod_{i=1}^{N}f(\Delta x_i)\\&=(2\pi)^{-MN/2}\,|\boldsymbol{\Xi}|^{-M/2}\exp\left[-\frac{1}{2}\sum_{t=1}^{M}\boldsymbol{\mu}_t^{\mathrm{T}}\boldsymbol{\Xi}^{-1}\boldsymbol{\mu}_t\right]\end{aligned} \tag{8-7}$$

其中，$\boldsymbol{\mu}_t=\Delta\boldsymbol{x}_t-\sum_{i=1}^{p-1}\boldsymbol{\Omega}_i\Delta\boldsymbol{x}_{t-i}+\boldsymbol{A}\boldsymbol{B}^{\mathrm{T}}\boldsymbol{x}_{t-1}$。

對公式(8-7) 兩側求取自然對數可以建立極大似然函數為

$$L(\boldsymbol{\Omega}_1,\cdots,\boldsymbol{\Omega}_{p-1},\boldsymbol{A},\boldsymbol{B},\boldsymbol{\Xi})=-\frac{MN}{2}\ln(2\pi)-\frac{M}{2}\ln|\boldsymbol{\Xi}|-\frac{1}{2}\sum_{t=1}^{M}\boldsymbol{\mu}_t^{\mathrm{T}}\boldsymbol{\Xi}^{-1}\boldsymbol{\mu}_t \tag{8-8}$$

協整向量矩陣 $\boldsymbol{B}$ 可以透過極大似然函數 L 估計出。Johansen[43] 證明了協整向量矩陣 $\boldsymbol{B}$ 可以轉化為簡單的求取以下特徵方程：

$$|\boldsymbol{\lambda S}_{11}-\boldsymbol{S}_{10}\boldsymbol{S}_{00}^{-1}\boldsymbol{S}_{01}|=0 \tag{8-9}$$

其中，$\boldsymbol{S}_{ij}=1/M\boldsymbol{e}_i\boldsymbol{e}_j^{\mathrm{T}},i,j=0,1$；$\boldsymbol{e}_0=\Delta\boldsymbol{x}_t-\sum_{i=1}^{p-1}\boldsymbol{\Theta}_i\Delta\boldsymbol{x}_{t-i}$；$\boldsymbol{e}_1=\boldsymbol{x}_{t-1}-\sum_{i=1}^{p-1}\boldsymbol{\Phi}_i\Delta\boldsymbol{x}_{t-i}$。

可以透過最小二乘方法估計出係數 $\boldsymbol{\Theta}_i$ 和 $\boldsymbol{\Phi}_i$。利用公式(8-9) 可以求出特徵向量矩陣 $\mathbf{V}$，協整向量即包含在特徵向量矩陣中。Johansen[43] 提出了一種檢驗方法用於確定協整向量的個數。假設已經確定協整向量的個數為 R，則可以獲得協整向量矩陣 $\boldsymbol{B}(N\times R)=[\boldsymbol{\beta}_1,\cdots,\boldsymbol{\beta}_R]$。因此，可以得到殘差序列 $\boldsymbol{\gamma}_{ti}$

$$\boldsymbol{\gamma}_{ti}=\boldsymbol{\beta}_i^{\mathrm{T}}\boldsymbol{x}_t=\beta_{i1}x_1+\beta_{i2}x_2+\cdots+\beta_{iN}x_N,i=1,\cdots,R \tag{8-10}$$

公式 (8-10) 即為協整模型，同時殘差序列 $\boldsymbol{\gamma}_{ti}$ 為平穩的。

對此，將協整理論簡單總結為[44]：根據協整理論，當系統中的非平穩隨機變量存在協整關係時，非平穩變量可以表示為非平穩隨機趨勢和平穩隨機趨勢的和。並且各個隨機變量之間的隨機趨勢具有相同的長期趨勢特性，是可以相互消除的，稱之為共同隨機趨勢。於是儘管各個變量本身是非平穩的，但變量對這種共同趨勢的背離卻是平穩的。因而在共同的趨勢上體現出一種平穩的長期動態均衡關係。而這種長期平穩關係可以簡單地由一組線性組合係數所表達（即可以透過線性組合的形式消除共同隨機趨勢）。這種線性組合的平穩關係表徵了非平穩變量之間由系統內部所決定的本質聯繫[45-48]。

8.3 基於協整分析的非平穩工業過程在線故障診斷方法

利用協整理論的基本概念和建模方法，並結合工業過程故障診斷任務的需要，本節具體描述瞭如何針對非平穩工業過程，無須歷史故障數據，建立即時的故障診斷策略。

8.3.1 非平穩變量識別

在非平穩工業過程中，不是所有過程變量都具有非平穩特性。恰恰相反，有些變量是平穩的，而且這些平穩變量可能會對協整模型造成影響，使其不能準確地描述非平穩變量間長期均衡的關係。儘管 Chen 等[20] 利用非平穩變量建立協整模型用於故障檢測，但是他們沒有分析為什麼要將非平穩變量與平穩變量分離開來。對平穩變量，它們之間不存在長期均衡關係，因此根據公式(8-3)，如果將平穩變量引入到誤差糾正模型當中，會得到不正確的誤差糾正模型。同時，根據公式(8-8) 和公式(8-9)，平穩變量的引入會導致對協整向量不準確的估計，直接導致錯誤的協整模型。

$$\boldsymbol{\gamma}_{ti}=\boldsymbol{\beta}_{is}^{\mathrm{T}}\boldsymbol{x}_t=\beta_{i1}x_{n1}+\cdots+\beta_{in}x_{nn}+\beta_{in+1}x_{s1}+\cdots+\beta_{iN}x_{ss},i=1,\cdots,R \tag{8-11}$$

其中，$\boldsymbol{\beta}_{is}$ 為協整向量；$x_{n1},\cdots,x_{nn}$ 表示非平穩變量；$x_{s1},\cdots,x_{ss}$ 表示平穩變量。

從公式(8-11) 可以看出，無論平穩變量前的係數是什麼，殘差序列 $\boldsymbol{\gamma}_{ti}$ 都是平穩的，引入平穩變量不會影響到殘差序列$\boldsymbol{\gamma}_{ti}$ 的平穩性，但在極大似然估計的過程中非平穩變量資訊則可能被平穩變量所掩蓋，導致求取的協整向量不能準確地描述變量間的內在關係。

因此，在進行協整分析前應該將非平穩變量與平穩變量隔離開來。一般使用 Augmented Dickey-Fuller (ADF)[49] 檢驗來判斷變量是否為非平穩的。透過 ADF 檢驗選擇出非平穩變量並將其與平穩變量區分開，記為 $\boldsymbol{X}(M\times N)=[\boldsymbol{x}_1,\boldsymbol{x}_2,\cdots,\boldsymbol{x}_N],\boldsymbol{x}_t=(x_1,x_2,\cdots,x_N)^{\mathrm{T}}$，其中 N 為非平穩變量的個數，M 為採樣點的數目。值得注意的是這裡主要考慮過程的非平穩特性，所以只利用過程中的非平穩變量進行故障診斷。針對平穩變量的故障診斷分析可以使用傳統方法，例如 PCA[6] 以及 PLS[10] 等。

8.3.2 基於協整分析的故障檢測

當工業過程工作在正常工況情況下，協整模型可以描述非平穩變量間長期均衡的關係。研究結果表明，根據協整理論建立的系統狀態監測模型，其殘差在正常狀態下是圍繞零值附近波動的平穩序列。當過程發生故障以後，這種長期均衡關係被打破，原有平穩的殘差序列會發生明顯改變，變為非平穩的，表明過程發生了故障。

這裡應用協整分析來建立監測模型：

$$\boldsymbol{\gamma}_t = \boldsymbol{B}^{\mathrm{T}} \boldsymbol{x}_t \tag{8-12}$$

其中，$\boldsymbol{B}$ 為協整向量矩陣。協整向量的個數可以透過 Johansen[43] 檢驗來確定，這裡協整向量的個數為 K。協整模型 $\boldsymbol{B}(N \times K)$ 可以描述工業過程中非平穩變量間的均衡關係，當工業過程工作在正常工況情況下，協整關係存在，則非平穩變量間保持原有長期均衡關係，$\boldsymbol{B}^{\mathrm{T}} \boldsymbol{x}_t$ 中的元素為平穩的。一旦過程中發生故障，長期均衡關係被打破，$\boldsymbol{B}^{\mathrm{T}} \boldsymbol{x}_t$ 中的元素的平穩性無法保證。由此，透過對殘差序列的監測可以及時檢測故障發生。這裡透過基於殘差序列計算 T^2 統計量用於建立監測模型。

對工業過程新的樣本向量$\boldsymbol{x}_{tn}$，根據以下公式計算 T^2 統計量：

$$\begin{cases} \boldsymbol{\xi}_t = \boldsymbol{B}^{\mathrm{T}} \boldsymbol{x}_{tn} \\ T^2 = \boldsymbol{\xi}_t^{\mathrm{T}} \boldsymbol{\Lambda}^{-1} \boldsymbol{\xi}_t \end{cases} \tag{8-13}$$

其中，$\boldsymbol{\Lambda} = (\boldsymbol{XB})^{\mathrm{T}}(\boldsymbol{XB})/(M-1)$為根據正常訓練數據計算得到的共變異數矩陣。根據公式(8-13)，過程故障會導致 T^2 統計量發生變化。當該變化足夠大使其超出置信區間的時候，則過程故障會被檢測出來。其中，定義置信區間的控制限可以透過以下公式計算[50]：

$$T^2 \sim \frac{K(M^2-1)}{M(M-K)} F_{K, M-K, \alpha} \tag{8-14}$$

其中，α 為置信區間。

8.3.3 基於協整分析的稀疏重構方法

當故障被檢測到以後，應該及時地識別出故障變量用於故障診斷。這裡提出了一種基於協整分析的稀疏重構策略，不需要任何故障歷史數據，可以直接針對故障數據進行故障變量隔離。結合故障重構思想，將這一過程轉化為基於 LASSO 的變量選擇問題，具體過程在下面作詳細的闡述。

當故障發生以後 T^2 統計量會超出控制限的範圍。實際中並不是所有變量都會被故障影響，只有一部分變量會受到故障影響發生異常導致 T^2 統計量發生報警，即：相對於測量變量，故障變量是稀疏的。如果採用故障重構策略，可以將故障變量的影響去除，使得糾正後的 T^2 統計量回到控制限以下。因此，故障變量隔離的問題可以轉化為變量選擇問題。這裡，將 LASSO[51] 作為變量選擇方法融入到協整模型中用於進行故障變量的選擇（即隔離）。

針對每一個故障樣本$\boldsymbol{x}_{\mathrm{f}}$，其可以分解為以下形式：

$$\boldsymbol{x}_{\mathrm{f}}=\boldsymbol{x}_{\mathrm{f}}^{*}+\boldsymbol{U}\boldsymbol{e} \tag{8-15}$$

其中，$\boldsymbol{x}_{\mathrm{f}}^{*}$ 代表沒有故障的正常部分；$\boldsymbol{U}$ 為正交矩陣，代表多個故障方向；$\boldsymbol{e}$ 表徵故障波動，因此 $\|\boldsymbol{e}\|$ 可用於表示故障幅度。

根據之前的討論，當故障的影響被去除後，T^2 統計量恢復正常，即其將回到控制限以內。同時，故障變量是稀疏的，故障變量選擇問題可以轉化為求解以下最優值問題：

$$\begin{gathered}\min\ (\boldsymbol{x}_{\mathrm{f}}-\boldsymbol{\Psi})^{\mathrm{T}}\boldsymbol{B}\boldsymbol{\Lambda}^{-1}\boldsymbol{B}^{\mathrm{T}}(\boldsymbol{x}_{\mathrm{f}}-\boldsymbol{\Psi})\\ \text{s. t. } \|\boldsymbol{\Psi}\|_1\leqslant\mu\end{gathered} \tag{8-16}$$

其中，$\boldsymbol{\Psi}=\boldsymbol{U}\boldsymbol{e}$；$\|\cdot\|_1$ 表示 L1 範數；μ 為常數；（$\boldsymbol{x}_{\mathrm{f}}-\boldsymbol{\Psi}$）表示公式(8-15）中故障數據經過糾正後正常的部分；$(\boldsymbol{x}_{\mathrm{f}}-\boldsymbol{\Psi})^{\mathrm{T}}\boldsymbol{B}\boldsymbol{\Lambda}^{-1}\boldsymbol{B}^{\mathrm{T}}(\boldsymbol{x}_{\mathrm{f}}-\boldsymbol{\Psi})$表示 T^2 統計量。

公式(8-16）的最優化問題可以轉化為 LASSO 形式。其中，LASSO 方法是基於以下迴歸模型：

$$\boldsymbol{y}=\boldsymbol{x}\boldsymbol{\varphi}+\boldsymbol{\upsilon} \tag{8-17}$$

其中，$\boldsymbol{x}(L\times J)$ 為自變量，$\boldsymbol{y}(L\times 1)$ 為因變量，L 為採樣點的數目，J 為變量的個數，$\boldsymbol{\varphi}$ 為未知的迴歸模型係數，$\boldsymbol{\upsilon}$ 為殘差。LASSO 可以透過解決以下最優化問題有效地估計出迴歸係數 $\boldsymbol{\varphi}$：

$$\begin{gathered}\min\ (\boldsymbol{y}-\boldsymbol{x}\boldsymbol{\varphi})^{\mathrm{T}}(\boldsymbol{y}-\boldsymbol{x}\boldsymbol{\varphi})\\ \text{s. t. } \|\boldsymbol{\varphi}\|_1\leqslant\mu\end{gathered} \tag{8-18}$$

根據公式(8-18)，由於採用 L1 範數約束，LASSO 方法可以起到壓縮迴歸係數的作用，即某些非關鍵元素值將被壓縮為零，因此 $\boldsymbol{\varphi}$ 中的元素為稀疏的。相應的，對應 $\boldsymbol{\varphi}$ 中非零元素的自變量將被選擇。μ 越小，$\boldsymbol{\varphi}$ 中為零的元素越多，則對應的選擇的關鍵自變量個數越少。因此，LASSO 方法可以實現自動變量選擇的目的。公式(8-16）中的優化問題可以轉化為 LASSO 的形式，對$\boldsymbol{\Lambda}^{-1}$ 進行 Cholesky 分解[52]：

$$\boldsymbol{\Lambda}^{-1}=\boldsymbol{Z}\boldsymbol{Z}^{\mathrm{T}} \tag{8-19}$$

其中，$\boldsymbol{Z}$ 為下三角矩陣。

因此公式(8-16）轉化為以下形式：

$$\begin{gathered}\min\ ((\boldsymbol{B}\boldsymbol{Z})^{\mathrm{T}}\boldsymbol{x}_{\mathrm{f}}-(\boldsymbol{B}\boldsymbol{Z})^{\mathrm{T}}\boldsymbol{\Psi})^{\mathrm{T}}((\boldsymbol{B}\boldsymbol{Z})^{\mathrm{T}}\boldsymbol{x}_{\mathrm{f}}-(\boldsymbol{B}\boldsymbol{Z})^{\mathrm{T}}\boldsymbol{\Psi})\\ \text{s. t. } \|\boldsymbol{\Psi}\|_1\leqslant\mu\end{gathered} \tag{8-20}$$

令 $\boldsymbol{y}=(\boldsymbol{B}\boldsymbol{Z})^{\mathrm{T}}\boldsymbol{x}_{\mathrm{f}},\boldsymbol{\eta}=(\boldsymbol{B}\boldsymbol{Z})^{\mathrm{T}}$，則公式(8-20）可以轉化為 LASSO 形式。由此，基於協整分析的故障變量隔離問題轉化為迴歸中的變量選擇問題。

根據公式(8-20)，迴歸係數 $\boldsymbol{\Psi}$ 隨著 μ 的改變而改變。μ 值越大，$\boldsymbol{\Psi}$

中非零元素越多，更多的變量被選擇為故障變量。μ 值越小，則 $\boldsymbol{\Psi}$ 中更多元素被壓縮為零，這樣可能導致一部分故障變量被忽略。這裡，採用最小角迴歸演算法（LARS）[53] 來求解 LASSO 問題，進行故障變量的隔離，具體描述如下所示。

① 初始化：$i=0$，$\boldsymbol{\Psi}_0=0$，有效集合 $\boldsymbol{A}_0=\varnothing$。

② 計算當前相關向量：

$$\boldsymbol{c}=\boldsymbol{BZZ}^{\mathrm{T}}\boldsymbol{B}^{\mathrm{T}}(\boldsymbol{x}_{\mathrm{f}}-\boldsymbol{\Psi}_i) \tag{8-21}$$

其中，有效集合 $\boldsymbol{A}_i$ 為當前相關變量中元素的絕對值的最大值：

$$C=\max_j\{|c_j|\}\text{和}\boldsymbol{A}_i=\{j:|c_j|=C\} \tag{8-22}$$

其中，c_j 為 $\boldsymbol{c}$ 中的第 j 個元素。

③ 令 $s_j=\mathrm{sign}\{c_j\}$，$j\in\boldsymbol{A}_i$，$s_j=\pm1$。等角向量可以透過以下公式計算：

$$\boldsymbol{\mu}_i=\boldsymbol{S}_i\boldsymbol{\omega}_i \tag{8-23}$$

其中，$\boldsymbol{S}_i=(\cdots s_j\boldsymbol{\eta}_j\cdots),j\in\boldsymbol{A}_i$，$\boldsymbol{\eta}_j$ 為 $(\boldsymbol{BZ})^{\mathrm{T}}=\boldsymbol{\eta}$ 中的第 j 個元素；$\boldsymbol{\omega}_i=(\boldsymbol{1}_i^{\mathrm{T}}(\boldsymbol{S}_i^{\mathrm{T}}\boldsymbol{S}_i)^{-1}\boldsymbol{1}_i)^{-1/2}(\boldsymbol{S}_i^{\mathrm{T}}\boldsymbol{S}_i)^{-1}\boldsymbol{1}_i,\boldsymbol{1}_i$ 為由 1 構成的向量。

④ 更新迴歸係數矩陣：

$$(\boldsymbol{BZ})^{\mathrm{T}}\boldsymbol{\Psi}_{i+1}=(\boldsymbol{BZ})^{\mathrm{T}}\boldsymbol{\Psi}_i+\gamma_i\boldsymbol{\mu}_i \tag{8-24}$$

其中，$\gamma_i=\min\limits_{j\in\boldsymbol{A}_i^C}{}^{+}\left\{\dfrac{C-c_j}{(\boldsymbol{1}_i^{\mathrm{T}}\boldsymbol{S}_i^{\mathrm{T}}\boldsymbol{S}_i\boldsymbol{1}_i)^{-1/2}-\alpha_j},\dfrac{C+c_j}{(\boldsymbol{1}_i^{\mathrm{T}}\boldsymbol{S}_i^{\mathrm{T}}\boldsymbol{S}_i\boldsymbol{1}_i)^{-1/2}+\alpha_j}\right\}$，$\boldsymbol{A}_i^C$ 為 $\boldsymbol{A}_i$ 的補集。α_j 為向量 $\boldsymbol{\alpha}_i$ 中的第 j 個元素。

⑤ 根據公式(8-13) 計算糾正後的數據的 T^2 統計量，$T^2=(\boldsymbol{x}_{\mathrm{f}}-\boldsymbol{\Psi}_i)^{\mathrm{T}}\boldsymbol{B\Lambda}^{-1}\boldsymbol{B}^{\mathrm{T}}(\boldsymbol{x}_{\mathrm{f}}-\boldsymbol{\Psi}_i)$。如果 T^2 統計量在控制限以內，則 $\boldsymbol{A}_i$ 中的元素為故障變量，故障變量選擇的步驟結束。否則重復步驟②～④直到 T^2 統計量回到正常範圍。

演算法的輸出 $\boldsymbol{\Psi}$ 即為選擇出的故障變量。實際中故障變量的個數小於過程變量的個數。本章提出的故障診斷演算法可以直接應用到故障樣本，不需要任何故障歷史數據。在本章提出的演算法應用於所有故障樣本後，每個變量被選擇的次數被記錄下來。被選擇的次數越多，表示該變量越可能為故障變量。按照選擇的頻次對故障變量進行排序，從高到低，將被選擇的變量逐一去除，計算糾正後的監測統計量，直到漏構率指標 R_{m} 小於等於指定的閾值：

$$R_{\mathrm{m}}=\frac{N_{\mathrm{mf}}}{N_{\mathrm{f}}}\times100 \tag{8-25}$$

其中，N_{mf} 表示當去除故障變量後未被重構的樣本點個數；N_{f} 為所有故障樣本點個數。

根據上述指標，可以確定最終選擇的故障變量的個數。

8.4 火力發電過程中的應用研究

為了驗證本章提出演算法的有效性，演算法被應用於實際工業過程——火力發電過程。火力發電過程示意圖如圖 8-1 所示。其發電原理大致可以描述為：鍋爐將水加熱為高溫、高壓的水蒸氣，將化學能轉化為熱能；水蒸氣推動汽輪機轉動，將熱能轉化為機械能；汽輪機帶動發電機轉子轉動，將機械能轉化為電能[54]。

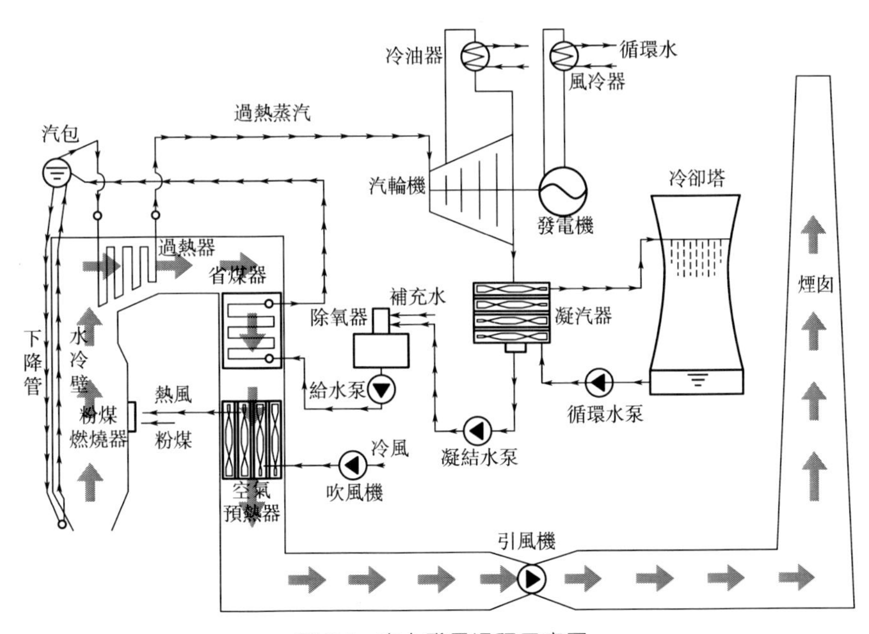

圖 8-1 火力發電過程示意圖

火力發電過程中由於新能源並網、用户用電需求的改變等，發電負荷往往隨時間發生改變，所以火力發電過程具有典型非平穩特性。圖 8-2 展示了真實發電過程的負荷曲線。由圖可見，功率值以及其他參數如溫度和壓力隨著時間改變，呈現出明顯的非平穩特性。本章選取兩個案例來驗證演算法的有效性。

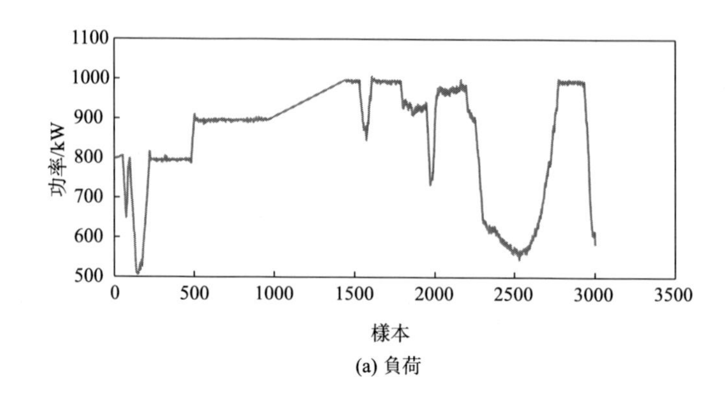

(a) 負荷

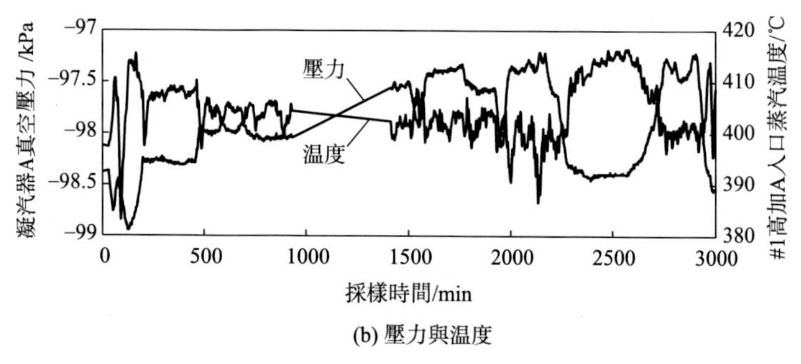

(b) 壓力與溫度

圖 8-2　火力發電過程變量軌跡曲線（見電子版）

案例 1 的數據採自某火力發電廠的 8 號機組，為百萬千瓦超超臨界機組。一共包含 159 個過程變量，這些過程變量中涉及了壓力、溫度、水位、流速等。採樣時間為 1min。選取 2880 個正常數據樣本用於建立協整模型；960 個故障樣本用來測試演算法的有效性，該故障為凝汽器冷卻水壓力增加，其中故障發生在第 46 個採樣點。經過 ADF 檢驗，51 個變量為非平穩的，記為 $\boldsymbol{X}=[\boldsymbol{x}_1,\boldsymbol{x}_2,\cdots,\boldsymbol{x}_{51}]$。接下來針對這 51 個非平穩變量進行分析，建立協整模型，案例 1 的故障監測結果如圖 8-3 所示，從圖中可以看出該故障可以被及時地檢測出來。

故障被檢測出來後，本章提出的故障診斷方法被應用於故障變量的選擇。圖 8-4 展示了針對第 46～95 個採樣點的故障診斷結果。圖 8-4(a) 展示了每個變量被選擇的頻率。當漏構率的閾值為 10％的情況下，9 個變量被選擇為故障變量。如圖 8-4(b) 所示，在去除故障變量以後監測統計量處在正常範圍之內，此時漏構率為 4％。這 9 個故障變量分別為 x_{38}（高壓加熱器 B 疏水閥）、x_2（凝汽器 A 左水室循環水進口壓力）、x_{32}（高壓加熱器 A 進口壓力）、x_{36}（高壓加熱器 A 疏水閥）、x_3（循環水泵出口壓力)、x_1(凝汽器A右水室循環水出口壓力)、x_6(低壓加熱器A疏水閥)、x_{45}(低壓加熱器出口壓力)以及x_{15}(除氧器閥門)。這些被選取的變量都與故障發生的位置相連,其中變量x_2(凝汽器A左水室循環水進口壓力)屬於凝汽器(故障發生的位置)。故障變量的選擇結果與實際情況相符。針對第96～145個採樣點的變量選擇頻率如圖8-5(a)所示。當去除10個故障變量後,包括x_{32}、x_{40}、x_3、x_{45}、x_2、x_1、x_{19}、x_{38}、x_{36}和x_{24},監測結果如圖8-5(b)所示,結果顯示漏構率的值為8%,也就是統計量回到了控制限以內。

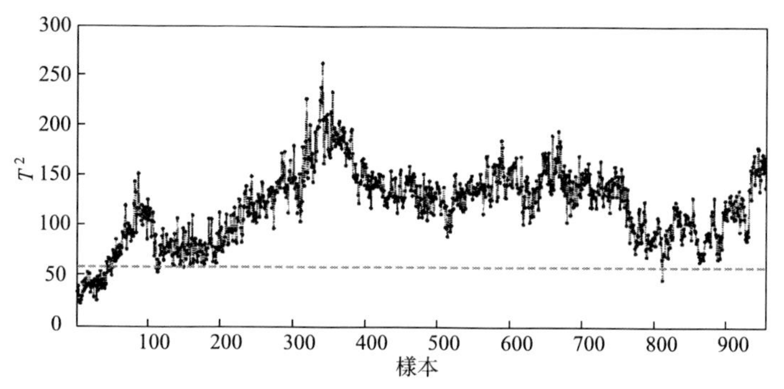

圖8-3 案例1火力發電過程的故障監測結果(見電子版)
(紅色虛線:95%控制限;藍色點畫線:監測統計量)

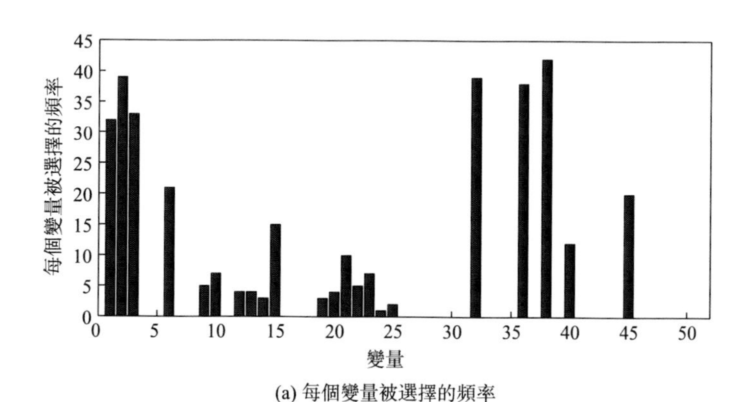

(a) 每個變量被選擇的頻率

圖8-4

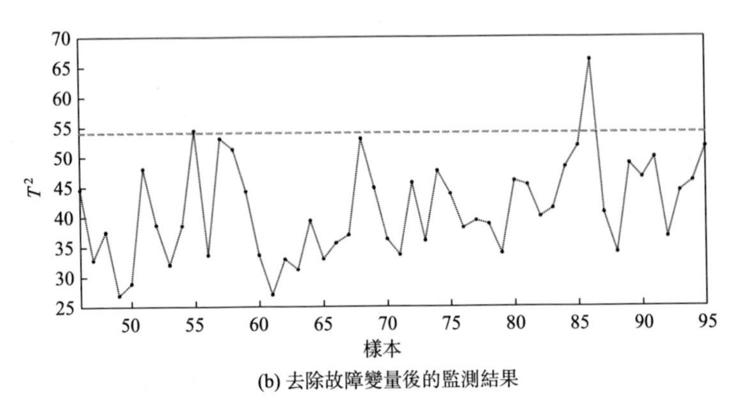

(b) 去除故障變量後的監測結果

圖 8-4　針對第 46～95 個採樣點的故障診斷結果（見電子版）
(紅色虛線：95%控制限；藍色點畫線：監測統計量)

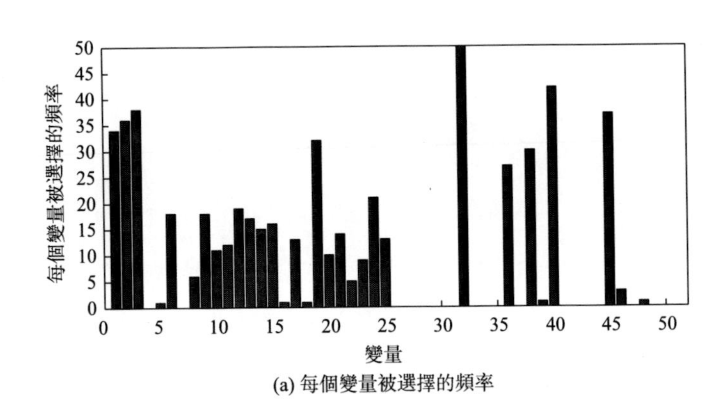

(a) 每個變量被選擇的頻率

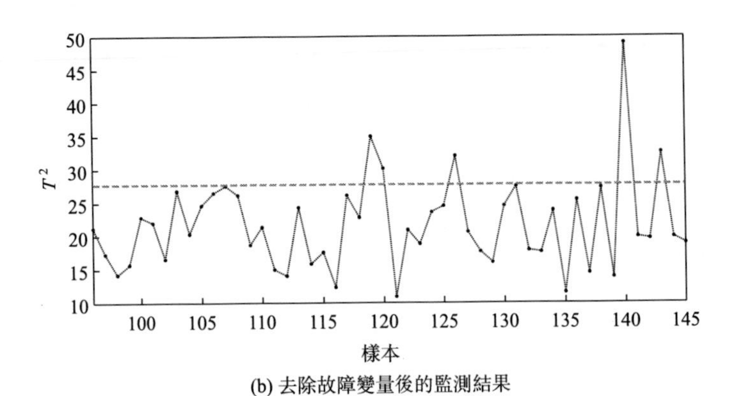

(b) 去除故障變量後的監測結果

圖 8-5　針對第 96～145 個採樣點的故障診斷結果（見電子版）
(紅色虛線：95%控制限；藍色點畫線：監測統計量)

案例 2 的數據採自某火力發電廠的 3 號機組，該機組的輸出功率為 600MW；一共包含 154 個過程變量，這些過程變量中涉及了壓力、溫度、水位、流速等；選取 2880 個正常數據樣本用於建立協整模型；960 個故障樣本用來測試演算法的有效性，該故障為循環水泵出口壓力增加，其中該故障發生在第 501 個採樣點。經過 ADF 檢驗，76 個變量為非平穩的，記為 $\boldsymbol{X}=[\boldsymbol{x}_1,\boldsymbol{x}_2,\cdots,\boldsymbol{x}_{76}]$。圖 8-6 展示了該故障的監測結果，可以看出監測統計量在前 500 個採樣點都處在正常範圍之內，第 501 個採樣超過控制限範圍，該故障被有效地檢測出來。

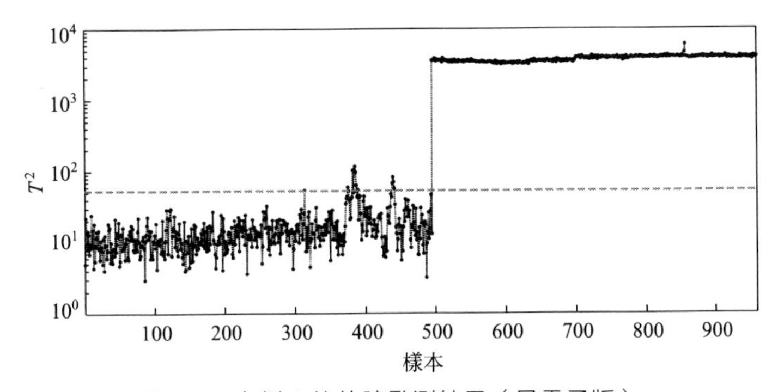

圖 8-6 案例 2 的故障監測結果（見電子版）
(紅色虛線：95%控制限；藍色點畫線：監測統計量)

接下來本章提出的故障診斷策略被用於進行故障變量的選擇。針對前 50 個故障樣本的故障診斷結果如圖 8-7 所示。其中，圖 8-7(a) 展示了每個變量被選擇的頻率，按照被選擇頻率的大小依次將故障變量去除。當漏構率的閾值為 10%時，12 個變量被選擇為故障變量。當將這些故障變量去除時，監測統計量回到正常範圍之內，此時漏構率低至 8%，監測結果如圖 8-7(b) 所示。其中，這 12 個故障變量涉及凝汽器、高壓加熱器、低壓加熱器、除氧器、循環水泵，這些設備都與故障發生的位置——循環水泵相連。同時，具有最大選擇頻率的變量 x_{74}（循環水泵出口壓力）為故障發生的位置。針對接下來的 50 個故障樣本（551～600 採樣點）的故障診斷結果如圖 8-8 所示，當前 13 個變量被去除後，漏構率低至 4%，也就是說監測統計量回到正常範圍內。相比於前面的 12 個故障變量診斷結果，針對後面 50 個樣本的故障變量多了一個，表明隨著時間推移，故障影響在變量間發生了傳遞。

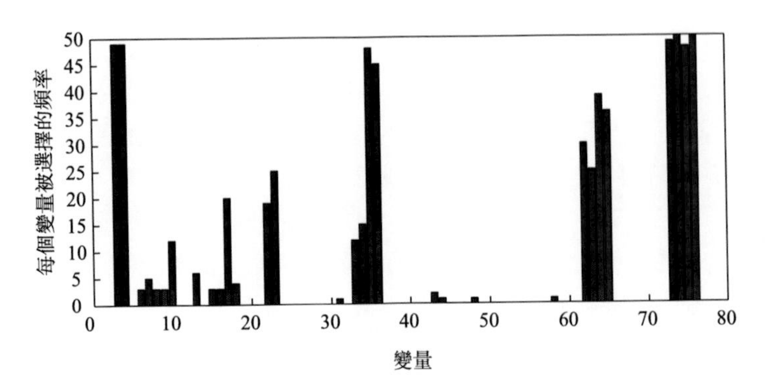

(a) 每個變量被選擇的頻率

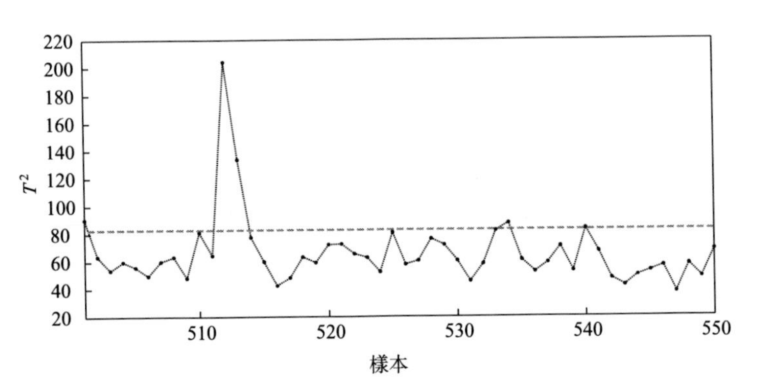

(b) 去除故障變量後的監測結果

圖 8-7　針對第 501～550 個採樣點的故障診斷結果（見電子版）
(紅色虛線：　95%控制限；藍色點畫線：監測統計量)

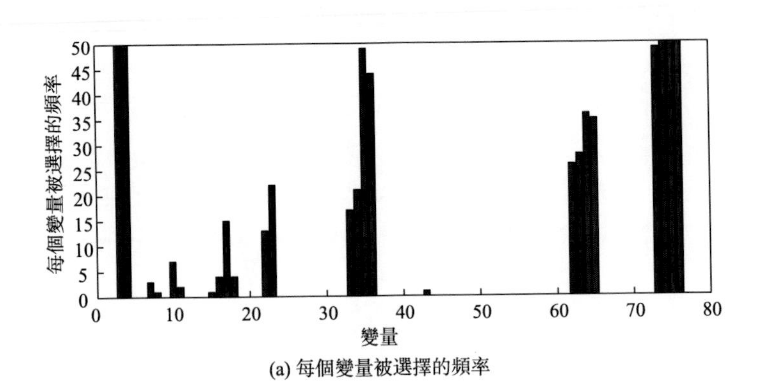

(a) 每個變量被選擇的頻率

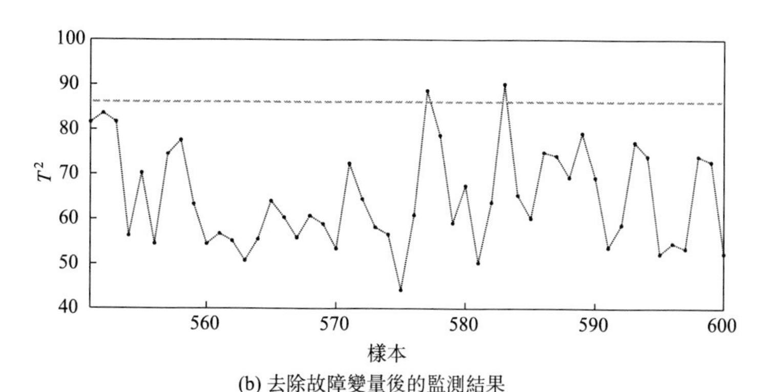

(b) 去除故障變量後的監測結果

圖 8-8 針對第 551~600 個採樣點的故障診斷結果（見電子版）
(紅色虛線：95%控制限；藍色點畫線：監測統計量)

表 8-1 展示了本章提出的方法與基於重構貢獻圖（RBC）[35] 方法針對第一批 50 個故障樣本的診斷結果對比。基於 RBC 方法，計算了前 50 個故障樣本點的平均貢獻度，並且按照貢獻度的大小將變量重新排序。為了對比兩種方法的效果，漏構率的閾值分別選為 30%、20% 和 10%。從表 8-1 可以看出當閾值為 30% 時，基於本章提出的方法，僅去除 2 個變量（x_{38} 和 x_2）後漏構率就低至 30%。對比之下，基於 RBC 的方法，直到去除 5 個變量（x_{38}、x_{36}、x_{18}、x_{31} 和 x_{48}）後漏構率的值才小於閾值 30%。對於相同的閾值來説，本章方法選擇的變量個數要小於 RBC 方法選擇的變量個數，這説明本章提出的方法可以有效地隔離出與故障相關的變量，排除非關鍵變量的影響。同時，本章提出的稀疏重構方法可以同時選擇多個故障變量。

表 8-1 針對第一批 50 個故障樣本的診斷結果對比

故障案例	α	本章方法	RBC 方法
案例 1	30%	2(30%)①	5(28%)
	20%	5(12%)	9(16%)
	10%	9(4%)	10(8%)
案例 2	30%	12(8%)	43(2%)
	20%	12(8%)	43(2%)
	10%	12(8%)	43(2%)

①A（B）：A 為去除變量的個數；B 為漏構率的值。

參考文獻

[1] CHIANG L H, RUSSELL E L. BRAATZ R D. Fault detection and diagnosis in industrial system [M]. London: Springer Verlag, 2001.

[2] ZHANG S M, ZHAO C H, WANG S, WANG F L. Pseudo time-slice construction using variable moving window-k nearest neighbor (VMW-kNN) rule for sequential uneven phase division and batch process monitoring[J]. Industrial & Engineering Chemistry Research, 2017, 56(3): 728-740.

[3] CHIANG L H, RUSSELL E L, BRAATZ R D. Fault diagnosis in chemical processes using fisher discriminant analysis, discriminant partial least squares, and principal component analysis[J]. Chemometrics & Intelligent Laboratory Systems, 2000, 50(2): 243-252.

[4] ZHAO C H, SUN Y X. Subspace decomposition approach of fault deviations and its application to fault reconstruction [J]. Control Engineering Practice, 2013, 21(10): 1396-1409.

[5] HSU C C, SU C T. An adaptive forecast-based chart for non-gaussian processes monitoring: with application to equipment malfunctions detection in a thermal power plant [J]. IEEE Transactions on Control Systems Technology, 2011, 19(5): 1245-1250.

[6] ALCALA C F, QIN S J. Reconstruction-based contribution for process monitoring with kernel principal component analysis[J]. Industrial & Engineering Chemistry Research, 2010, 49(17): 7849-7857.

[7] ZHAO C H, GAO F R. Critical-to-fault-degradation variable analysis and direction extraction for online fault prognostic [J]. IEEE Transactions on Control Systems Technology, 2017, 25(3): 842-854.

[8] CHOI S W, LEE I B. Multiblock PLS-based localized process diagnosis [J]. Journal of Process Control, 2005, 15(3): 295-306.

[9] CHEN Q, KRUGER U. Analysis of extended partial least squares for monitoring large-scale processes [J]. IEEE Transactions on Control Systems Technology, 2005, 13(5): 807-813.

[10] KRUGER U, KUMAR S, LITTER T. Improved principal component monitoring using the local approach [J]. Automatica, 2007, 43(9): 1532-1542.

[11] ZHAO C H, GAO F R. Fault-relevant principal component analysis (FPCA) method for multivariate statistical modeling and process monitoring [J]. Chemometrics & Intelligent Laboratory Systems, 2014, 133(1): 1-16.

[12] JACKSON J E. Auser' s guide to principal components [M]. New York: Wiley, 1991.

[13] BURNHAM A J, VIVEROS R, MAC-

GREGOR J F. Frameworks for latent variable multivariate regression [J]. Journal of Chemometrics, 1996, 10 (1): 31-45.

[14] DUDA R O, HART P E. Pattern classification and scene analysis[J]. A Wiley-Interscience Publication, New York: Wiley, 1973.

[15] YU J. Nonlinear bioprocess monitoring using multiway kernel localized fisher discriminant analysis[J]. Industrial & Engineering Chemistry Research, 2011, 50(6): 3390-3402.

[16] CHIANG L H, KOTANCHEK M E, KORDON A K. Fault diagnosis based on fisher discriminant analysis and support vector machine[J]. Computers & Chemical Engineering, 2004, 28(8): 1389-1401.

[17] YU J. Anew fault diagnosis method of multimode processes using bayesian inference based gaussian mixture contribution decomposition[J]. Engineering Applications of Artificial Intelligence, 2013, 26(1): 456-466.

[18] ZHAO C H, WANG W, QIN Y, GAO F R. Comprehensive subspace decomposition with analysis of between-mode relative changes for multimode process monitoring[J]. Industrial & Engineering Chemistry Research, 2015, 54(12): 3154-3166.

[19] YOO C K, VILLEZ K, LEE I B, ROSEN C. Multi-model statistical process monitoring and diagnosis of a sequencing batch reactor[J]. Biotechnology & Bioengineering, 2007, 96(4): 687-701.

[20] CHEN Q, KRUGER U, LEUNG A Y T. Cointegration testing method for monitoring nonstationary process[J]. Industrial & Engineering Chemistry Research, 2009, 48(7): 3533-3543.

[21] BOX G E P, JENKINS G M, REINSEL G C, et al. Time series analysis forecasting and control[M]. Hoboken, New Jersey: John Wiley & Sons, 2015.

[22] QIU L. Measureof instability[J]. Control and Decision, 2015, 2: 87-98.

[23] ALWAN M S, LIU X Z. Recent results on stochastic hybrid dynamical systems [J]. Journal of Control & Decision, 2016, 3(1): 68-103.

[24] BYON E, CHOE Y J, YAMPIKULSAKUL N. Adaptive learning in time-variant processes with application to the wind power systems [J]. IEEE Transactions on Automation Science and Engineering, 2016, 13 (2): 997-1007.

[25] HUANG G Q, SU Y W, KAREEM A, LIAO H L. Time-frequency analysis of nonstationary process based on multivariate empirical mode decomposition [J]. Journal of Engineering Mechanics, 2015, 142(1): 04015065.

[26] BROCKWELL P J, DAVIS R A. Time series: theory and methods[M]. New York: Springer Science Business Media, 2006.

[27] ENGLE R F, GRANGER C W J. Cointegration and error-correction: representation, estimation and testing [J]. Econometrica, 1987, 55(2), 251-276.

[28] NARAYAN P K. The saving and investment nexus for China: evidence from cointegration tests[J]. Applied Economics, 2005, 37(17): 1979-1990.

[29] ASAFU-ADJAYE J. The relationship between energy consumption, energy prices and economic growth: time series evidence from asian developing countries [J]. Energy Economics,

1999，22(6)：615-625.

[30] LEE C C. Energy consumption and GDP in developing countries：a cointegrated panel analysis [J]. Energy Economics，2005，27(3)：415-427.

[31] STEM D I. Amultivariate cointegration analysis of the role of energy in the US macroeconomy[J]. Energy Economics，2000，22(2)：267-283.

[32] LI G，QIN S J，YUAN T. Nonstationary and cointegration tests for fault detection of dynamic process[J]. IFAC Proceedings Volumes，2014，47(3)：10616-10621.

[33] YU J. Localized fisher discriminant analysis based complex chemical process monitoring[J]. AIChE Journal，2011，57(7)：1817-1828.

[34] WESTERHUIS J，GURDEN S，SMILDE A. Generalized contribution plots in multivariate statistical process monitoring[J]. Chemometrics and Intelligent Laboratory Systems，2000，51(1)：95-114.

[35] ALCALA C F，QIN S J. Reconstruction-based contribution for process monitoring[J]. Automatica，2009，45(7)：1593-1600.

[36] SUN H，ZHANG S M，ZHAO C H，GAO F R. A sparse reconstruction strategy for online fault diagnosis in nonstationary processes with no priori fault information[J]. Industrial & Engineering Chemistry Research，2017，56(24)：6993-7008.

[37] GRANGER C W J，NEWBOLD P. Spurious regressions in econometrics [J]. Journal of Econometrics，1974，2(2)：111-120.

[38] DAVIDSON J E H，HENDRY D F，SRBA F，YEO J S. Econometric modeling of the aggregate time-series relationship between consumers' expenditure and income in the United Kingdom[J]. Economic Journal，1978，88(352)：661-692.

[39] GRANGER C W J. Some properties of time series data and their use in econometric model specification[J]. Journal of Econometrics，1981，16(1)：121-130.

[40] ENGLE R F. Autoregressive conditional heteroscedasticity with estimates of the variance of United Kingdom inflations [J]. Econometrica，1982，50(4)：987-1007.

[41] ENGLE R F，HENDRY D F，RICHARD J F. Exogeneity [J]. Econometrica，1983，51(2)：277-304.

[42] ENGLE R F，YOO B S. Forecasting and testing in cointegrated systems[J]. Journal of Econometrics，1987，35(2)：143-159.

[43] JOHANSEN S，JUSELIUS K. Maximum likelihood estimation and inference on cointegration with applications to the demand for money[J]. Oxford Bulletin of Economics and Statistics，1990，52(2)：169-210.

[44] 魯帆. 基於協整理論的複雜動態工程系統狀態監測方法應用研究[D]. 南京：南京航空航天大學，2010.

[45] JOHANSEN S. Testing weak exogeneity and the order of cointegration in UK money demand [J]. Journal of Policy Modeling，1992，14(3)：313-334.

[46] HENDRY D F，JUSELIUS K. Explaining cointegration analysis：part I[J]. Energy Journal，2000，21(1)：1-42.

[47] HENDRY D F，JUSELIUS K. Explaining cointegration analysis：part II[J]. Energy Journal，2001，22(1)：75-120.

[48] HENDRY D F. Dynamic econometrics

[M]. Oxford: Oxford University Press, 1995.

[49] DICKEY D A, FULLER W A. Likelihood ratio statistics for autoregressive time series with a unit root[J]. Econometrics, 1981, 49(4): 1057-1072.

[50] LOWRY C A, MONTGOMERY D C. A review of multivariate control charts [J]. IIE Transactions, 1995, 27(6): 800-810.

[51] TIBSHIRANI R. Regression shrinkage and selection via lasso[J]. Journal of the Royal Statistical Society, Series B (Methodological), 1996, 58 (1): 267-288.

[52] YAN Z B, YAO Y. Variable selection method for fault isolation using least absolute shrinkage and selection operator (LASSO) [J]. Chemometrics and Intelligent Laboratory Systems, 2015, 146(15): 136-146.

[53] EFRON B, HASTIE T, JOHNSTONE I, TIBSHIRANI R. Least angle regression[J]. Annals of Statistics, 2004, 32 (2): 407-499.

[54] KONG X B, LIU X J, LEE K Y. An effective nonlinear multivariable HMPC for USC power plant incorporating nfn-based modeling[J]. IEEE Transactions on Industrial Informatics, 2016, 12(2): 555-566.

第9章

基於關鍵退化變量分析與方向提取的在線故障預測

故障預測是估計故障是否即將發生以及將於多久後發生的重要技術手段。除個別突變故障外，大多數故障的發生是一個漸進過程，從設備正常運行到出現異常徵兆再到發生故障災害是一個慢過程。故障預測技術可以實現對異常的早期發現並預測其未來的發展趨勢，便於對重大設備及時調整以避免惡性事故的發生。對於一類緩慢變化的相關故障過程，可以基於故障退化過程進行故障預測。基於上述認識，本章闡述了一種故障退化建模和在線故障預測策略。首先提出了一個穩定性因子指標用於評判過程波動是否為緩慢變化。其次基於該穩定性因子提出了故障退化方向提取的方法，並篩選了關鍵退化變量，用於對故障退化過程進行建模。透過關鍵退化變量的分析與提取，可以更準確地表徵故障退化資訊並對故障進行在線預測。

9.1 概述

針對檢測出的異常狀態，除了診斷故障原因[1-10]，採用故障預測技術可以實現對故障的早期發現並預測其未來的發展趨勢，便於對工業過程及時調整以避免惡性事故的發生[11-14]。在實際工業生產過程中，除了個別突變故障，大多數故障發生是有一個漸進過程的，從設備正常運行到出現故障徵兆再到發生故障災害是一個較慢的過程，如果早期發現，準確預測設備性能退化趨勢，可以降低事故發生的機率，進一步提高系統運行的安全性、可靠性和有效性。評估與預測未來可能的失效與剩餘使用壽命已成為國際研究的焦點問題。針對緩變故障預測，受工業對象複雜運行機理、惡劣工況和外界干擾影響，緩變故障的關鍵演化特徵淹沒在大量數據中，沒有得到有效的提取，給緩變故障的預測帶來困難，往往無法給出明確的變化趨勢。

是否能夠準確描述故障演化過程是決定故障預測性能好壞的關鍵。目前，已有大量關於估計故障演化過程的方法。這些方法大體上可以分為兩大類：基於模型的方法[15-19] 和基於數據的方法[20-27]。對於基於模型的方法，通常需要精確的過程機理模型，比如狀態觀測器、參數估計等。Kacprzynski 等[15] 針對直升機齒輪將故障資訊和故障模型相結合進行故障預測。Chelidze 和 Cusumano[16] 透過觀測故障退化過程，發現該過程可以由兩個啓發式子空間來描述，一個是描述正常過程的快子空間，另外一個是可以描述故障演化過程的慢子空間。這兩個子空間形成了跟蹤方程用於預測故障退化。Luo 等[17] 根據正常情況與故障情況的不同，使用交互多模型來跟蹤潛在的危害，並利用平均機率預測剩餘壽命。Ray和 Tangirala[18] 等採用疲勞裂紋動力學模型來計算即時危害速率以及對機器結構的累積傷害。基於模型的方法需要對所監測設備具有精確的故障機理知識。然而，這些知識往往是難以獲取的。數據驅動的方法不需要任何機理知識，通常使用過程數據來分析跟蹤故障過程的退化特性。Yan 等[19] 基於數據利用邏輯迴歸分析和極大似然方法建立了性能模型，並進一步利用建立的滑動自迴歸模型估計設備剩餘壽命。此外，振動信號被廣泛用於故障預測。例如，Wang[20] 利用齒輪動力學模型建立了基於振動信號的齒輪故障診斷與預測方法。Swanson[21] 利用卡爾曼濾波來跟蹤特徵變化，如振動幅度、振動頻率以及其他的波形特徵等。Garga 等[22] 提出了一種能夠集成過程知識和操作數據的混合推理方法來評價預估系統的運行狀態。Juricek 等[23] 提出了一種基於卡爾曼濾波器和擾動估計的預測方法來指示過程變量是否會超越緊急報警限。同時，建立了一種監測統計量來衡量故障預測的可靠性。然而，針對單一的過程變量進行預測分析忽視了過程變量間的相關關係。為解決這個問題，Li 等[24] 基於向量滑動自迴歸模型[25,26] 提出了面向連續工業生產過程的多變量故障預測方法，可以表徵多變量的動態變化特徵，用於估計多變量故障過程的幅度，進而進行剩餘壽命預測。然而，他們的方法孤立地對故障數據進行分析和建模提取故障幅度，沒有考慮正常運行狀態本身的波動資訊，因此無法揭示真正的故障變化和影響。考慮到真正的故障資訊實際上是對於正常運行狀態的偏離，Zhao 等[27] 提出了一種相對變化分析的方法來提取主要的故障波動並進行故障預測。該方法基於主成分分析監測系統，以正常狀態的波動為基準，提取故障工況的相對變化資訊，能夠更好地揭示沿各個正常波動方向上的主要異常變化。此外，Jardine 等[12] 和 Si 等[28] 總結了近年來關於剩餘壽命預測的主要研究成果。Sikorska 等[29] 則綜述了剩餘壽命預測方法在工業中的應用。目前，針對工業過程緩變故障預測技術的研究還處於起步階段，相關的研究學者和成果都比較少。

在故障過程中，並不是故障過程中的所有測量變量都會受到異常影響，成為故障相關變量。具體來講，有些變量在故障過程中受影響而呈現與其正常過程中截然不同的分布；另外一些變量在故障過程中不受影響，與其在正常工況中的表現近乎一致，不包含任何有用的故障資訊。在第 7 章故障診斷的工作中已經提到過關鍵故障變量的概念，並提出了相應的變量分離方法。這裡分析的目的是為了故障預測，因此，這裡對於關鍵故障資訊的定義又有所不同。對於隨時間緩慢變化的故障，故障退化過程可以由一些緩慢變化的過程變量來表徵。這些變量在此稱為非平穩變量，即本章所分析的關鍵故障預測變量。鑒於並非所有的過程變量都與故障退化過程相關，如何分離這些非平穩過程變量以及描述它們的相關關係是故障預測的重要內容。本章提出了一種基於非平穩變量選擇的在線故障預測策略[30]，該策略透過建立關鍵故障退化方向提取以及關鍵故障退化變量選擇方法，提取和利用了關鍵退化資訊，排除了非關鍵資訊的干擾，從而能夠更好地描述故障退化過程。最後，透過數值仿真和工業過程驗證了本方法的適用性和有效性。

9.2 方法

考慮到故障退化過程的諸多不確定性以及故障預測的複雜度，為了便於表徵故障退化過程，本文提出的方法假設故障是一個緩慢變化的自相關過程。本節將著重闡述以下幾個重要問題：如何評價變量發生故障時偏離正常工況時的變化，如何獲取這些關鍵的故障退化資訊以及如何獲取它們的時序相關關係進而預測故障演化趨勢。需要強調的一點是，故障退化過程往往是由慢變量主導的。這裡，將故障資訊進一步進行區分，分為緩變型關鍵資訊和突變型關鍵資訊。突變型資訊無法捕捉其時序變化趨勢，不將其列入故障預測建模。透過分離不同類型的變化波動，可以有效地表徵關鍵故障變化和預測故障演化過程。

9.2.1 面向故障退化的費雪判別分析方法

為了辨識出關鍵故障退化變量，本小節提出了新的故障提取方法來更好地揭示故障退化資訊。所提出的方法的思想核心是費雪判別分析（Fisher Discriminant Analysis，FDA）[31,32]。前面章節中，已經對其作了相關闡述。費雪判別分析是一種廣泛應用於模式識別的降維方法。對於多類數據，FDA 尋找盡可能使類間分離同時類內盡可能緊縮的判別方向。透過這種方式，使得原始數據在投影方向上得到最大程度的分離，以達到分類的目的。對於故障預測，側重於揭示故障資訊的緩慢變化趨勢，以便和正常過程相區分。因此，這裡需要針對正常工況和故障工況進行判別分析，來揭示故障數據相對於正常數據的變化情況。考慮到故障預測的目的，對原有費雪判別分析的目標函數進行了改進，提出了面向故障退化的費雪判別分析方法（Fault-Degraded FDA，FDFDA），用於分析故障過程的重要退化方向。

新的目標函數要滿足以下三點：①故障與正常工況的樣本點要盡可能地分離；②故障工況的波動要盡可能大；③正常工況下的樣本要盡可能收縮。為了實現上述目標，面向故障退化的費雪判別分析方法具體描述如下。

考慮兩個數據樣本集合，其中一個是故障數據$\boldsymbol{X}_{\mathrm{f}}(N_{\mathrm{f}}\times J)$，另外一個是正常數據$\boldsymbol{X}_{\mathrm{n}}(N_{\mathrm{n}}\times J)$。$N_{\mathrm{f}}$ 和 N_{n} 分別表示故障數據的樣本數目和正常數據的樣本數目，J 表示過程變量數。需要指出的是，N_{f} 和 N_{n} 的值可以不同，但是過程變量個數 J 需要保持一致。用$\bar{\boldsymbol{x}}_{\mathrm{f}}$ 和$\bar{\boldsymbol{x}}_{\mathrm{n}}$ 分別表示$\boldsymbol{X}_{\mathrm{f}}$ 和$\boldsymbol{X}_{\mathrm{n}}$ 的樣本均值。定義類內散度矩陣來衡量每類數據分布的緊湊程度，計算如下：

$$\boldsymbol{S}_{\mathrm{f}}=\sum_{i=1}^{N_{\mathrm{f}}}(\boldsymbol{x}_{\mathrm{f},i}-\bar{\boldsymbol{x}}_{\mathrm{f}})(\boldsymbol{x}_{\mathrm{f},i}-\bar{\boldsymbol{x}}_{\mathrm{f}})^{\mathrm{T}}$$

$$\boldsymbol{S}_{\mathrm{n}}=\sum_{i=1}^{N_{\mathrm{n}}}(\boldsymbol{x}_{\mathrm{n},i}-\bar{\boldsymbol{x}}_{\mathrm{n}})(\boldsymbol{x}_{\mathrm{n},i}-\bar{\boldsymbol{x}}_{\mathrm{n}})^{\mathrm{T}} \tag{9-1}$$

其中，$\boldsymbol{S}_{\mathrm{f}}$ 表示故障類的類內散度矩陣；$\boldsymbol{S}_{\mathrm{n}}$ 是正常類的類內散度矩陣。

接下來，定義類間散度矩陣來描述故障工況與正常工況兩個不同類的分離程度，如下所示：

$$\boldsymbol{S}_{\mathrm{b}}=N_{\mathrm{f}}(\bar{\boldsymbol{x}}_{\mathrm{f}}-\bar{\boldsymbol{x}})(\bar{\boldsymbol{x}}_{\mathrm{f}}-\bar{\boldsymbol{x}})^{\mathrm{T}}+N_{\mathrm{n}}(\bar{\boldsymbol{x}}_{\mathrm{n}}-\bar{\boldsymbol{x}})(\bar{\boldsymbol{x}}_{\mathrm{n}}-\bar{\boldsymbol{x}})^{\mathrm{T}} \tag{9-2}$$

其中，$\bar{\boldsymbol{x}}$ 是所有樣本的均值向量。

對應前面提到的三點要求，這裡構建兩項指標：第一項是類間散度與正常數據類內散度的比值，代表的是要求故障工況與正常工況盡可能分離，而正常工況類內盡可能收縮；第二項是故障數據的類內散度與正常數據的類內散度的比值，代表的是要求故障工況相對於正常工況的波動要盡可能地大。這裡，透過最大化兩項的和，可以兼顧前面提到的三點要求。FDFDA 的判別方向可透過求解下述目標函數獲得：

$$J(\boldsymbol{w})=\max\left(\frac{\boldsymbol{w}^{\mathrm{T}}\boldsymbol{S}_{\mathrm{b}}\boldsymbol{w}}{\boldsymbol{w}^{\mathrm{T}}\boldsymbol{S}_{\mathrm{n}}\boldsymbol{w}}+\frac{\beta\boldsymbol{w}^{\mathrm{T}}\boldsymbol{S}_{\mathrm{f}}\boldsymbol{w}}{\boldsymbol{w}^{\mathrm{T}}\boldsymbol{S}_{\mathrm{n}}\boldsymbol{w}}\right) \tag{9-3}$$

其中，向量 $\boldsymbol{w}$ 是最優判別方向。考慮到故障數據的類內矩陣與正常數據的類內矩陣可能具有不同的量級，因此定義了一個權重調節因子 β 來調節這兩部分的比例。$\beta=tr(\boldsymbol{S}_{\mathrm{b}})/tr(\boldsymbol{S}_{\mathrm{f}})$，其中 $tr(\boldsymbol{S}_{\mathrm{f}})$ 表示散度矩陣$\boldsymbol{S}_{\mathrm{f}}$ 的跡，透過對$\boldsymbol{S}_{\mathrm{f}}$ 的特徵根求和得到。$tr(\boldsymbol{S}_{\mathrm{b}})$ 表示散度矩陣$\boldsymbol{S}_{\mathrm{b}}$ 的跡，具有類似的定義。β 用於調節上述兩項的數量級，使得這兩項具有相似量級可以相加。

因此，不同於傳統 FDA 的目標函數是最大化$\frac{\boldsymbol{w}^{\mathrm{T}}\boldsymbol{S}_{\mathrm{b}}\boldsymbol{w}}{\boldsymbol{w}^{\mathrm{T}}\boldsymbol{S}_{\mathrm{n}}\boldsymbol{w}}$，FDFDA 的目

標函數是最大化$\frac{\boldsymbol{w}^{\mathrm{T}}\boldsymbol{S}_{\mathrm{b}}\boldsymbol{w}}{\boldsymbol{w}^{\mathrm{T}}\boldsymbol{S}_{\mathrm{n}}\boldsymbol{w}}$和$\frac{\boldsymbol{w}^{\mathrm{T}}\boldsymbol{S}_{\mathrm{f}}\boldsymbol{w}}{\boldsymbol{w}^{\mathrm{T}}\boldsymbol{S}_{\mathrm{n}}\boldsymbol{w}}$兩部分的和。也就是說，FDFDA 提取的方向能夠兼顧表徵故障工況相對於正常工況的變化以及故障與正常兩類工況的分離度。其中，$\boldsymbol{w}^{\mathrm{T}}\boldsymbol{S}_{\mathrm{f}}\boldsymbol{w}$ 表徵了故障演化資訊。

該目標函數可以進一步描述為

$$J(\boldsymbol{w})=\max\ (\boldsymbol{w}^{\mathrm{T}}\boldsymbol{S}_{\mathrm{b}}\boldsymbol{w}+\beta\boldsymbol{w}^{\mathrm{T}}\boldsymbol{S}_{\mathrm{f}}\boldsymbol{w})$$
$$\text{s. t. }\boldsymbol{w}^{\mathrm{T}}\boldsymbol{S}_{\mathrm{n}}\boldsymbol{w}=1 \tag{9-4}$$

基於拉格朗日乘子法，該目標方程可以進一步表示為無約束形式的極值求解問題：

$$F(\boldsymbol{w},\lambda)=\boldsymbol{w}^{\mathrm{T}}\boldsymbol{S}_{\mathrm{b}}\boldsymbol{w}+\beta\boldsymbol{w}^{\mathrm{T}}\boldsymbol{S}_{\mathrm{f}}\boldsymbol{w}-\lambda(\boldsymbol{w}^{\mathrm{T}}\boldsymbol{S}_{\mathrm{n}}\boldsymbol{w}-1) \tag{9-5}$$

對 $F(\boldsymbol{w},\lambda)$分別求關於 $\boldsymbol{w}$ 和 λ 的偏導數，並令等式為 0，得到如下的方程：

$$\nabla F_{w}=2\boldsymbol{S}_{\mathrm{b}}\boldsymbol{w}+2\beta\boldsymbol{S}_{\mathrm{f}}\boldsymbol{w}-2\lambda\boldsymbol{S}_{\mathrm{n}}\boldsymbol{w}=0 \tag{9-6}$$

$$\nabla F_{\lambda}=\boldsymbol{w}^{\mathrm{T}}\boldsymbol{S}_{\mathrm{n}}\boldsymbol{w}-1=0 \tag{9-7}$$

對公式(9-6) 的左右兩邊左乘$\boldsymbol{w}^{\mathrm{T}}$：

$$\boldsymbol{w}^{\mathrm{T}}\boldsymbol{S}_{\mathrm{b}}\boldsymbol{w}+\beta\boldsymbol{w}^{\mathrm{T}}\boldsymbol{S}_{\mathrm{f}}\boldsymbol{w}=\lambda \tag{9-8}$$

因此，從公式(9-4) 可以看出，所求的目標函數值正好是 λ。從公式(9-6)～公式(9-8) 可以看出，求能夠使目標 $J(\boldsymbol{w})$ 最大的投影方向 $\boldsymbol{w}$ 可以轉化為特徵根求解問題：

$$(\boldsymbol{S}_{\mathrm{b}}+\beta\boldsymbol{S}_{\mathrm{f}})\boldsymbol{w}=\lambda\boldsymbol{S}_{\mathrm{n}}\boldsymbol{w} \tag{9-9}$$

其中特徵根 λ 指示了兩個類的分離程度。如果$\boldsymbol{S}_{\mathrm{n}}$ 是非奇異矩陣，可以得到更為常用的特徵根求解問題：

$$\boldsymbol{S}_{\mathrm{n}}^{-1}(\boldsymbol{S}_{\mathrm{b}}+\beta\boldsymbol{S}_{\mathrm{f}})\boldsymbol{w}=\lambda\boldsymbol{w} \tag{9-10}$$

由公式(9-10)，可以一次性得到一組對應於 m 個非零特徵根的特徵向量，記為權重矩陣 $\boldsymbol{W}(J\times R)$。保留的主成分個數用斜體字母 R 表示。這 R 個判別方向代表了相對於正常工況的緩變故障資訊。接下來，把$\boldsymbol{X}_{\mathrm{f}}$向這些判別方向上投影，可以得到退化資訊$\boldsymbol{T}_{\mathrm{f}}$：

$$\boldsymbol{T}_{\mathrm{f}}=\boldsymbol{X}_{\mathrm{f}}\boldsymbol{W} \tag{9-11}$$

對於正常工況的數據，相應的判別成分揭示了正常的波動，按照下式計算：

$$\boldsymbol{T}_{\mathrm{n}}=\boldsymbol{X}_{\mathrm{n}}\boldsymbol{W} \tag{9-12}$$

需要注意的是，透過公式(9-4) 中的優化目標提取的成分受到權重參數的調節和控制。如果 $\beta=0$，目標函數為類間散度的最大化，那麼所得到的結果將只考慮最大化故障與正常兩類工況的分離度。如果 $\beta=\infty$，目標函數為故障工況類内散度的最大化，所得的結果只考慮最大化故障工況相對於正常工況的變化。

9.2.2 穩定性因子的定義

通常認為故障演化過程是由具有緩慢時序變化特徵的非平穩過程變量所表徵的。與此相反的是，其他變量不含有描述故障演化過程的有用資訊。因此，需要從所有測量變量中分離出這些非平穩過程變量，即關鍵故障預測變量。Dorr 等[33] 定義了穩定性因子尋找能夠涵蓋緩慢變化和快速變化的所有非平穩過程變量。也就是説，任何體現過程變化的變量都將會被選中用於故障預測分析。事實上，在故障退化過程中，只有緩慢變化的變量才能夠揭示真正能預測的故障退化資訊。更重要的是，考慮到不同變量間的複雜相關關係，在對變量進行平穩性分析時應考慮變量間的關係以及相互之間的影響。因此，定義了一個新的穩定性因子用來分析所測量變量的穩定性。

首先，透過對過程測量變量進行線性組合，獲取故障退化過程中的潛成分，能夠揭示變量相關關係。穩定性因子的分析對象可以是事先給定的變量或者提取出來的潛成分 $\boldsymbol{x}(K\times1)$（K 為樣本數量），具體步驟如下。

① 構建滑動窗口 $\boldsymbol{x}_{\mathrm{w},i}$ 來處理時序數據 $\boldsymbol{x}(K\times1)$，其中下標 w 表示滑動窗口，$i=1,2,\cdots$ 是窗口的索引。每個滑動窗口内的樣本均值用 $\overline{\boldsymbol{x}}_{\mathrm{w},i}$ 表示。假設滑動窗口的長度為 WL，那麼針對該時序數據 $\boldsymbol{x}(K\times1)$ 將會有 $K-\mathrm{WL}+1$ 個滑窗（$\boldsymbol{x}_{\mathrm{w},i}$）和相同個數的均值（$\overline{x}_{\mathrm{w},i}$）。

② 從均值 $\overline{x}_{\mathrm{w},i}$ 中，可以獲取其最大值和最小值，分別記為 $\max\limits_i(\overline{x}_{\mathrm{w},i})$ 和 $\min\limits_i(\overline{x}_{\mathrm{w},i})$。表明在時間區域 K 內，該變量或潛成分的變化範圍處於最小值與最大值之間。

③ 計算比例指標用於描述該變量或潛成分在定義的時間區域内的變化速度：$\dfrac{\max\limits_i(\overline{x}_{\mathrm{w},i})-\min\limits_i(\overline{x}_{\mathrm{w},i})}{K-\mathrm{WL}+1}$。

④ 最終，該穩定性因子定義為波動速率的百分比值，具體如下：

$$\mathrm{SF}=\frac{\max\limits_i(\overline{x}_{\mathrm{w},i})-\min\limits_i(\overline{x}_{\mathrm{w},i})}{K-\mathrm{WL}+1}\times100 \tag{9-13}$$

透過定義穩定性因子，可以分析每個變量或者潛成分是否緩慢變化，即該變量或者潛成分是否是非平穩的。穩定性因子的值越小，表明該變量或者潛成分就越平穩。相應的，根據較小的穩定性因子的指示，可以選擇出非平穩的變量或者潛成分。

9.2.3 非平穩變量識別

基於定義的穩定性因子，本小節提出了一種非平穩變量識別方法，可以自動選擇用於建模和故障預測的關鍵退化變量。在本方法中，變量的穩定性是透過分析其對判別成分穩定性的影響來確定的，並透過如下所述迭代的評估過程來確定選擇的非平穩變量。

（1）基於 FDFDA 的故障方向提取

利用 FDFDA 方法對正常數據和故障數據進行分析，提取故障方向 $\boldsymbol{R}_i^*$ $(J \times R)$，進一步透過公式(9-11）和公式(9-12）從正常數據和故障數據中提取相應的判別成分，分別記為$\boldsymbol{T}_\mathrm{f}$ 和$\boldsymbol{T}_\mathrm{n}$。這裡保留盡可能多的判別成分，最多可保留的判別成分的個數等於$\boldsymbol{X}_\mathrm{n}$ 和$\boldsymbol{X}_\mathrm{f}$ 的秩的最小值，來確保所有的判別資訊都能得到評估。

（2）基於判別成分的穩定性評估

利用公式(9-13）中定義的 SF 指標來計算正常數據和故障數據中每個判別成分的穩定性值。以正常數據作為參考標準，計算故障工況與正常工況判別成分的穩定性因子的比值（RSF）：

$$\mathrm{RSF}_a = \frac{\mathrm{SF}_{\mathrm{f},a}}{\mathrm{SF}_{\mathrm{n},a}} \times 100 \tag{9-14}$$

其中，下標 a 是判別成分的索引；下標 f 表示故障工況；下標 n 表示正常工況。

對應多個判別主成分，RSF 的均值為

$$\mathrm{MRSF} = \frac{1}{R}\sum_{a=1}^{R} |\mathrm{RSF}_a| \tag{9-15}$$

其中，R 表示故障數據中 RSF 大於 1 的判別成分的個數。當故障判別成分的 SF 值小於對應的正常判別成分的 SF 值時，表明這些故障成分不含任何的故障退化資訊。因此，與正常數據成分的 SF 相比，只有具有較大 SF 值的故障成分才用於計算 MRSF。

進一步對比指標 MRSF 與預先定義的閾值 ℓ。如果 MRSF 的值小於閾值 ℓ，表示從故障數據中提取的判別成分跟正常數據中的判別成分相似，因此這些判別成分是穩定的。也就是說，所有的非平穩變化已經被提取出來了，該迭代過程停止。反之則進入步驟（3）繼續建模。

（3）基於變量的穩定性評估

利用公式(9-14) 計算每一個變量的 RSF_j 值，其計算方法與步驟（2）中類似，區別在於這裡分析的對象是每個測量變量而不是潛成分。因此，RSF_j 衡量了每個變量對於緩慢變化趨勢的重要程度。

（4）非平穩變量選擇

對每個變量根據 RSF_j 值進行排序。最大 RSF_j 值對應的變量記為 $\boldsymbol{x}_j^*$，它具有最大程度的非平穩性。從當前的建模變量集合中移除該變量 $\boldsymbol{x}_j^*$，將其加入到非平穩故障變量集合中。

（5）模型更新

在故障數據和正常數據中同步移除故障變量集合 $\boldsymbol{x}_j^*$，並更新兩類數據為 $\hat{\boldsymbol{X}}_{\mathrm{n}}$ 和 $\hat{\boldsymbol{X}}_{\mathrm{f}}$。對更新後的故障數據和正常數據進行 FDFDA 分析獲取新的故障方向。

（6）過程迭代

根據更新後的故障方向，迭代重復執行步驟（2）～（5）直到篩選出所有的非平穩故障變量。這些變量表徵了故障數據區別於正常數據所呈現的緩慢變化。

圖 9-1 展示了非平穩故障變量的選擇流程，輸出的是最終選擇的故障變量集合，記為 $\widetilde{\boldsymbol{X}}_{\mathrm{f}}(N_{\mathrm{f}} \times J_{\mathrm{f}})$。這 J_{f} 個非平穩故障變量表徵了故障工況遠離正常工況的退化資訊。剩餘變量不能體現故障的緩慢變化，無法揭示故障演化趨勢，故不用於故障預測。正常工況下這些非平穩過程變量得到的數據集合記為 $\widetilde{\boldsymbol{X}}_{\mathrm{n}}(N_{\mathrm{n}} \times J_{\mathrm{f}})$。值得注意的是，在故障變量篩選過程中，透過檢查從當前變量中提取的判別成分的慢變化特徵來判斷所分析變量是否穩定。如果條件得到滿足，表明在移除非平穩變量後，這些剩餘變量的平穩性和正常數據中的變量相似，不需要繼續進行變量選擇，停止迭代過程；反之則表明該故障類中仍舊存在和正常數據顯著不同的非平穩故障變量，需要繼續進行變量選擇。閾值 ℓ 是一個非常重要的可調參數，對於故障變量選擇的結果具有直接影響。如果 ℓ 設置得很小，那麼所有的過程變量都有可能被選為非平穩故障變量。此時，所提出的方法將收斂變為和傳統的分析方法一樣，利用所有的過程變量建立故障模型。然而，很難確定一個最優的閾值 ℓ 使其適用於所有情況。這裡，利用額外的正常數據集給出一個閾值定義的簡單規則。首先，對一個正常數據集和一個故障數據集利用 FDFDA 方法獲取故障方向。接下來，將另外一個正常數據集向得到的故障方向進行投影，並利用公式(9-15) 來計算 MRSF 指標，記為 $\mathrm{MRSF}_{\mathrm{n}}$。最終，可以選取稍大於 $\mathrm{MRSF}_{\mathrm{n}}$ 的值

作為閾值 ℓ。

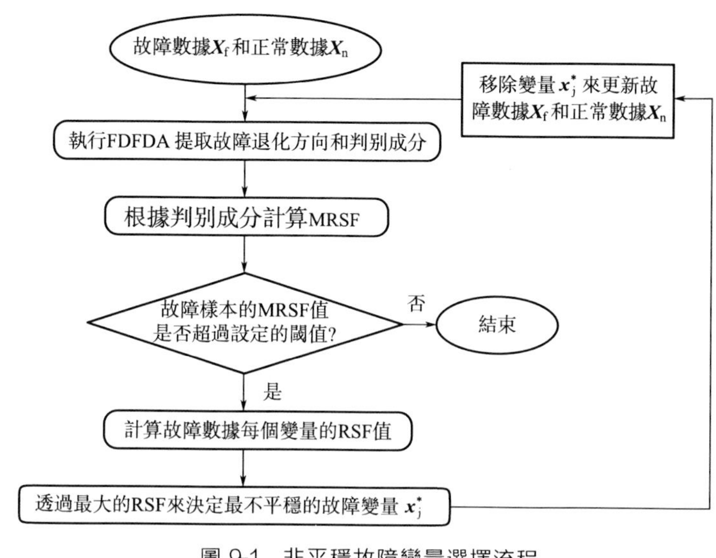

圖 9-1 非平穩故障變量選擇流程

9.2.4 基於非平穩變量的故障建模

透過前面的分析，可以獲得故障過程的非平穩故障變量，它們體現了關鍵故障退化資訊，將作為分析對象用於建立故障預測模型。具體的建模過程如下。

對$\widetilde{\boldsymbol{X}}_{\mathrm{n}}$和$\widetilde{\boldsymbol{X}}_{\mathrm{f}}$進行分析，獲取故障演化方向$\widetilde{\boldsymbol{R}}_{\mathrm{f}}$。相應的判別成分計算為

$$\begin{aligned}\widetilde{\boldsymbol{T}}_{\mathrm{f}}&=\widetilde{\boldsymbol{X}}_{\mathrm{f}}\widetilde{\boldsymbol{R}}_{\mathrm{f}}\\ \widetilde{\boldsymbol{T}}_{\mathrm{n}}&=\widetilde{\boldsymbol{X}}_{\mathrm{n}}\widetilde{\boldsymbol{R}}_{\mathrm{f}}\end{aligned} \tag{9-16}$$

其中，$\widetilde{\boldsymbol{T}}_{\mathrm{f}}$是從故障數據$\widetilde{\boldsymbol{X}}_{\mathrm{f}}$中提取的判別成分，即故障退化成分；$\widetilde{\boldsymbol{T}}_{\mathrm{n}}$是從正常數據中得到的判別成分。

儘管最多可以提取與$\widetilde{\boldsymbol{X}}_{\mathrm{f}}$的秩相同的多個判別成分，但並非所有判別成分都要保留。一般來說，一些成分僅僅描述了過程雜訊，屬於非關鍵資訊。這裡，需要確定保留的故障退化成分的個數，該方法的具體步驟如下。

① 保留 FDFDA 提取的所有故障方向。對於故障數據的故障變量集

合$\widetilde{\boldsymbol{X}}_{\mathrm{f}}$來說，$\widetilde{\boldsymbol{R}}_{\mathrm{f}}$是用於描述緩慢變化的故障模型。因此，對於故障過程和正常過程，兩種成分分別計算為$\begin{cases}\widetilde{\boldsymbol{T}}_{\mathrm{f}}=\widetilde{\boldsymbol{X}}_{\mathrm{f}}\widetilde{\boldsymbol{R}}_{\mathrm{f}}\\ \widetilde{\boldsymbol{T}}_{\mathrm{n}}=\widetilde{\boldsymbol{X}}_{\mathrm{n}}\widetilde{\boldsymbol{R}}_{\mathrm{f}}\end{cases}$。

② 記V表示所保留成分的不同個數，故障數據下的總退化成分和正常數據下對應的總判別成分分別為

$$\tilde{\boldsymbol{t}}_{\mathrm{fv}}=\sum_{i=1}^{V}\beta_i\tilde{\boldsymbol{t}}_{\mathrm{f},i}$$
$$\tilde{\boldsymbol{t}}_{\mathrm{nv}}=\sum_{i=1}^{V}\beta_i\tilde{\boldsymbol{t}}_{\mathrm{n},i} \tag{9-17}$$

其中，$\tilde{\boldsymbol{t}}_{\mathrm{f},i}$和$\tilde{\boldsymbol{t}}_{\mathrm{n},i}$分別是$\widetilde{\boldsymbol{T}}_{\mathrm{f}}$和$\widetilde{\boldsymbol{T}}_{\mathrm{n}}$的第$i$個成分。權重係數$\beta_i=\mathrm{RSF}_i/\sum_{a=1}^{J_{\mathrm{f}}}\mathrm{RSF}_a$，$\mathrm{RSF}_i$表示第$i$個成分對應的SF值。因此，權重係數$\beta_i$是按照每個判別成分的穩定性定義的。如果是非平穩的成分，權重β_i就會大一些；相反，平穩成分對應的權重相對較小。$\tilde{\boldsymbol{t}}_{\mathrm{fv}}$和$\tilde{\boldsymbol{t}}_{\mathrm{nv}}$分別為$\widetilde{\boldsymbol{T}}_{\mathrm{f}}$和$\widetilde{\boldsymbol{T}}_{\mathrm{n}}$的總成分。

③ 計算$\tilde{\boldsymbol{t}}_{\mathrm{fv}}$和$\tilde{\boldsymbol{t}}_{\mathrm{nv}}$的穩定性因子。根據公式(9-14)，透過對比$\tilde{\boldsymbol{t}}_{\mathrm{fv}}$的SF與$\tilde{\boldsymbol{t}}_{\mathrm{nv}}$的SF，得到$\tilde{\boldsymbol{t}}_{\mathrm{fv}}$的RSF來判斷其穩定性。透過這種方式可以揭示當保留不同個數的故障退化成分時，對應的穩定性的變化。

④ 計算當前$\tilde{\boldsymbol{t}}_{\mathrm{fv}}$的RSF值和之前RSF值的差值，如果差值小於一個預先設定的閾值，表明RSF值不再發生明顯變化。

假設保留的成分個數為A，最終的故障方向可以用$\widetilde{\boldsymbol{R}}_{\mathrm{f}}(J_{\mathrm{f}}\times A)$來表示，得到的故障退化成分記為$\widetilde{\boldsymbol{T}}_{\mathrm{f}}(N_{\mathrm{f}}\times A)$，則

$$\bar{\tilde{\boldsymbol{t}}}_{\mathrm{f}}=\sum_{i=1}^{A}\beta_i\tilde{\boldsymbol{t}}_{\mathrm{f},i},\beta_i=\frac{\mathrm{RSF}_i}{\sum_{a=1}^{A}\mathrm{RSF}_a} \tag{9-18}$$

對於故障過程，故障退化成分$\bar{\tilde{\boldsymbol{t}}}_{\mathrm{f}}$是$\widetilde{\boldsymbol{T}}_{\mathrm{f}}$中故障退化資訊的集合，將會隨著過程進行發生變化，同時在時間方向上也是自相關的。因此，探索$\bar{\tilde{\boldsymbol{t}}}_{\mathrm{f}}$的時變相關性能夠揭示故障過程的退化規律。此外，$\bar{\tilde{\boldsymbol{t}}}_{\mathrm{f}}$涵蓋了關鍵故障退化資訊，因此對故障預測更有效。

假設故障退化過程是緩慢變化的，那麼它可以用一個AR模型來描述：

$$\overline{\overline{t}}_{\mathrm{f},k}=\sum_{i=1}^{L}a_i\overline{\overline{t}}_{\mathrm{f},k-i}+e_k \tag{9-19}$$

其中，$\overline{\overline{t}}_{\mathrm{f},k}$ 是第 k 時刻的故障退化成分；L 表示預測矩陣的時間跨度；a_i 是模型參數；e_k 是服從 0 均值高斯分布的殘差。該結構表明瞭每個變量都是其自身時延的線性函數。

不同於使用遞歸最小二乘[34] 來估計模型參數，這裡直接透過構建預測矩陣$\boldsymbol{X}_p$ 和響應向量 $\boldsymbol{y}$ 來估計預測步長為 p 的預測模型參數：

$$\boldsymbol{X}_p(N\times L)=\begin{bmatrix}\overline{\overline{t}}_{\mathrm{f},1}, & \overline{\overline{t}}_{\mathrm{f},2}, & \cdots, & \overline{\overline{t}}_{\mathrm{f},L}\\ \overline{\overline{t}}_{\mathrm{f},2}, & \overline{\overline{t}}_{\mathrm{f},3}, & \cdots, & \overline{\overline{t}}_{\mathrm{f},L+1}\\ \vdots & \vdots & \vdots & \\ \overline{\overline{t}}_{\mathrm{f},N}, & \overline{\overline{t}}_{\mathrm{f},N+1}, & \cdots, & \overline{\overline{t}}_{\mathrm{f},N+L-1}\end{bmatrix}$$

$$\boldsymbol{y}(N\times 1)=\begin{bmatrix}\overline{\overline{t}}_{\mathrm{f},L+p}\\ \overline{\overline{t}}_{\mathrm{f},L+p+1}\\ \vdots\\ \overline{\overline{t}}_{\mathrm{f},L+p+N-1}\end{bmatrix} \tag{9-20}$$

其中，N 是預測矩陣$\boldsymbol{X}_p$ 中的樣本數目；p 表示預測步長（PH）。透過前面的非平穩過程變量選擇以及基於 FDFDA 的故障方向提取，可以獲得關鍵的故障退化資訊用於建模，因此可以更好地預測故障退化趨勢。

這裡，使用偏最小二乘法（Partial Least Square，PLS）演算法[35,36] 建立故障預測模型。預測係數向量記為 $\boldsymbol{\Theta}(L\times 1)$，預測步長為 p 下的預測值為 $\hat{\boldsymbol{y}}=\boldsymbol{X}_p\boldsymbol{\Theta}$。因此，所建立的預測模型可直接用於對來自於同一類故障的新樣本實施在線預測。將新樣本投影到建立的預測模型上可以直接獲得 p 步提前預測結果。基於預測結果，可以預測和評估未來的故障效應。值得注意的是，如果故障的時序相關性隨時間發生了變化，則需要更新故障預測模型。

9.3 案例研究

在本節中，將透過三個案例來驗證所提出的非平穩故障變量選擇和故障預測方法的性能，包括一個數值仿真、一個捲菸製絲過程以及一個典型的 benchmark 過程（TE 過程）。對於數值仿真，由於事先已知其中的非平穩故障變量，因此可以很好地驗證所提出的故障變量選擇方法是否能準確提取關鍵故障變量。相比之下，捲菸製絲和 TE 過程的故障案例可能更複雜，受變量間複雜相關關係影響，很難直接確定其中的故障變量。

9.3.1 數值仿真

這裡仿真給出了一個含有 9 個變量的過程，具體為

$$
\begin{aligned}
x_1 &= N(0,\sqrt{2}) \\
x_2 &= 0.5x_1 + N(0,1) \\
x_3 &= N(0,2) \\
x_j &= N(0,1), j=4,5,\cdots,9
\end{aligned}
\tag{9-21}
$$

其中，$N(\mu, \sigma)$ 表示均值為 μ 方差為 σ 的高斯分布，下標 j 指示不同的變量。這裡很容易看出前兩個變量是密切相關的，其他變量則相互獨立。

對於故障案例 1，用指數變化模擬緩慢變化，並將這種變化添加到變量 x_1 中。指數曲線定義為 $M(1-\mathrm{e}^{-t/\tau})$，上標 t 表示採樣時間，時間常數 $\tau=100$，幅度 $M=10$。此外，在第六個變量中引入幅值為 5 的階躍擾動。對於故障案例 2，緩慢變化發生在兩個變量中。採用與故障案例 1 相同的參數設置，並將指數變化同時添加到變量 x_3 和 x_4 中。基於公式(9-21) 的函數關係，生成 200 個樣本作為正常訓練數據。相應地，每種故障案例下生成 200 個樣本作為故障訓練數據，額外生成 500 個樣本作為測試數據。

首先，對於故障案例 1，基於所提出的非平穩故障變量選擇演算法，前兩個變量被正確地識別為非平穩變量。其中，利用另外 500 個正常樣本來確定閾值 ℓ 的取值。根據這 500 個正常樣本確定 $\mathrm{MRSF_n}$ 的值約為 1.00。因此，這裡參數 ℓ 的取值稍微大於 1，取為 1.05。滑動窗口的長度為 10。根據公式(9-21)，由於變量 x_1 和 x_2 之間存在相關性，x_1 變量的變化將會傳播到 x_2，因此兩個變量都將包含故障退化資訊。基於所選擇的故障變量，利用 FDFDA 提取退化成分。事實上，只需一個故障退化成分就可以區分正常狀態和故障狀態。從判別係數來看，與第二個變量（-0.3958）相比，第一個變量被賦予更大的權重（即 -0.9183）。下面基於所提取的成分建立故障預測模型。圖 9-2 展示了提前 30 步的故障退化過程的預測結果，其中 $L=35$。因此，預測是從第 65 個採樣時刻開始的。$\overline{\overline{t}}_{\mathrm{f}}$ 的預測值與實際值的變化基本一致。採用這種方式，可以預測出故障何時超過事件警戒線，便於在過程發生事故前採取有效措施來避免事故發生。這裡，事件警戒線的閾值是人為設定的（圖 9-2 中所示的預先設定的事件警戒線）。基於所提出的方法，事件預測發生在第 132

個採樣時間。與事件實際發生時間相比，時間延遲僅為 7 個採樣點，顯示出了良好的預測性能。

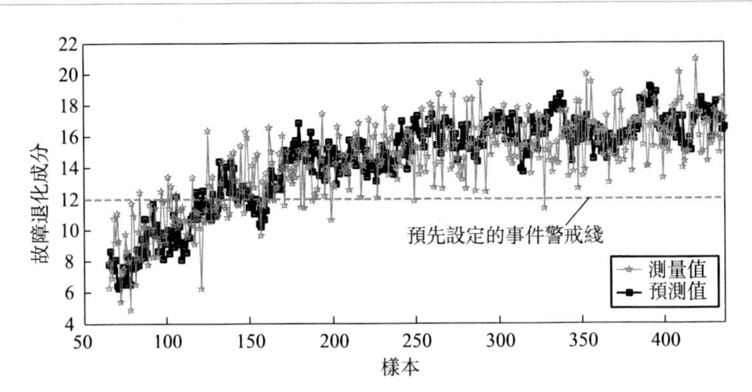

圖 9-2　針對故障案例 1 的故障退化成分 $\widetilde{t}_f$ 的在線故障預測效果（PH= 30, L= 35）

其次，對於故障案例 2，所提的演算法正確地辨識出了兩個非平穩故障變量（變量 3 和變量 4）。由公式（9-21）可知，變量 3 和變量 4 與其他變量之間沒有明顯的相關性，也就是說只有這兩個變量含有故障退化資訊，和實際的結果一致。兩個變量的相關係數為 0.6565，表明這兩個變量之間關係密切。基於 FDFDA 方法，也僅提取出一個故障退化成分。從判別係數（－0.7279 和－0.6857）來看，兩個變量具有相似的權重。圖 9-3 顯示了對於故障資訊的預測能力，其中預測步長為 30、預測矩陣的時間跨度 $L=35$。預測結果表明，所提出的方法的預測時延僅為 3 個採樣點，可以提前 27 步預報事件發生。

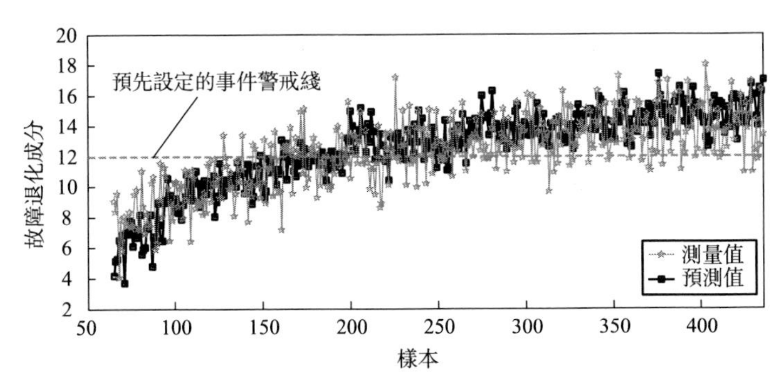

圖 9-3　針對故障案例 2 的故障退化成分 $\widetilde{t}_f$ 的在線故障預測效果

(PH= 30, L= 35)（見電子版）

9.3.2 捲菸製絲過程

關於捲菸製絲過程的描述在前面第 7 章中已有詳細介紹，這裡不再贅述。這裡同樣採用 23 個測量變量用於分析，每個變量的採樣間隔為 10s。

在該過程中，透過調整蒸汽壓力閥來模擬 1 區蒸汽壓力的緩慢變化。首先緩慢增加閥門開度，然後減小閥門開度以模擬故障退化過程。由於變量之間的密切相關性，1 區蒸汽壓力的變化也將會導致其他變量的變化。這種緩變故障可以用來驗證所提方法的故障預測性能。這裡採集 595 個正常樣本和 595 個故障樣本用於建立故障預測模型。另外，採集 610 個故障樣本用於測試。首先，選擇非平穩故障變量。這裡滑動窗口的長度設定為 10 個樣本。透過另一組正常數據確定 $MRSF_n$ 的值為 1.03，那麼 ℓ 的值將稍大於該值。此外，為了評估不同閾值的影響，在變量選擇過程中，將嘗試六種不同的取值，分析其對選擇結果的影響。對於不同的參數值 ℓ，所選擇的故障變量可能會有不同，如表 9-1 所示。其中，對於不同的參數值 ℓ，最多可以確定 7 個變量。識別出來的非平穩故障變量可以幫助人們更好地了解該故障過程。壓力閥調節後，將會對 1 區蒸汽壓力產生直接影響。當閥門開度增加時，1 區蒸汽壓力將會增加，這將導致更多的蒸汽被噴射到筒壁上，從而增加筒壁溫度。因為冷凝水的供應量不變，在熱量增加的情況下，冷凝水溫度也隨之增高。隨著筒壁溫度的升高，更多的水分從菸草中被蒸發出來，使得 KLD 烘後水分以及冷卻水分均降低。此外，由於壁溫升高，KLD 烘後溫度以及冷卻溫度也將升高。由於不同變量之間的密切相關性，一個變量的擾動將會傳播到其他變量。

表 9-1　捲菸製絲過程不同 ℓ 值下的非平穩變量選擇結果

ℓ 值	所選變量
1.05	11,20,22,21,23,12,15
1.1	11,20,22,21,23
1.15	11,20,22,21
1.2	11,20
1.25	11
1.3	11

ℓ=1.05 時辨識得到 7 個故障變量，如果嘗試不同的滑動窗口長度，所得到的故障變量均是相同的。因此滑動窗口的長度不會對故障變量的選擇結果產生顯著影響。對正常和故障數據中的非平穩變量進行 FDFDA 分析。圖 9-4 比較了有變量選擇和無變量選擇兩種情況下，FDFDA 提取的前兩個判別成分。圖 9-4(a) 考慮了故障退化變量的選擇，因此故障和正常數據可以明顯區分開，顯示了偏離正常數據的緩慢故障變化。此外，該變化趨勢也符合壓力閥開度先增大後減小的事實。相反，如果沒有進行故障變量選擇，儘管故障數據與正常數據也可以分離，但是其故障退化趨勢如圖 9-4(b) 所示，不如圖 9-4(a) 顯示的退化趨勢清晰。因此，非平穩故障變量選擇可以辨識重要的故障退化資訊，從而提高正常和故障數據之間的分離度。

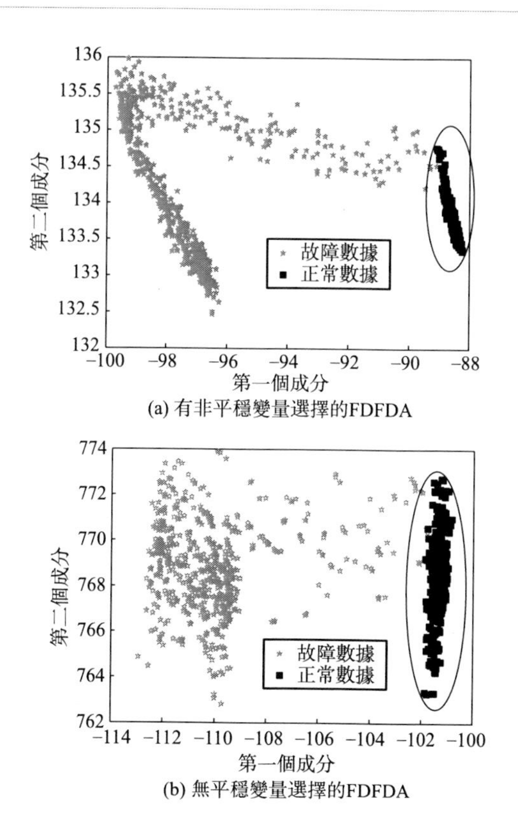

圖 9-4　針對捲菸製絲過程的判別成分提取結果對比

如圖 9-5 所示，透過評估保留不同個數的判別成分對應的 RSF，最終保留了四個故障方向，給定 L 的值為 7。圖 9-6(a) 展示了不同的 PH

值下的故障預測結果。均方根誤差 RMSE（mg/dL）用於表徵預測性能，其計算公式為 $\mathrm{RMSE}=\sqrt{\frac{1}{N}\sum_{i\in N}(y_i-\hat{y}_i)^2}$，其中 $\hat{y}_i$ 是預測值，y_i 是測量值，N 為樣本數。較小的 PH 值能獲得更準確的預測性能。隨著 PH 值的增加，測試數據的預測精度降低。對於不同的 L 值，主要關注預測步長為 20 步的故障預測性能。如圖 9-6(b) 所示，隨著 L 值的增加，測試數據的 RMSE 開始降低，隨後保持不變。也就是說，隨著 L 的增加，預測精度不會持續增加。

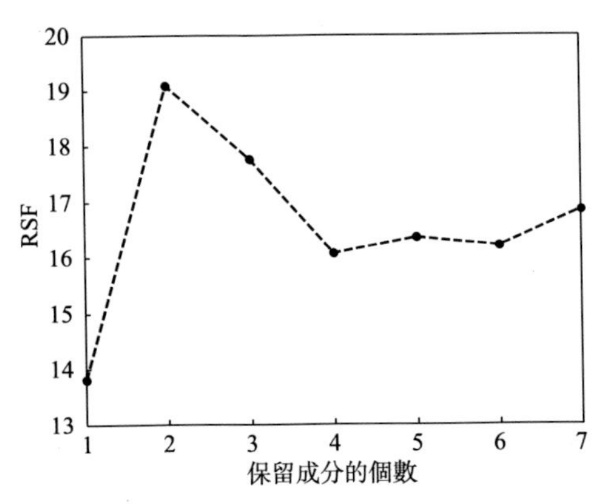

圖 9-5　捲菸製絲過程保留不同個數的判別成分對應的 RSF

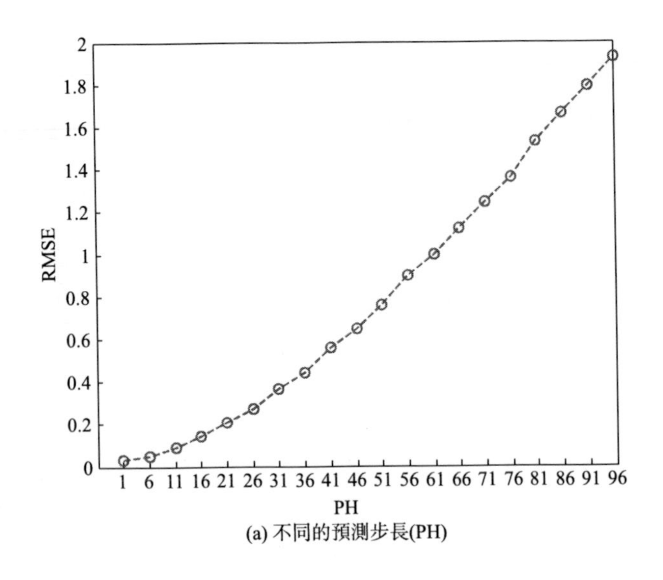

(a) 不同的預測步長(PH)

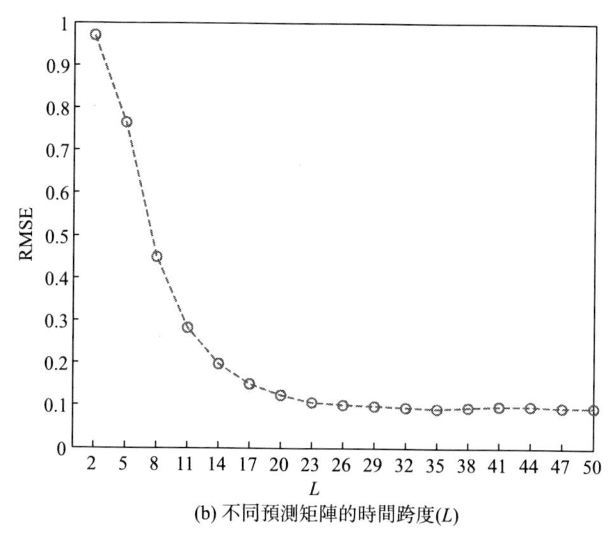

(b) 不同預測矩陣的時間跨度(L)

圖 9-6　針對捲菸製絲過程的故障退化預測性能

圖 9-7 展示了給定 PH 值和 L 值時的在線故障預測結果。其中事件警戒線的閾值人為設定為 94。從圖中可以看到，儘管在一些樣本點（特別是峰值和波谷）觀察到了較大的預測誤差，但是對總體的故障趨勢預測跟蹤很好。預測結果顯示對事件的預測只有一個採樣週期的滯後。由於是提前預測且 PH 的值（文中為 40）遠大於時間延遲，故所提出的方法對於提前預警和爭取修復時間是十分有幫助的。

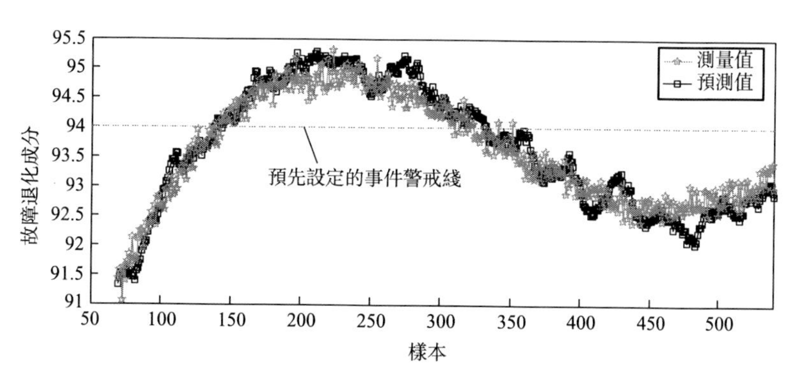

圖 9-7　針對捲菸製絲過程的故障退化成分$\tilde{t}_f$（見電子版）的在線故障預測效果（PH= 40, L= 35)

9.3.3 田納西-伊士曼過程

田納西-伊士曼過程主要由五個操作單位構成，包括反應器、冷凝器、汽提塔、循環壓縮機和產品脫模器。Downs 和 Vogel 在參考文獻［37］中對該過程進行了詳細的過程描述，在 5.3 章節中也作了相關介紹，這裡不再贅述。本方法一共採集了 41 個過程變量用於分析和建模，採樣頻率為 3min。

對於所有預設的故障，只有故障 13 是一種具有慢變化特徵的故障，因此選取該故障用於評估所提方法的故障預測性能。採集 150 個正常樣本和 150 個故障樣本構造訓練數據。另外 500 個故障樣本作為測試數據，首先，辨識關鍵故障退化變量。滑動窗口的長度設置為 10。如表 9-2 所示，對於 ℓ，選取不同的參數值，導致所選出的故障變量不同。當 ℓ 為 2.5 時，只能篩選出 4 個非平穩變量，包括汽提器壓力，反應堆壓力，分離器冷卻水出口溫度和產品分離器壓力。相比之下，如果 ℓ 為 1.01，一共可以選擇出 19 個非平穩變量。這裡這些變量不再一一列出。從故障變量選擇結果來看，當 ℓ 為 1.3 時，故障效應已經傳播到其他變量，達到了 18 個變量。根據選定的 ℓ 值，調節窗口長度的變化範圍為 10～50，進一步確定不同長度的滑動窗口對故障變量選擇結果的影響。表 9-2 中顯示選擇的故障變量幾乎相同，變量個數在 18～20 之間變化。因此，滑動窗口的長度對障變量選擇結果並沒有顯著影響。

對於 $\ell=1.3$ 時選定的非平穩變量，進行 FDFDA 建模。如圖 9-8 所示，透過評估保留不同個數的成分對應的 RSF，最終保留了四個故障方向。圖 9-9 衡量了兩個參數 PH 和 L 對故障預測性能的影響。隨著 PH 參數的增加，預測性能下降。預測精度首先隨著 L 的增加而提高，然而當 L 大於 35 後，預測精度開始下降。當 $\mathrm{PH}=10$ 和 $L=20$ 時，在線故障預測結果如圖 9-10 所示。儘管在第 350 個樣本左右觀察到較大的誤差，但是預測的故障退化趨勢跟實際情況吻合得很好。

表 9-2 TE 過程非平穩故障變量選擇結果

(a)不同的 ℓ 值

ℓ 值	選擇變量的個數	ℓ 值	選擇變量的個數
1.01	19	1.8	15
1.05	18	2.3	7
1.1	18	2.5	4
1.3	18		

(b)不同的滑動窗口長度

滑動窗口的長度	選擇變量的個數	滑動窗口的長度	選擇變量的個數
10	18	30	19
15	18	35	19
20	19	40	20
25	18	50	20

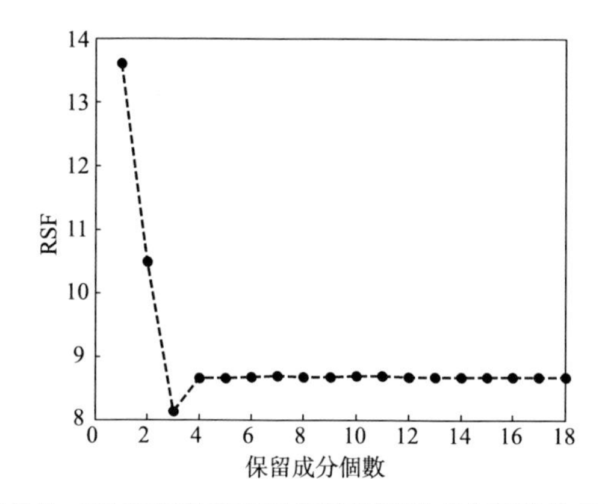

圖 9-8　TE 過程保留不同個數的判別成分對應的 RSF

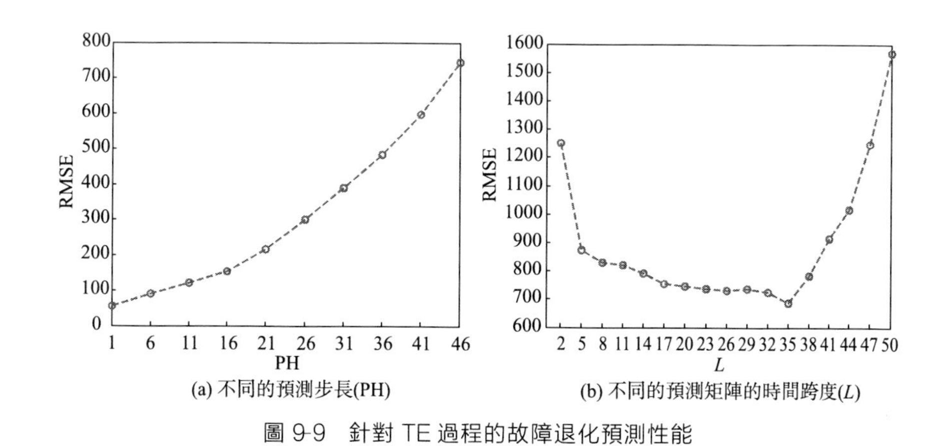

圖 9-9　針對 TE 過程的故障退化預測性能

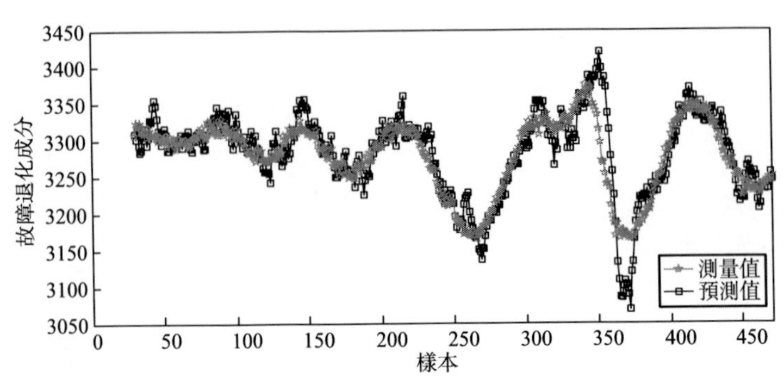

圖 9-10　TE 測試數據的故障退化變量$\tilde{t}$ 的在線故障預測
(PH=10, L=20)（見電子版）

參考文獻

[1] DUNIA R, QIN S J. Subspace approach to multidimensional fault identification and reconstruction[J]. AIChE Journal, 1998, 44(8): 1813- 1831.

[2] HSU C C, SU C T. An adaptive forecast-based chart for non-gaussian processes monitoring: with application to equipment malfunctions detection in a thermal power plant[J]. IEEE Transactions on Control Systems Technology, 2011, 19(5): 1245-1250.

[3] ZHAO C H, SUN Y X. Multispace total projection to latent structures and its application to online process monitoring[J]. IEEE Transactions on Control Systems Technology, 2014, 22(3): 868-883.

[4] KERKHOF P V D, VANLAER J, GINS G, et al. Analysis of smearing-out in contribution plot based fault isolation for Statistical Process Control[J]. Chemical Engineering Science, 2013, 104(50): 285-293.

[5] ZHAO C H, SUN Y X, GAO F R. A multiple-time-region (MTR)-based fault subspace decomposition and reconstruction modeling strategy for online fault diagnosis[J]. Industrial & Engineering Chemistry Research, 2012, 51(34): 11207-11217.

[6] ZHANG B, SCONYERS C, BYINGTON C, et al. A probabilistic fault detection approach: application to bearing fault detection[J]. IEEE Transactions on Industrial Electronics, 2011, 58(5): 2011-2018.

[7] HE Q P, QIN S J, WANG J. A new fault diagnosis method using fault directions in Fisher discriminant analysis[J]. AIChE Journal, 2010, 51(2): 555-571.

[8] ALCALA C F, QIN S J. Reconstruction-based contribution for process monitoring with kernel principal component analysis[J]. Automatica, 2009, 45(7): 1593-1600.

[9] CRUZ BOURNAZOU M N, JUNNE S, NEUBAUER P, et al. An approach to mechanistic event recognition applied on monitoring organic matter depletion in SBRs[J]. AIChE Journal. 2015, 60(10): 3460-3472.

[10] ZHAO C H, WANG W, GAO F R. Efficient faulty variable selection and parsimonious reconstruction modelling for fault isolation[J]. Journal of Process Control, 2016, 38: 31-41.

[11] ZHAO C H, GAO F R. A sparse dissimilarity analysis algorithm for incipient fault isolation with no priori fault information[J]. Control Engineering Practice, 2017, 65: 70-82.

[12] JARDINE A K S, LIN D, BANJEVIC D. A review on machinery diagnostics and prognostics implementing condition-based maintenance [J]. Mechanical Systems & Signal Processing, 2006, 20(7): 1483-1510.

[13] CIARAPICA F E, GIACCHETTA G. Managing the condition-based maintenance of a combined-cycle power plant: an approach using soft computing techniques[J]. Journal of Loss Prevention in the Process Industries, 2006, 19(4): 316-325.

[14] HENG A, ZHANG S, TAN A C C, et al. Rotating machinery prognostics: state of the art, challenges and opportunities[J]. Mechanical Systems & Signal Processing, 2009, 23(3): 724-739.

[15] KACPRZYNSKI G J, SARLASHKAR A, ROEMER M J, et al. Predicting remaining life by fusing the physics of failure modeling with diagnostics[J]. Journal of Metal, 2004, 56(3): 29-35.

[16] CHELIDZE D, CUSUMANO J P. A dynamical systems approach to failure prognosis [J]. Journal of Vibration & Acoustics, 2004, 126(1): 2-8.

[17] LUO J, BIXBY A, PATTIPATI K, et al. An interacting multiple model approach to model-based prognostics [C]// IEEE International Conference on Systems, Man and Cybernetics. Washington, DC, USA: IEEE, 2003, 1: 189-194.

[18] RAY A , TANGIRALA S . Stochastic modeling of fatigue crack dynamics for on-line failure prognostics [J]. IEEE Transactions on Control Systems Technology, 2002, 4(4): 443-451.

[19] YAN J, KOC M, LEE J. A prognostic algorithm for machine performance assessment and its application[J]. Production Planning & Control, 2004, 15 (8): 796-801.

[20] WANG W. Toward dynamic model-based prognostics for transmission gears[C]//Component and Systems Diagnostics, Prognostics, and Health Management II. International Society for Optics and Photonics, Orlando, FL: Proceedings of the SPIE, 2002, 4733: 157-168.

[21] SWANSON D C. A general prognostic tracking algorithm for predictive maintenance [C]// Aerospace Conference, 2001, IEEE Proceedings. Big Sky, MT, USA: IEEE, 2001, 6: 2971-2977.

[22] GARGA A K, MCCLINTIC K T, CAMPBELL R L, et al. Hybrid reasoning for prognostic learning in CBM systems [C]//Aerospace Conference, 2001, IEEE Proceedings. Big Sky,

MT, USA: IEEE, 2001, 6: 2957-2969.

[23] JURICEK B C, SEBORG D E, LARIMORE W E. Fault detection using canonical variate analysis[J]. Industrial & Engineering Chemistry Research, 2004, 43(2): 458-474.

[24] LI G, QIN S J, JI Y, et al. Reconstruction based fault prognosis for continuous processes[J]. Control Engineering Practice, 2010, 18(10): 1211-1219.

[25] LEWIS R, REINSEL G C. Prediction of multivariate time series by autoregressive model fitting[J]. Journal of Multivariate Analysis, 1985, 16(3): 393-411.

[26] LÜTKEPOHL H. Introduction to multiple time series analysis [M]. New York: Springer Berlin Heidelberg, 1991.

[27] ZHAO C H, SUN Y X. Subspace decomposition approach of fault deviations and its application to fault reconstruction[J]. Control Engineering Practice, 2013, 21(10): 1396-1409.

[28] SI X S, WANG W B, HU C H ZHOU D H. Remaining useful life estimation-a review on the statistical data driven approaches[J]. European Journal of Operational Research, 2011, 213(1): 1-14.

[29] SIKORSKA J Z, HODKIEWICZ M, MA L. Prognostic modelling options for remaining useful life estimation by industry [J]. Mechanical Systems & Signal Processing, 2011, 25(5): 1803-1836.

[30] ZHAO C H, GAO F R. Critical-to-fault-degradation variable analysis and direction extraction for online fault prognostic[J]. IEEE Transactions on Control Systems Technology, 2017, 25(3): 842-854.

[31] DUDA R O, HART P E. Pattern classification and scene analysis [M]. New York: Wiley, 1973.

[32] MARTINEZ A M, KAK A C. PCA versus LDA[J]. IEEE Transactions on Pattern Analysis & Machine Intelligence, 2002, 23(2): 228-233.

[33] DORR R, KRATZ F, RAGOT J, et al. Detection, isolation, and identification of sensor faults in nuclear power plants [J]. IEEE Transactions on Control Systems Technology, 1996, 5(1): 42-60.

[34] BRETSCHER O. Linear algebra with applications [M]. 3rd ed. Upper Saddle River, NJ: Prentice Hall, 1995.

[35] BURNHAM A J, VIVEROS R, MACGREGOR J F. Frameworks for latent variable multivariate regression [J]. Journal of Chemometrics, 2015, 10 (1): 31-45.

[36] DAYAL B S, MACGREGOR J F. Improved PLS algorithms[J]. Journal of Chemometrics, 1997, 11(1): 73-85.

[37] DOWNS J J, VOGEL E F. A plant-wide industrial process control problem [J]. Computers & Chemical Engineering, 1993, 17(3): 245-255.

工業過程執行狀態智慧監控

資料驅動方法

作　　著：趙春暉，王福利

發 行 人：黃振庭

出 版 者：崧燁文化事業有限公司

發 行 者：崧燁文化事業有限公司

E-mail：sonbookservice@gmail.com

粉 絲 頁：https://www.facebook.com/sonbookss/

網　　址：https://sonbook.net/

地　　址：台北市中正區重慶南路一段六十一號八樓 815 室

Rm. 815, 8F., No.61, Sec. 1, Chongqing S. Rd., Zhongzheng Dist., Taipei City 100, Taiwan

電　　話：(02) 2370-3310

傳　　真：(02) 2388-1990

印　　刷：京峯彩色印刷有限公司（京峰數位）

律師顧問：廣華律師事務所 張珮琦律師

定　　價：440 元

發行日期：2022 年 03 月第一版

◎本書以 POD 印製

國家圖書館出版品預行編目資料

工業過程執行狀態智慧監控：資料驅動方法 / 趙春暉，王福利著 . -- 第一版 . -- 臺北市：崧燁文化事業有限公司 , 2022.03

面；　公分

POD 版

ISBN 978-626-332-103-8(平裝)

1.CST: 生產自動化 2.CST: 自動控制 3.CST: 統計分析

494.59　111001421

電子書購買

臉書